海洋空间开发利用规划设计原理与方法

王永学　任　冰　编著

科学出版社

北　京

内 容 简 介

本书基于陆海统筹的理念,以将海洋空间作为滨海城市空间的重要组成部分加以统一规划与设计为目标,介绍滨海城市所属海洋空间开发利用工程相关的规划设计原理与方法。全书共 7 章:第 1 章为绪论,第 2 章为人工岛选址影响因素,第 3 章为人工岛平面形态,第 4 章为人工岛景观,第 5 章为人工岛护岸设计,第 6 章为填筑式人工岛建造,第 7 章为游艇码头设计。

本书可作为高等院校海洋资源开发技术(海洋空间资源)、港口航道与海岸工程等水利类和海洋类专业的本科生教材,也可供从事海岸和海洋工程相关规划、设计、施工和管理等方面工作的工程技术人员阅读参考。

图书在版编目(CIP)数据

海洋空间开发利用规划设计原理与方法 / 王永学,任冰编著. —北京:科学出版社,2022.1
ISBN 978-7-03-067475-3

Ⅰ.①海… Ⅱ.①王… ②任… Ⅲ.①海洋-空间规划 Ⅳ.①P7

中国版本图书馆 CIP 数据核字(2021)第 000244 号

责任编辑:杨慎欣 张培静 / 责任校对:宁辉彩
责任印制:吴兆东 / 封面设计:无极书装

科学出版社 出版
北京东黄城根北街 16 号
邮政编码:100717
http://www.sciencep.com
北京中科印刷有限公司 印刷
科学出版社发行 各地新华书店经销
*
2022 年 1 月第 一 版 开本:787×1092 1/16
2022 年 1 月第一次印刷 印张:19
字数:462 000
定价:72.00 元
(如有印装质量问题,我社负责调换)

前　言

随着滨海城市蓝色经济发展和人居环境优化需求的增加，海洋空间资源开发利用已成为滨海城市缓解土地供求矛盾，拓展新发展空间的有效途径。近年来，我国许多沿海城市通过填海造地建设临港新城或滨海新区，但大都采用海岸向海平推、海湾截弯取直的粗放式填海造地开发模式，占用和破坏了大量的自然岸线资源，海岸带的生态环境受到了巨大影响。在海湾内建造离岸人工岛已是目前国际上先进的用海理念，但海上人工岛的规划和设计需要与城市规划、海洋环境、海洋管理等专业交叉融合。本书正是为适应这一需求编写的，遵循将海洋空间作为滨海城市空间的重要组成部分加以统一规划与设计的理念，介绍海洋空间开发利用工程的规划、设计原理与方法。

本书共7章。第1章为绪论，主要内容有海洋空间开发利用方式、陆海统筹发展理念等。第2章为人工岛选址影响因素，主要内容有选址基本原则、人工岛工程水域的波浪特征、人工岛对水沙环境的影响、人工岛对生态环境的影响等。第3章为人工岛平面形态，主要内容有基本平面形态、生活型和生产型人工岛案例、道路交通组织等。第4章为人工岛景观，主要内容有天际线景观、临水空间景观、景观与亲水护岸结构等。第5章为人工岛护岸设计，主要内容有人工岛设计（建设）标准、人工岛高程设计、护岸堤顶高程优化、护岸结构设计等。第6章为填筑式人工岛建造，主要内容有围堰形成技术、陆域形成设计、软基处理等。第7章为游艇码头设计，主要内容有游艇码头总平面布置、浮动式码头和陆上工艺系统等。

本书是作者多年来为海洋资源开发技术（海洋空间资源）专业本科生讲授"海洋空间开发利用的规划原理与方法"课程的教学工作总结，力求能够精炼浓缩、通俗易懂地介绍基于陆海统筹理念的海洋空间开发与利用的规划、设计原理和方法，体现亲水与景观等人文因素的人工岛平面形态、景观岸线形态与水工建筑物的设计方法等。

本书的撰写和出版得到了大连理工大学"新工科"系列精品教材出版基金的支持，在此表示衷心的感谢。温鸿杰博士和朱干城博士校核了文中的公式和参考文献，博士研究生朱俊杰同学帮助修改了文中的插图，在此致谢。

由于作者水平所限，书中难免存在疏漏之处，切盼读者给予指正。

作　者

2021 年 5 月

目　　录

第1章 绪 论

海洋表面积有 3.61 亿 km^2，约占地球表面的 71%，是空间资源、能源、水资源、生物资源、金属资源等的战略性开发基地，是人类生存与可持续发展的重要空间。我国大陆海岸线总长度超过 18000km，拥有 6500 多个面积在 $500km^2$ 以上的岛屿，根据《联合国海洋法公约》，我国所管辖的海域有近 300 万 km^2（相当于我国陆地国土面积的 1/3），开发利用海洋资源势必成为我国经济和社会可持续发展的机遇和新的空间。

海洋空间通常是指与海洋资源开发利用有关的海面、海中和海底空间的地理区域的总称。海洋空间开发利用是指人类为了满足生产和生活的需要，将海洋空间用作生产、生活、交通和其他用途的活动场所。海洋空间最大的特征是广阔性与立体性，从开发利用的角度，无论是海上、海中、海底空间均可作为开发利用的对象。当前海洋空间的开发利用已由传统的海上交通运输，发展到生产、生活、交通、文化娱乐、储藏等诸多新兴领域，如海面空间利用有海上城市、旅游度假、居住社区、海上机场、海上工厂等，海中空间利用有海洋公园、海洋牧场、悬浮隧道等，海底空间利用有海底隧道、海底观光建筑、海底空间站、海底储藏基地等。

海洋空间资源的可持续开发利用是一项十分复杂的系统工程，涉及城市规划、海洋科学、海岸与海洋工程等学科的知识。随着海洋空间资源的开发利用越来越多地扮演着城市空间拓展的角色，从陆海统筹的理念上，需要把岸线资源和所属的海域空间资源作为城市空间的重要组成部分统一规划和建设。同时，海洋空间利用工程大都发生在陆地与海洋交界相互作用、变化活跃的近海水域，因此，需要在提供城市发展空间和保护海洋生态环境之间达到综合平衡，实现城市布局协调，海域利用合理，海洋环境良好，沿岸景观优美，经济、社会与环境效益良好的可持续发展目标。

1.1 海面空间开发利用方式

1.1.1 平推式填海造地

填海造地是指滨海城市为满足其经济、社会发展需求，通过筑堤圈围一定范围的海域填筑成陆地，进而获得新的发展建设用地的人工建设行为。世界上大多数沿海国家在海域空间资源的早期开发中大都是采用在城市的岸边将海湾岸线直接向海中平推式填筑陆域的方式，发展城市和港口。在海域空间利用的初期，受到人们对海洋环境的认识和技术水平的限制，平推式填海造地是一个可行和有效的开发模式。

1. 荷兰须得海工程和三角洲工程

填海活动的历史可以追溯到 13 世纪时的荷兰。早在 13 世纪，荷兰人就开始了填海活动，荷兰现有国土面积（4.186 万 km^2）的约五分之一取自大海。

荷兰的须得海原是伸入北海的海湾，面积 $3388km^2$。须得海工程是一项大型挡潮围垦工程,主要包括拦海大堤和 5 个垦区,1920 年开始施工。1932 年,荷兰完成了长度为 32.5km 的阿夫鲁戴克拦海大坝(Afsluitdijk)。这条顶部平均宽度将近 90m、双向四车道的堤坝将大约 3000km^2 的须得海与外海隔开,通过排咸纳淡,使内湖变成淡水湖,称为艾瑟尔(IJsselmeer)湖。湖内洼地被划为维灵厄梅尔垦区(Wieringermeer)、东北垦区(Noordoost)、东弗莱福兰垦区(East Flevoland)、南弗莱福兰垦区(South Flevoland)和马克瓦德垦区(Markerwaard)。他们遵循先修筑长堤,再排干湖水,最后开垦种植的思路,进行分期开发。至 1985 年,除了面积 600km^2 的马克瓦德垦区仅完成了大堤外,其他四个垦区共开垦土地 1650km^2。须得海工程各垦区的基本信息列于表 1.1.1。须得海大坝已成为连接荷兰东北部和西北部的交通干线,艾瑟尔湖可提供淡水,促进了工农业和养殖业的发展。已建成的四个垦区迁入人口 300 多万,已形成繁荣的经济区。

表 1.1.1 须得海工程各垦区的基本信息(水利电力部珠江水利委员会和广东省水利电力厅,1985)

垦区名称	筑堤时间/a	开发时间/a	面积/km^2
维灵厄梅尔垦区	1927~1929	1930~1940	200
东北垦区	1936~1940	1942~1946	480
东弗莱福兰垦区	1950~1956	1957~1976	540
南弗莱福兰垦区	1959~1967	1968~1985	430
马克瓦德垦区	1966~1980	已修堤未开发(马克湖)	600

荷兰的三角洲地区位于莱茵河(Rhine River)、马斯河(Maas River)和斯海尔德河(Schelde River)的入海口,面积达 4000km^2,大部分土地低于海平面,早先的治理方法是筑堤防潮。1953 年的水灾促成了庞大的三角洲治理计划的实施。整个三角洲挡潮闸工程(Delta Storm Surge Barriers Project in the Netherlands)简称三角洲工程,主要是在 3 个入海口及各条入海水道之间修筑一系列的风暴潮屏障、大坝以及相关设施组成的庞大防潮抗洪系统,主要包括:布劳沃斯(Brouwer)挡潮闸坝工程,哈灵水道(Haringvliet)挡潮闸坝工程,沃尔克拉克(Volkerak)闸坝工程,艾瑟尔(IJssel)挡潮闸工程,赞德克里克(Zandkreek)闸坝工程,费尔什(Veerche)坝,赫雷弗灵恩水道(Grevelingen)闸坝工程,东斯海尔德(East Scheldt)坝和开敞式挡潮闸工程,菲利浦(Philips)闸坝工程,奥伊斯特(Oyster)闸坝工程,以及 1996 年完工的三角洲工程最后的一个建筑——马斯朗特(Maeslant)大型开启式挡潮闸坝工程。

整个三角洲工程 1954 年开始设计,1956 年动工,1986 年宣布正式启用。三角洲工程为目前世界上规模最大的拦海堤防,其中哈灵水道挡潮闸、东斯海尔德挡潮闸以及马斯朗特开启式挡潮闸特别令世人瞩目。

2. 韩国新万金工程

韩国新万金(Saemangeum)工程选址于韩国全罗北道的黄海沿岸,万顷江、锦江、东津江三江入海口处,在首尔以南 200km 处。围填海总面积达 401km^2,其中包括 283km^2 的土地和 118km^2 的淡水湖,主要工程除了围填海的土地之外还包括一道长 33.9km 的防潮堤。

新万金海堤的建设始于 1991 年 11 月，大堤底部平均宽度 290m，最宽达 535m；有两座排水闸，每个闸门都是宽 30m、高 15m、重 484t。新万金海堤于 2010 年 6 月竣工，历经 19 年。图 1.1.1 是新万金海堤建设前后的卫星图。

（a）修建海堤前　　　　　　　　　　　　　　（b）修建海堤后

图 1.1.1　韩国新万金海堤位置卫星图

新万金填海工程自 1991 年开工后一直备受争议，遭到环保人士的坚决反对。对此，2008 年 10 月韩国国务会议变更了新万金围垦土地开发基本理念，将原计划 72%的农用地减少为 30%，围垦后形成的土地主要用于产业开发、旅游和城市建设。表 1.1.2 为新万金围填海规划用地平衡表。修订后的规划完善了综合管理系统，最大限度避免对生态环境的破坏。综合管理系统中分设 6 个子系统：水质管理系统、海洋环境系统、水资源管理系统、洪水预警系统、资料管理系统和设施管理系统。各子系统由综合管理系统来统筹兼顾，以达到防灾减灾、保护环境等目的。

表 1.1.2　新万金围填海规划用地平衡表

用地分配及设施	用地面积/km²	比例/%
农业用地	85.7	30.3
旅游用地	24.9	8.8
产业用地	28.7	10.1
科学研究用地	23.0	8.1
新再生能源研究用地	20.3	7.2
城市用地	14.6	5.2
生态环保用地	59.5	21.0

用地分配及设施	用地面积/km²	比例/%
外商直接投资区和国际商务用地	15.3	5.4
其他	11.0	3.9
总计	283.0	100.0

3. 新加坡填海工程

新加坡 1965 年刚独立时的国土面积为 581.5km²，到 2012 年达到 715.8km²，国土面积增加了约 130km²（领土增加 23%），图 1.1.2 为新加坡各时期重要的填海工程项目及持续周期图（周韵，2013）。除海岸侵蚀、淤积等自然演变和人工测量精度提高等因素带来的变化外，增加的国土面积绝大部分来自填海造地工程。樟宜机场、裕廊工业区等都是建设在填海区域。

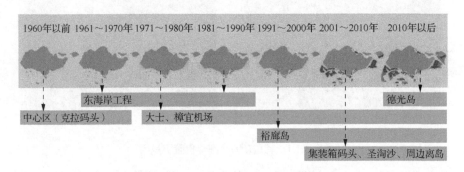

图 1.1.2　新加坡各时期重要的填海工程项目及持续周期图（周韵，2013）

新加坡的填海活动大体遵循中心区—东西海岸—周边散岛的空间秩序。新加坡由于地理和国情的特殊性，始终保持了对填海造地的旺盛需求。表 1.1.3 为新加坡各 10 年段填海规模统计表（周韵，2013）。

表 1.1.3　新加坡各 10 年段填海规模统计表（周韵，2013）

阶段	填海新增规模/km²
1960 年之前	1.11
1961～1970 年	6.57
1971～1980 年	36.90
1981～1990 年	6.92
1991～2000 年	5.98
2001～2010 年	76.82
截至 2010 年总量	134.30

新加坡填海工程可分为滩涂围填、海滨围填和离岸人工岛围填三个阶段，填海的理念经历了由粗放到节约的转变。在填海初期，因技术有限，基本上是在原有滩涂的自然基底

上进行填海造地，代表区域如驳船码头、唐人街等。随着吹填技术的提升，开始在新加坡主岛外围进行海滨围填，基于原有主岛岸线向外平推获得建设用地，如东海岸、樟宜机场和端士（Tuas）等。随着全球对生态环境重视度的提高，考虑到平推式填海会对海洋生态造成不可逆转的破坏，因而转变为离岸人工岛式围填，如裕廊岛（Jurong Island）和实马高岛（Semakau Island）等。

4. 日本东京湾填海工程

日本在 17 世纪中后期开始通过填海造地建造大量的工厂，20 世纪中叶因工业的进一步发展导致土地紧缺，而开启了大规模填海造地的步伐，100 年间日本一共从海洋中索取了约 12 万 km^2 的土地。第二次世界大战后日本新造陆地 $1500km^2$ 以上，主要用于工业、交通、住宅三大方面。东京湾、伊势湾、大阪湾、濑户内海 20 多个新兴工业中心都建在填海土地上。

日本东京湾位于日本本州岛中东部沿太平洋之海口。东京湾西北岸的城市有东京市、横滨市、川崎市，西侧城市有横须贺市，东侧城市有千叶市，南侧由三浦（西）和博索（东）两半岛环抱形成湾口。东京湾从明治、大正时期开始填海工程，一百多年间共通过填海获得了超过 $2500km^2$ 的土地。表 1.1.4 为东京湾各 10 年段新增的填海规模统计。东京湾的填海从一开始就出现了平推式填海和离岸人工岛式填海并行的方式。追溯东京湾填海以来平推式填海与人工岛填海的比例，可以发现人工岛填海面积约占总填海面积的 49%。东京湾填海区域的空间分布具有内湾式填海的独特特征，原有自然岸线基本被人工岸线占据。在岸线较为平直的地带，如横须贺港、木更津港、千叶港大部分为平推式填海。人工岛分布在东京湾西岸较为曲折的岸线处，如东京港、川崎港、横滨港等。

表 1.1.4 东京湾各 10 年段新增填海规模统计表（周韵，2013）

阶段	填海新增规模/km^2
1868～1876 年	10.10
1877～1886 年	12.58
1887～1896 年	17.90
1897～1906 年	21.52
1907～1916 年	52.40
1917～1926 年	83.60
1927～1935 年	101.19
1936～1945 年	87.57
1946～1955 年	42.35
1956～1965 年	300.05
1966～1975 年	895.64
1976～1985 年	607.87
1986～1995 年	226.59
1996～2013 年	65.12
截至 2013 年总量	2524.48

5. 平推式围填海工程的负面影响

荷兰、日本等围海造陆规模较大的国家，近年来不断出现垦区盐化、海岸侵蚀、物种减少等问题。这些国家已开始采取将围海造田的土地恢复成原来的湿地面貌的措施，探索与水共存的新路。1990 年，荷兰农业部制定了一项非常宏伟的计划——《自然政策计划》，计划花费 30 年时间恢复受围海造陆的影响而急剧减少的动植物，并通过复原过去的景观，为人们的生活增添亮丽的风景线。其中的"生态长廊"计划，是要建立起南北长达 250km、以湿地为中心的生态系地带。

日本环境厅发表的调查数字显示，自 1945 年到 1978 年，日本全国各地的沿海滩涂减少了约 390km^2，并且每年还在以约 20km^2/年的速度消失。过度的填海导致一些港湾外航道的水流速度明显减慢，海水自净能力减弱，天然湿地减少，生物多样性迅速下降，渔业遭受损失等问题。为保护海洋资源多样性，维护生态环境平衡，日本许多滩涂造地的计划都已缩小规模或停止。

新中国成立初期到 20 世纪末，中国的年均围填海面积约 240km^2，2001 年至 2005 年的年均围填海面积约 300km^2。随着长三角地区、辽宁沿海经济带及天津滨海新区等沿海重点发展地区的城市化、工业化和人口集聚趋势进一步加快，填海功能由 2002 年之前的以围垦用海为主（91.40%），转为以港口（22.61%）和工业用海（16.47%）为主。2001 年至 2013 年，在短暂的 13 年间，我国通过填海造地获得土地面积 2256km^2（刘姝等，2015）。这种速度快、面积大、范围广的围填海活动，以及大多采用海岸向海中平推、海湾岸线截弯取直等粗放式的围填海方式，在带来巨大经济利益的同时，也带来了海岸生态系统退化、海洋环境污染加剧、宜港资源衰退、重要渔业资源破坏、海岸自然景观消失、防灾减灾能力降低及多种社会问题。自 2010 年开始，围填海正式纳入国民经济与社会发展计划，实行围填海面积年度计划指标总量控制管理，有效遏制了部分低效围填海工程。2013 年以来，国家海洋局通过划定海洋生态保护红线，开展海域海岸带整治修复，加强围填海管控，全国围填海总量随后逐年下降，2017 年填海面积 57.8km^2，比 2013 年（填海面积 154.1km^2）降低了 63%，同时海岸带整治修复逐渐得到强化。

1.1.2　海上人工岛

海上人工岛是指为了一定的目的和用途，在海域中人工建造而非自然形成的岛屿。一般而言，狭义的人工岛指在海中独立填海而成的陆地，或由扩大现存的小岛或暗礁，或合并数个自然小岛建造而成；而广义的人工岛则包括桩式和漂浮式等能在海域中形成一定使用场地的各种海上建筑物。

人工岛是海洋空间资源利用的重要方式，可为城市提供更广阔的发展空间，建设具有高附加值的多功能城区。相对于顺岸平推的粗放式的填海造地方式，建设人工岛具有如下主要优点：

（1）人工岛式填海对生态环境破坏较小。人工岛与原有陆地之间保留较宽阔的水面，通过合理构造人工岛的外形，可减小对海湾的水动力条件的改变，以保持周边区域的生物多样性。

（2）人工岛式填海可保护原有天然岸线资源。人工岛式填海的陆地与原有陆地岸线不相接，可避免对天然岸线的侵占和蚕食。人工岛背面的波影区可为岛后造出大片掩护条件良好的水域，有利于保护天然岸线资源。

（3）人工岛式填海可显著提高填海区的海洋价值。人工岛式填海的曲折陆地边界增加了海岸线长度，提供了更多的临海空间界面。良好的亲海性与景观性可满足旅游度假区、居住社区等功能区对滨海环境的景观要求。

自 20 世纪 70 年代以来，日本将海岸带围垦造地逐渐转变为建造离岸人工岛，如东京湾人工岛群、神户人工岛、大阪关西国际机场人工岛等有代表性的人工岛工程。此后，世界各国先后建设了不同用途的海上人工岛，如世界著名的迪拜朱美拉棕榈岛（The Palm Jumeirah）、迪拜世界岛（The World Islands）工程、巴林杜拉特岛（Durrat Al Bahrain）、卡塔尔珍珠岛（The Pearl）等。

伴随我国沿海地区城市化、工业化进程的快速推进，对开发利用海洋的要求不断提高。国家海洋局在 2008 年发布的《关于改进围填海造地工程平面设计的若干意见》中，要求转变围填海造地的设计理念，改进围填海工程的平面设计型式，在海域条件适合的地区，采用人工岛式围填海造地应作为首选方式。人工岛方式能较好地契合与平衡各方面的需求，在我国沿海地区的开发和建设中正扮演着越来越重要的角色。

1. 海上城市与旅游度假岛

海上城市指在海上建造的用于工业、商业、居住、休闲、娱乐等人类社会活动的综合体，可容纳数万人生活，具有现代化城市机能和交通体系的特点。预计在不久的将来，有可能出现能容纳 10 万人的海上新城。

早期的海上城市雏形是 1975～1976 年日本在冲绳海洋博览会上展示的海上城市馆。它位于冲绳海滨岸外 400m 的海面上，采用栈桥与陆地相连，长 104m、宽 100m、高 32m，由水上建筑和水下浮体两部分组成，排水量达 28100t。馆内设有各种生活服务设施，以及发电、海水淡化、污水处理等设施，可容纳 2000～2400 人。

日本神户港岛是世界上第一座海上人工岛城市（图 1.1.3），位于神户市以南 3km、水深 12m 的海面上。神户港岛一期工程从 1966 年开工建设，于 1980 年完成，用了 15 年的时间。削平了神户西侧六甲山系中的两座山头，将 8000 万 m^3 的土石填入海中，建成顺岸方向长 3km、离岸方向宽 2.1km、总面积为 4.36km^2 的海上城市，一座长 300m、宽 14m 造型美观的双层大桥把人工岛和神户市区连成一体。日本神户港岛拥有博物馆、国际饭店、旅馆、商店、医院、邮电局、学校、公园、娱乐场、体育馆、游泳池等一批现代化的公建设施，是一座具备现代化城市机能和新的交通体系的港口城市。自 1987 年起，又在该人工岛南端进行了二期扩建工程，将该岛的面积扩展了 3.9km^2，1996 年完成。二期扩建工程建设有深水集装箱泊位及其他各类码头，建了通往神户市的港岛海底隧道，以及通往对面的大阪关西国际机场的客运码头等。

阿联酋的第二大酋长国迪拜，海岸线只有 72km。迪拜除了丰富的石油资源外，几乎没有其他可持续发展的产业。2000 年，迪拜王储形成了建设世界第一大人工岛的想法。规模空前的人工岛修建计划——人工岛群工程由此诞生，主要包括朱美拉棕榈岛、世界岛、杰贝阿里棕榈岛（Jebel Ali）、德拉棕榈岛（Deira）四个人工岛（图 1.1.4）。

图 1.1.3　日本神户港岛

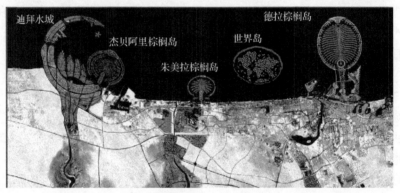

图 1.1.4　迪拜棕榈岛群示意图

　　朱美拉棕榈岛距迪拜市中心 25km，是最早开始建设的一个棕榈岛。图 1.1.5 为朱美拉棕榈岛实景。朱美拉棕榈岛计划建造 1.2 万栋私人住宅和 1 万多所公寓，还包括 100 多个

图 1.1.5　迪拜朱美拉棕榈岛

豪华酒店以及游艇码头、水主题公园、餐馆、购物中心和潜水场所等设施。朱美拉棕榈岛项目着眼于开发旅游资源，在环状岛式防波堤的掩护区域内，回填成多个条状临海沙滩，在平面上形成棕榈树的形状。朱美拉棕榈岛很好地展示了阿拉伯国家的文化特色，不仅提升了填海区域的文化价值，也提高了区域的知名度和影响力。

2. 海上机场

在海上建造离岸式飞机场可节省陆上土地资源，减轻飞机起落产生的噪声和排放气体对城市环境的不利影响。另外，海上离岸式机场的滑行跑道延长线上没有高大建筑物和山丘等障碍物，驾驶员视线开阔，有利于提高飞行安全。最早建成的海上人工岛机场是1975年日本长崎机场，此后，世界各国先后建设了多个海上人工岛机场。

日本大阪关西国际机场位于大阪湾东南部离岸4.5km的海面上，是一座现代化的大型人工岛机场。大阪关西国际机场由两个人工岛组成（图1.1.6），总长约5.3km，总宽约2.7km，面积约10.6km^2。大阪关西国际机场规划时设定了四个基本条件：①国内以及国际航空的主要机场；②机场为24h全天候使用型；③充分考虑环境影响；④预留未来扩展空间。机场人工岛第一期工程于1987年1月动工，1994年建成，面积为5.11km^2，修建了一条长3.5km的主跑道，建有候机楼、国际货运楼、污水处理厂、燃料储罐、铁路车站、旅馆、购物中心等。机场人工岛第二期工程于1999年开始建设，2007年建成，修建了面积为5.45km^{2}的机场人工岛，建设了第二条长度为4km的飞机跑道。海上机场同陆地之间的交通联系依靠一座长约3.75km的跨海公路铁路两用桥。

中国澳门国际机场位于澳门氹仔岛一路环岛东侧的开敞海域，是我国第一座海上人工岛机场。整个机场包括航站区及飞行跑道区。该机场完全修筑在一个总面积为1.26km^{2}的人工岛上（图1.1.7）。澳门国际机场于1989年正式开工，1995年建成投入运营。

图1.1.6　日本大阪关西国际机场

图1.1.7　中国澳门国际机场

3. 海上工厂

海上工厂是指把生产设备安装在海面的固定设施或浮体设施上进行生产活动的场所。与陆上工厂相比较，海上工厂具有工厂主体小、不占陆地面积、冷却水充足且取排方便、距离加工原料地近、便于建造和管理等优点。目前世界上的海上工厂类型主要有发电厂、炼油厂、水产品加工厂、海水淡化厂、造纸厂等。

日本在东京湾离岸 7km、周围水深 10m 的海域建造了人工岛钢铁基地，岛上使用面积 5.10km²，人工岛与陆地的连接通道是海底隧道。岛上建有 7 个炼铁炉、3 个钢厂、2 个制板厂。近年来，日本又建成了一种耗能低、经济效益高的多效浮动海水淡化工厂，额定生产率达每天 5000m³ 蒸馏水。

新加坡将具有潜在的高污染和高危险性的炼油和石化产业集中在裕廊岛上，与新加坡本岛以自然的海峡安全分隔，图 1.1.8 为新加坡裕廊岛鸟瞰图。裕廊岛由近岸的七个岛屿通过填海工程连成一体，土地面积约 32km²。岛上建有炼油厂、原油储存站、压缩天然气储存站等，是新加坡的炼油中心。裕廊岛上设有众多国际大公司的运营基地，包括荷兰皇家壳牌、美国埃克森美孚、美国雪佛龙、美国杜邦、德国巴斯夫、日本住友化学及日本三井化学等业内巨头。

图 1.1.8　新加坡裕廊岛鸟瞰图

4. 人工岛建造方法

1）填筑式人工岛

填筑式人工岛结构是指利用物体的自重克服水体浮力形成陆地的方式。常规的建造方法是采用砂、石等散状物料堆砌在海底，通过占据海水空间，高出水面后形成人工岛，然后在岛上建造建筑物或构筑物。这种结构的本质特征是人工岛陆面至海底皆为实体。地基为实体可方便地下设施的建设，如地下隧道、管廊等。当前的人工岛建设主要还局限在浅水区，填筑式结构是最为普遍的人工岛建造方式。

填筑式人工岛有先抛填后围护和先围海后填筑两种施工方法。先抛填后围护施工方法是用驳船运送土石料在海上直接抛填，最后修建护岸设施。先围海后填筑施工方法是先将人工岛所需水域用围堰圈围起来，留出龙口，以便驳船运送土石料进行抛填或用挖泥船进行水力吹填。实际工程中通常选取先围海后填筑的方式。

填筑式人工岛的四周是防护建筑物（护岸或称岛壁），人工岛的防护建筑物与一般的海岸和港口工程并无显著的差别，一般的码头或防波堤的结构形式原则上都可用于人工岛的岛壁结构。填筑式人工岛护岸的结构型式可分为斜坡式和直立式（包括混成式）两大类。图 1.1.9 为漳州双鱼岛的斜坡式护岸。

图 1.1.9 漳州双鱼岛斜坡式护岸

已建成的海上人工岛的工程实践暴露出填筑式人工岛在特定区域存在难以克服的缺点。当水深较大（如达到 15m 以上）时，回填料将巨大，不仅建设费用直线上升，而且还可能引发次生灾害。如对深厚软黏土海床，土体的不断沉降对填筑陆地及设施的安全构成了新的威胁，尤其是位于地震地区时，震陷和土体液化问题随之而来。填筑式人工岛的陆面至海底皆为实体，占据了海洋生物原有的生存空间，对海洋生态环境构成了不可逆的破坏等。

2）桩基式人工岛

桩基式人工岛结构主要是利用栈桥建造技术，先将钢桩或混凝土桩打入海底，建造出超过海面一定高度的桩基础，由桩基础承接梁板，然后形成可使用的陆地。桩基式人工岛结构对海洋环境影响较小，但工程投资相对较大。

美国纽约的拉瓜迪亚机场（LaGuardia Airport）最早采用了桩基式人工岛结构。拉瓜迪亚机场在 1940 年启用时建设有两条机场跑道，跑道 R4 的长度是 1524m，跑道 R31 的长度是 1829m，两条跑道的端部位于陆地的边缘。为适应大型客机的起降，拉瓜迪亚机场采用在 13m 深的水中打下 3000 多根钢管柱建造成由桩支撑的平台结构，将两条机场跑道的长度向海中延长到 2134m。其中跑道 R4 延伸工程的栈桥结构长 610m、宽 213m。跑道 R31 延伸工程的栈桥结构长 305m、宽 152m。图 1.1.10 为纽约拉瓜迪亚机场 R4 和 R31 延伸跑道的实景。

为不堵塞多摩川河口，日本东京羽田机场 D 跑道西南侧的三分之一部分（长 1100m，宽 524m）采用了桩基式码头结构（图 1.1.11）。

图 1.1.10 纽约拉瓜迪亚机场 R4 和 R31 延伸跑道　　图 1.1.11 日本东京羽田机场 D 跑道

3）浮式人工岛

随着海上石油钻井平台建造技术不断取得进展，积累了大量半潜式、自升式和浮式钻井平台的实践经验，使得更为具体的浮式人工岛方案不断出现。如日本于 1995 年成立的巨型浮岛技术研究协会（Technological Research Association of Mega-Float，TRAM）开展了一项巨型浮岛研发项目，如图 1.1.12 所示（Lamas-Pardo et al.，2015）。该巨型浮岛结构为漂浮钢箱模块拼装而成的模块化浮桥式方案，尺度在 100～300m 的模块在陆域上制造好后，在海上将这些模块焊接在一起。巨型浮岛由锚固设备来固定，浮动结构和陆地通过连接桥连接。外围修筑防波堤形成港湾，用以减少浮体的波浪力。

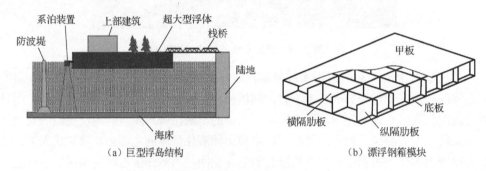

（a）巨型浮岛结构　　　　　　（b）漂浮钢箱模块

图 1.1.12　巨型浮岛概念设计图

Hartono 等（1996）提出了用张力缆绳系统固定组装的预制箱式浮体结构的张拉浮体方案（图 1.1.13）。其总体设想为：浮箱的主尺寸取决于预制场和水上拖运的实际能力；高度取决于高低潮的潮差，一般在 20～30m；压载舱位于浮箱的内部，其他空间可用于各种需要。上部表面可由预制或现浇混凝土板组成，作为机场的平台。整个构筑物的每个浮箱设置一个独立的缆绳系统，该缆绳系统必须在任何组合荷载下保持一定的张力，以抵抗在建设和机场运行过程中所产生的各方向作用力。缆绳由具有极高的拉伸强度的抗腐蚀复合材料制作，用锚杆锚定在海床上，然后将浮箱以半潜的状态紧紧拉入海水中，使得浮箱不会随着潮位的变化而浮动。

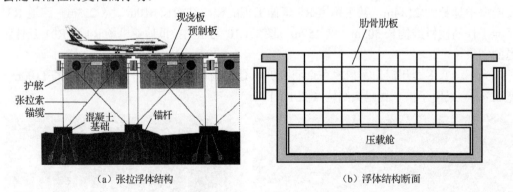

（a）张拉浮体结构　　　　　　（b）浮体结构断面

图 1.1.13　张拉浮体海上机场概念设计图

美国海军近年来设计了一种能在海上浮动的"人工岛"。这种"人工岛"由 6 个较大的舱段组成，每个舱段相当于一个模块，每个模块均采用具有较好稳定性的双体结构。需要时将各舱段拖到该地区，拼接成一个长 900m、宽 90m 的"海上浮动机场"。

海上漂浮式储藏基地的发展也很快，它们多用于石油储备。与传统的陆上石油储备系统相比，海上漂浮式储油系统远离人口居住区，具有安全性能好、溢油泄漏风险低等优点，且可方便地移动到新的海域。目前，全世界已建成十余座。美国在迪拜建造的漂浮式圆柱形储油罐，容量为 $8×10^4m^3$；日本在 20 世纪 90 年代建成了白岛和上五岛两座海上石油储备基地（图 1.1.14）。其中白岛储备基地储油能力 $5.6×10^6m^3$，上五岛储备基地储油能力 $6.16×10^6m^3$。储备基地由钢制矩形储油舱体及其他相关配套设施组成。储油舱体悬浮在水中，由系泊装置固定，可随储油数量增减上下浮动。舱体立面和底部采用双壳保护，中间充水，防止原油泄漏。顶部用惰性气体（氮气）保护，防止原油燃烧。全部储油舱体由防波堤保护。

(a) 白岛浮式储备基地   (b) 上五岛浮式储备基地

图 1.1.14 日本的浮式储油基地

日本近年提出了一个建设浮式人工岛的设想，以避免填筑式人工岛对周围海域造成污染。浮式人工岛呈飞镖形，两翼长 560m。全岛采用单点系泊，可随风向、潮流、波浪而改变方向。岛上设有波浪能发电装置，海水淡化设施，污水和废弃物处理设施，装卸码头，直升机场，以及旅馆、餐饮、娱乐等设施，水产加工厂、冷库等综合加工设施，防摇控制装置等。

1.2 陆海统筹发展理念

坚持陆海统筹发展已上升为国家层面上的海洋发展战略和原则。《全国海洋主体功能区规划》（国务院 2015 年 8 月 20 日发布）中提出海洋空间开发应遵循陆海统筹、尊重自然、优化结构、集约开发的基本原则。其中陆海统筹是指：统筹海洋空间格局与陆域发展布局，统筹沿海地区经济社会发展与海洋空间开发利用，统筹陆源污染防治与海洋生态环境保护和修复。《海岸线保护与利用管理办法》（国家海洋局 2017 年 3 月 31 日发布）提出，我国应加强陆海统筹，建立适合国情的海岸线保护与利用管理体制机制，及时修测和划定海岸线，加强海岸线资源的集约节约利用，将海岸线作为海洋空间和资源理性开发的边界线。陆海统筹理念已成为许多涉海工程项目规划的重要内容。

1.2.1 陆海统筹的内涵

1. 海岸带综合管理

海岸带是海洋和陆地相互交接和相互作用的地带，由于海岸带地理形态的多样性（侵蚀海岸、沉积海岸和火山海岸等），其空间边界的定义也有较大的差异性，在不同地域及不同需要的研究中，海岸带的范围亦有不同。总体来说，在划分海岸带时主要有以下五种方式：自然地理标示、行政边界划定、距离划定、依据环境单元划定及采用综合方式划定。Pernetta 等（1995）认为在国际全球环境变化人文因素计划（The International Human Dimensions Programme on Global Environmental Change，IHDP）的核心项目，沿海地区的陆地海洋相互作用（Land-Ocean Interactions in the Coastal Zone，LOICZ）研究中，海岸带是指从陆地海拔 200m 的等高线处向海延伸到 200m 的等深线处。目前被广泛接受的是国际经济合作与发展组织（Organization for Economic Co-operation and Development，OECD）环境理事会的提法，海岸带的定义和范围需要根据所处理的问题类型及管理的目标而有所改变。图 1.2.1 呈现了一种可能的海岸带空间范围（延伸至专属经济区）及海岸带相关要素。

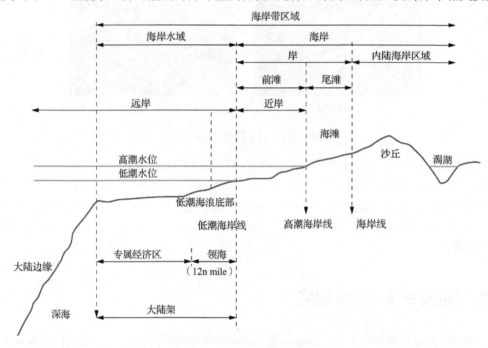

图 1.2.1　海岸带空间范围及海岸带相关要素示意图（文超祥等，2019）

随着经济的发展，海岸带以其丰富而又独特的资源优势成为开发的热点，海岸带区域各种经济利益冲突日渐增加，许多开发利用活动对海洋资源与生态环境造成了损害和破坏。由于海岸带生态系统的多样性和复杂性，以及原有的单因素海岸带管理的局限性，需要建立一种全面的、综合的、系统的方法来进行管理，即海岸带综合管理。欧洲委员会将海岸带综合管理定义为：促进海岸带地区可持续发展和管理的一种动态、多学科、迭代的过程，涵盖从信息收集、规划、决策、管理到监督实施的整个流程。

现阶段海岸带综合管理的目标主要是以如下三个方面为中心：一是加强多部门的规划和管理；二是促进沿海资源的合理利用并最大限度地降低资源使用上的冲突；三是保持生物多样性、沿海生物物种及沿海环境的正常功能。从这个意义上说，海岸带系统综合管理的内容应体现可持续性和协调性。可持续性是指资源的可持续利用和良好的生态环境基础；协调性是指经济发展的模式选择要与人口、资源、环境相协同。

　　海岸带综合管理在环境管理和空间规划中，已被大量学者和政策制定者视为不同规划系统整合的有效手段。20 世纪 90 年代，海岸带综合管理开始应用，并被认为是一种综合的实现海岸带各类活动协调发展的理论与实践。在欧洲大陆，海岸带综合管理已植入了欧盟战略目标。各国及地区都在积极探索建立海岸带综合管理机制，主要通过建立统一的管理机构，制定完善的法规指引、精细化的海岸带规划及行动计划来推进。例如，美国政府在 2010 年 7 月 19 日颁布《海洋、海岸和大湖区国家管理政策》，这是美国历史上第一个公开发布的国家综合海洋政策。美国海岸带管理办公室承担了国家河口保护区研究、国家海岸带管理、海岸与河口土地保护、应用科学研究与培训等职能。总之，海岸带综合管理已经成为沿海发达国家和地区普遍接受的实现可持续发展的管制理念和方法。

　　2. 陆海统筹思想

　　陆海统筹是我国学者处理海陆关系问题中的创新性贡献，许多学者从不同角度、不同侧面提出了陆海统筹的思想。我国海洋经济学者张海峰较早地提出了"陆海统筹"这个概念，并认为在"五个统筹"（统筹城乡发展、统筹区域发展、统筹经济社会发展、统筹人与自然和谐发展、统筹国内发展和对外开放）的基础上应该加上"陆海统筹"（文超祥等，2019）。

　　陆海统筹思想的基础在于对海洋和陆地的价值一视同仁，海洋经济不应该附属于陆地经济，它可以成为区域经济发展的新增长点。所以在区域社会经济发展的过程中，需要将陆地与海洋这两个独立的系统作为一个整体来看待，站在协调发展的角度综合分析二者之间的关联性和各种要素之间的互动性，从而进行统一的规划。叶向东（2007）认为，陆海统筹是指在区域社会经济发展过程中，要综合考虑海陆的资源环境特点，系统考察海陆的经济功能、生态功能和社会功能，在海陆资源环境生态系统的承载力、社会经济系统的活力和潜力基础上，以海陆协调为基础进行区域发展规划与计划的编制及执行工作。潘新春等（2012）认为陆海统筹要衔接六项基本内容：一是衔接陆域功能定位与海域发展定位；二是衔接陆域经济发展规划与海域发展规划；三是衔接陆域与海域的开发布局；四是衔接陆域与海域资源开发；五是衔接陆域与海域生态质量；六是衔接陆域与海域防灾。

　　国外与陆海统筹相关的研究主要集中在海岸带综合管理方面，其内容与我国学者所提的"陆海统筹"有一定关联性。总之，统一筹划海洋与陆域系统的资源利用、经济发展、环境保护、生态安全和区域政策等的陆海统筹的理念，将成为海岸带空间规划的主要视角和手段，并为海岸带综合利用提供科学的依据。填海造地是实践陆海统筹的重要载体，应将陆海统筹的思想纳入其设计原则。填海规划应在布局方式和功能划分等方面实现与后方陆域的联动发展，其具体落实在填海区的平面形态设计方面，就是要在设计中避免对区域资源的影响并以高效的用地形态布局承载海陆职能分工，还要在空间上对海陆格局进行协调，优化海陆空间形象，提升区域综合经济价值。

1.2.2　海岸带陆海空间管控

　　我国沿海城市长期以来沿袭了传统的重陆域、轻海域的发展理念，向海发展仍停留在向海要地的层面上。陆海分割的规划管理建设模式导致沿海城市海岸带地区面临许多问题。海岸带地区是人口与经济高度集聚区，同时也成为陆海发展矛盾最集中的区域，基于陆海统筹指导下的陆海全域空间一体规划，是开创滨海城市发展新格局、实现陆海统筹发展的重要途径。林小如等（2018）从管控陆域空间的关键要素、海域空间的利用方式、海洋环境的陆源污染控制以及海洋资源的生态岸线保育四个方面进行了厦门海岸带弹性与刚性结合的空间管制探讨。

厦门位处厦漳泉三角洲的九龙江入海处，背靠漳州、泉州平原，海岸线约长 226km，沿海滩涂面积约 52.06km²，主要分布在大嶝岛海域、东坑湾、杏林湾。生态资源类型多样，分布着红树林、河口、沙滩等重要资源，其中沙滩岸线 33.9km，占总岸线 15%；海洋物种丰富，拥有中华白海豚、文昌鱼、白鹭、中国鲎等国家级珍稀物种。但近年来，城市的围填海建设与污染物的排放失控，海岸侵蚀与淤积严重，海岸带生态环境恶化，需要进行海岸带陆域开发与海域空间利用的统筹与协调，以缓解海岸带在未来城市发展中面临的压力和生态风险。林小如等（2018）以福建省公布的海岸线为基准，结合厦门市陆海矛盾区段发展保护需求，将厦门海岸带空间范围界定在向陆一侧以未来城市发展关键区段的主要道路为界（200～300m 不等）、向海一侧为 390km 的整个厦门海域范围。

1. 海岸带生态敏感度测评

首先通过对厦门全域岸段生态资源进行梳理，识别出不同岸段涉及的生态敏感度，作为构建合理的海岸带空间规划管制措施的基础依据。根据厦门海岸带现状资源条件和保护要求，结合空间管制陆海统筹的目的，选取了海洋生态系统的生态资源、生态空间、生态环境三个方面作为测评要素，包括海洋珍稀物种资源、湿地保护资源、围填海管控区域、水域污染管控区域四个方面的二级测评要素，14 个具体测评因子（表 1.2.1）。

表 1.2.1　测评要素及权重赋值汇总表（林小如等，2018）

测评系统	二级测评要素	赋值依据	具体测评因子	权重
海洋生态资源	海洋珍稀物种资源	珍惜程度	中华白海豚	2
			文昌鱼	1
			白鹭	1
		离岸距离/m	0～500	2
			500～3000	1
			3000 以上	0
	湿地保护资源	单位面积生态服务功能价值高低	河口	14
			红树林	3
			沙滩	2
			原始自然岸线	5
			山海通廊	14
			岩石岸线	1

测评系统	二级测评要素	赋值依据	具体测评因子	权重
海洋生态空间	围填海管控区域	围填海管控程度	禁止	5
			控制	3
			协调	1
海洋生态环境	水域污染管控区域	水域污染程度	优先控制（中度污染及以上）	2
			一般控制（轻度污染及以下）	0

根据各个因子的空间特征以及对海岸带生态环境的影响程度，结合海洋物种的珍稀程度、保护区离岸距离、各类资源生态系统服务功能价值的高低、围填海管控程度、水域污染程度等因素对各个因子赋予权重，采用综合叠加评价分析的方法，得到每个岸段的敏感值。在此基础上，将不同敏感值区间划分为低、中、较高、高四个敏感级别，得出了厦门市海岸带 56 个岸段的敏感级别。

2. 土地利用兼容性管制

根据城市规划的八大用地性质特点与厦门海岸带敏感级别对比分析，将其用地性质划分为三种管制类型：可兼容用地、不可兼容用地、在一定条件下可兼容用地。居住用地、公共管理与服务设施用地、商业服务设施用地人流量大、产生较多的生活污染、人为活动干扰相对多，为兼容性一般用地类型；工业用地、物流仓储用地由于可能产生的工业污染多、人为活动复杂，为兼容性最弱用地；道路与交通设施用地和公用设施用地由于等级类别不一样影响程度差距比较大；绿地与广场用地可利用海岸带景观资源提供公众休闲场所，为兼容性最强用地，具体兼容性建议如表 1.2.2。

表 1.2.2　规划用地与岸段生态敏感兼容性建议（林小如等，2018）

敏感级别	居住用地	公共管理与服务设施用地	商业服务设施用地	工业用地	物流仓储用地	道路与交通设施用地	公用设施用地	绿地与广场用地
低	■	■	■	■	■	■	■	■
中	■	■	■	★	★	■	■	■
较高	★	★	★	▲	▲	★	★	■
高	▲	★	▲	▲	▲	★	★	★

注：■表示可以兼容；★表示在一定条件下可以兼容；▲表示不可兼容。

3. 海域空间利用方式的管制

围填海工程规划管制包括面积大小、填海位置、形状轮廓三个方面。参考日本、美国等西方国家先进的经验，围填海平面应遵循"设计结合自然"的方式，在满足城市空间发展需求的基础上，减少对海洋环境的影响。结合厦门海域环境现状，不同敏感级别的岸线可考虑采取的管制措施如下。

低敏感岸段：采用优化围填海工程的平面设计方式，增加岸线资源，营造丰富的亲水环境空间增加海岸景观资源，避免截弯取直大面积连片的填海方式，减少围填海工程对海洋水动力环境的影响。

中敏感岸段：填海方式以人工岛为主，遵循原岸线走向和"设计结合自然岸线"的方式。可采用水道分割、多块式的方式，培育海洋生物栖息地环境（图1.2.2）；禁止采用截弯取直的方式，禁止沙滩岸线的围填海及占滩建设。

较高和高敏感岸段：禁止进行围填海工程，避免破坏海洋生态资源。

图1.2.2　水道分割、多块式填海方式（林小如等，2018）

4. 陆域入海排污口的管制

入海排污口排放的污染物是影响厦门海域水质环境的关键因素之一。近年来，由于人口规模剧增，经济飞速发展，大量的生活污水和工业废水的排放失控，通过降低污染物排放减少对海洋环境的影响愈加重要。低环境冲击排污口设置的关键点有排污口环境和排污口位置等。排污出水口位于水动力条件较强的海域能快速稀释污染物。排污出水口位置应在低潮线以下，可减少对海洋环境的影响。对于不同敏感级别的岸线，结合厦门海域环境现状，可考虑采取如下管制措施。

低敏感岸段：新排污口设置在海水交换良好处，如大嶝海域的岸线，出水管口设置在低潮线下，有条件情况下可离岸深海排放。

中敏感岸段：排污口应设置在海水交换良好处，如东部海域，同安湾海域，出水管口应该设置在低潮线下，有条件情况下应离岸深海排放。

较高敏感岸段：禁止新建排污口，如五缘大桥—浦口、嵩屿码头—海沧信息公园岸段。

高敏感岸段：禁止入海排污口的设置，如西海域的海沧东部岸线、东坑湾、下潭尾片区岸线。污染严重的排污口应进行搬迁或者提高排放的污水水质，如埭辽排污口。

参 考 文 献

董耀华, 刘同宦, 2008. 荷兰水利工程考察[J]. 水利电力科技, 34(3): 1-7.

林小如, 王丽芸, 文超祥, 2018. 陆海统筹导向下的海岸带空间管制探讨——以厦门市海岸带规划为例[J]. 城市规划学刊, 4: 75-80.

刘姝, 陆伟, 2015. 中日韩三国沿海城市填海造地战略研究[J]. 国际城市规划, 30(5): 136-143.

潘新春, 张继承, 薛迎春, 2012. "六个衔接": 全面落实陆海统筹的创新思维和重要举措[J]. 太平洋学报, 1: 1-9.

水利电力部珠江水利委员会和广东省水利电力厅, 1985. 荷兰围垦和三角洲治理考察报告[J]. 人民珠江(6): 2-8.

文超祥, 刘健集, 2019. 基于陆海统筹的海岸带空间规划研究综述与展望[J]. 规划师, 35(7): 5-11.

叶向东, 2007. 构建"数字海洋"实施海陆统筹[J]. 太平洋学报, 4: 23-25.

中濑明男, 1994. 关西国际机场人工岛建设[J]. 吕莉娃, 译. 海岸工程, 13(2-3): 197-201.

周韵, 2013. 填海造地进程与城市发展关系探究及应用[D]. 天津: 天津大学.

Hartono W, Chiew S P, 1996. Composite behaviour of half castellated beam with concrete top slab[C]. International Conference on Advances in Steel Structures, New York: 437-442.

Lamas-Pardo M, Iglesias G, Carral L, 2015. A review of very large floating structures (VLFS) for coastal and offshore uses[J]. Ocean Engineering, 109: 677-690.

Pernetta J C, Milliman J D, 1995. Land-ocean interactions in the coastal zone: implementation plan[R]. The International Geosphere-Biosphere Programme, Stockholm, Report No. 33: 215.

第2章　人工岛选址影响因素

人工岛的选址是指在海域中选取拟建设的人工岛的位置，可用绝对位置或相对位置表示。绝对位置是指用"经纬度"表示其地理位置，相对位置表示人工岛位置与周围地理环境要素的空间关系。在进行人工岛选址时，多采用相对位置这一表征概念，通常指填海区域与滨海岸线的位置关系或填海区域与城市识别标志的空间联系。人工岛建设首先应符合海洋功能区划、城市总体发展规划等法规，依据其不同的使用功能（如旅游度假人工岛、城市功能人工岛、机场人工岛、港口人工岛、跨海交通人工岛等），综合分析城市用地布局结构、海洋水文条件、海底地质地貌、海域环境承载力、填料来源和施工条件等最终确定其选址。

2.1　选址基本原则

2.1.1　区域建设用海选址的控制层面

区域建设用海选址的控制分为宏观、中观和微观三个层面（徐鹏飞，2012）。其中宏观层面的选址要符合海洋功能区划，即拟建人工岛的功能要与滨海区所划定的海洋功能区划类型相符合；中观层面的选址主要是衔接地方性的相关规划，即拟建人工岛的规模与用地布局等要与区域规划、城乡规划、土地规划、社会经济发展规划等相协调；微观层面的选址主要是考虑拟建人工岛海区的水动力环境、海底地质地貌、生态敏感性等近海海域的特征属性。

1. 宏观控制层面

建设用海选址在宏观层面的控制主要是选址要符合海洋功能区划的规定。海洋功能区划是根据海域的地理位置、自然资源状况、自然环境条件和社会需求等因素，将海域划分成不同的海洋功能类型区用以控制和引导海域的使用方向，保护和改善海洋生态环境，促进海洋资源的可持续利用，是海洋空间开发的基础性和约束性规划。根据《全国海洋功能区划（2011—2020年）》，目前我国海洋功能区主要分为八类：农渔业区、港口航运区、工业与城镇用海区、矿产与能源区、旅游休闲娱乐区、海洋保护区、特殊利用区和保留区。沿海各省依据《全国海洋功能区划（2011—2020年）》制定各自的海洋功能区划，例如：《辽宁省海洋功能区划（2011—2020年）》《山东省海洋功能区划（2011—2020年）》《江苏省海洋功能区划（2011—2020年）》等。

沿海各省为落实海洋功能区划，按照资源保护与资源利用相协调、陆域功能与海域功能相统筹、生活岸线与生产岸线相匹配、宜居与宜业相促进的要求，又相继制定了海洋保护和利用的相关规划。以《辽宁海岸带保护和利用规划》（辽宁省人民政府2013年9月28日发布）为例，该规划将辽宁海岸带划分为重点保护功能区和重点建设功能区。其中重点保护功能区划分为旅游休闲、农业渔业、生态保护三个板块；重点建设功能区分为工业开发、城镇建设、港口物流三个板块。规划期内，规划范围内的建设用地指标严格按照《辽宁省土地利用总体规划（2006—2020年）》执行，规划范围内的海域开发严格按照《辽宁省海洋功能区划（2011—2020年）》执行。通过海洋功能区划和海岸带保护和利用规划，可以明确滨海城市海洋空间的主体功能类型（产业与城镇建设、农渔业生产、生态环境服务三种功能）与区域类型（优化开发、重点开发、限制开发、禁止开发四类区域）的用海区。

以城镇开发建设用海和旅游开发用海为例，工程项目的选址区域应在海洋功能区划中的城镇用海区和旅游用海区内。其中，城镇用海区是指适于发展滨海城镇的海域，旅游休闲娱乐用海区是指适于开发利用滨海和海上旅游资源，可供旅游景区开发和海上文体娱乐活动场所建设的海域。

2. 中观控制层面

建设用海选址在中观层面的控制是要与地方性的相关规划（区域规划、城市总体规划等）以及各类专项规划（港口规划、交通规划等）相衔接。近年来，我国填海造陆大部分是用于沿海城市新的发展建设土地，是城市空间拓展的重要载体。合理与适度的填海行为对经济发展而言，可以增强沿海地区的产业活力，孕育新的区域经济增长点；对社会而言，能够促进地区社会进步与人民物质文化生活水平的提高，增加就业与社会供给；对城市建设而言，能够优化城市功能结构，丰富滨海岸线环境景观资源。

城市总体规划是对城市未来发展做出的安排，通过城市总体规划可以明确城市的性质与职能、城市人口与用地规模、城市产业状况、城市总体布局与建设用地布局结构、城市基础设施等。城市规模是指以城市人口总量和城市建设用地总量所表示的城市的大小，包括人口规模和用地规模两方面。城市人口规模预测主要根据区域产业发展状况，城市建设用地规模主要依据人口规模和人均建设用地指标确定。城市产业状况有工业、农业、商业、交通运输业、房地产业、海洋产业等，当地资源情况有港口资源、旅游资源、生物资源、海水资源、油气资源、矿产资源等，城市建设用地布局结构有工业用地、居住用地、对外交通用地、公共设施用地、仓储用地、绿地等的位置关系，城市基础设施有道路、供水、电力、燃气、排污等。城市是历史文化遗产积累较多的地方，不同的城市在其发展过程中都形成了自己的特色，诸如城市形态、文物古迹、轮廓景观、建筑风格、民俗风情等。填海区域建设要考虑城市文化传承与城市特色，体现和升华城市的文化特质。

填海区域作为城市发展的新空间，是城市空间二维和三维的拓展和城市功能实现的物质载体，其所在的具体位置对未来城市发展格局具有重要的影响。所以建设用海在选址的时候应该从城市整体结构出发，综合考虑城市总体空间发展的要求，要与区域海岸带规划、社会经济发展规划、城市总体规划、土地利用规划等相关规划协调，保证建设用海的选址与规划区所在的社会经济发展规划、城市总体规划等相关规划一致。通过填海区域选址的中观层面控制，协调填海区与城市整体空间发展格局，使之能够实现与城市功能、空间结构、交通组织、文化内涵等的有机融合。

3. 微观控制层面

建设用海选址在微观层面的控制主要是考虑填海工程所在的近岸海域的海洋水动力环境、气象灾害、生态环境等物理环境特征。填海工程发生在近海区域，是陆地与海洋交界相互作用、变化活跃的地带，海浪、潮汐和海流是其特有的水文环境因素。在近海开敞水域里建设离岸式人工岛，将会对周边水动力条件产生影响。因此填海区应选址在风浪较小、其周围海域的水文环境处于长期稳定状态的海域。

大规模的人工岛建设改变了海岸区域的原有状态，使得附近海域的波浪、潮流等海洋水动力条件发生改变，破坏了原有的泥沙冲淤动态平衡。当人工岛离岸较近时，在波浪沿岸流等水动力的作用下引起海床的淤积和冲刷等，对岸滩稳定产生影响。因此人工岛工程的选址应把握沿岸泥沙输移运动的特性，避免人工岛周边的严重冲刷。对拟在海湾内选址建岛情形，当天然海湾的湾口有大规模的沙嘴时，应分析现状及发展趋势。当湾口有水下沙坝时，应对沙坝的底质和流、浪的作用强度及泥沙补给来源等进行分析。

人工岛工程的岛址宜选在地质条件较好的地区。对于岩石海岸，应查明岩层分布和岩面起伏状况，应避开活动性断裂带、软弱夹层的地区；对于软土地区，应避免在软土层较厚的地区选址，必要时应经充分论证后确定。岛址应选在对抗震相对有利的区域，避免在危险地段选择岛址。

大规模人工岛建设所引发的海底地形地貌和水质环境的变化，会导致填海区域附近海洋生物原有的栖息环境发生改变，造成生物多样性、均匀度和生物密度下降等生态系统的损害。因此，在选址中应考虑尽量减小工程建设对海洋生态环境的负面影响。

人工岛工程作为大型的建设工程，其填海工程的选址、布局以及平面形态的复杂程度直接影响到工程的施工难度和投入的资金。另外，随着有关海洋生态补偿机制和规范的逐步形成，填海规划需要在评估生态损失的基础上缴纳一定数额的海洋生态补偿金，因而在进行选址时还要对工程建设的成本和相关的费用进行综合衡量。

2.1.2 功能分类与建设规模

1. 功能分类

填海区域作为城市建设用地的有力补充，是城市空间的拓展，同时也是城市功能结构的延伸与补充。填海区域的功能定位（用地职能）需要将填海区域纳入城市整体的范畴之中，从城市发展战略的角度，结合滨海区域特有的资源环境优势，明确这一区域的功能属性。国内外已建成和在建的人工岛项目的功能类型主要有旅游度假区、城市功能综合区、居住社区、港口、机场、桥隧转换、工业区等。

1）旅游度假类人工岛

旅游度假类人工岛以旅游度假为主，功能上包括度假居住区（度假酒店、度假别墅、度假公寓等）、公共服务区（购物中心、休闲娱乐中心、养生中心、医疗机构、管理接待中心、会议中心、文化艺术馆等）、运动休闲区（游艇俱乐部、网球俱乐部、公共沙滩浴场）等。该类型案例有迪拜朱美拉棕榈岛、巴林杜拉特岛、卡塔尔珍珠岛、漳州双鱼岛、海南三亚凤凰岛、海南海口南海明珠人工岛等。

2）城市功能综合类人工岛

城市功能综合类人工岛可分为两类。第一类为生产、生活混合型城市功能综合类人工岛，分为生产区和生活区两部分。生产区包含港口运输、仓储、临港工业等功能。生活区包含商业金融服务、科研、办公、文化、教育、居住等功能。该类型案例有日本神户海港人工岛和六甲人工岛、大阪南海港人工岛等。第二类为生活型城市功能综合类人工岛（城市综合体），与第一类人工岛的区别是仅有生活区的功能，没有港口运输和临港工业等生产类功能。

3）居住社区类人工岛

居住社区类人工岛以高档居住功能为主，配套社区服务功能。建筑形式上主要是独栋式别墅，临海一侧的别墅有专属游艇码头等设施。社区服务类设施（超市、健身会所、诊所、餐馆等）一般位于居住社区的入口处，在整个社区面积中占比较小。该类型案例有巴林安瓦吉人工岛群、美国佛罗里达州迈阿密沿岸人工岛群、美国佛罗里达州坦帕沿岸人工岛群等。

4）机场类人工岛

机场类人工岛是指用于海上机场的人工岛，包括飞机跑道、停机坪、航站楼等机场设施。人工岛机场的优点是自成一区，能减少或避免对人工岛背后的陆地城区的噪声干扰，实现机场的 24 小时开放。机场类人工岛案例有日本的大阪关西国际机场、神户机场、名古屋中部国际机场，以及中国的澳门国际机场等。

5）港口类人工岛

港口类人工岛是指用于离岸深水港口的人工岛。人工岛深入海中，在深水岸线方面拥有独特的优势。各种类型的深水码头和专业码头建设在人工岛上，方便大型矿石船和油轮直接停靠，减少航道开辟和后期维护的费用。南通港洋口港区是我国首座外海无遮掩人工岛港口。

6）桥隧转换类人工岛

桥隧转换类人工岛是指用于海上桥梁与海底隧道的转换平台。采用桥梁与隧道组合的长距离跨海通道，通常在海中建设有桥隧转换类人工岛。在人工岛上安装一段过渡隧道，该隧道的一端在海中与海底隧道对接，另一端在人工岛的陆面与桥梁对接，从而实现桥与隧道的转换。采用桥隧转换类人工岛的案例有连接丹麦和瑞典的厄勒海峡大桥（The Oresund Bridge）、韩国釜山的巨加跨海通道（Busan-Geoje fixed link）、日本东京湾跨海高速（trans-Tokyo bay highway Bay Aqua-Line）的木更津人工岛等。港珠澳大桥建设了东人工岛和西人工岛，海底隧道通过两个人工岛实现了与两侧主体桥梁的连接。

7）工业类人工岛

工业类人工岛是指用于工业生产场所的人工岛。工业类人工岛建在海上，对原有陆域的干扰较小，利于临港工业布局和发展。通常工业类人工岛建有大型专用船舶可以直接停靠的深水码头，原材料、燃料等可通过码头直接输送到企业内，既可降低成本，又可提高效率。该类型案例有新加坡裕廊岛，以及日本东京湾、大阪湾、濑户内海等地区的工业类人工岛。

2. 建设规模

人工岛建设规模（填海面积）是指规划填海造陆的面积大小，同时涵盖了填海区域尺度的表征因子，如长度、宽度、半径、周长等。人工岛建设规模目前主要是根据城市发展规划的空间需求，结合区域建设用海规划区的功能定位，分析区域建设用海的实际需求量。在滨海城市总体规划的用地规模已确定和可利用陆域建设用地面积不满足城市发展空间需求的情况下，可以从城市总体规划的用地规模减去可利用陆域建设用地面积，初步估算出需利用的海域面积大小（即区域建设用海的规模）。

1）城镇建设用地

主要用于居住、商贸办公和文教医疗等多种综合功能的人工岛，通常是依据现状人均城市建设用地规模、城市所在的气候分区以及规划人口规模等情况，参照国家相关城镇建设用地标准确定规划人均城市建设用地指标。表 2.1.1 为《城市用地分类与规划建设用地标准》（GB 50137—2011）中规定的规划人均城市建设用地指标。

表 2.1.1　规划人均城市建设用地指标

城市类别	用地指标
首都	$105.1\sim115.0\text{m}^2/$人
新建城市	$85.1\sim105.0\text{m}^2/$人
现有城市（除首都）	根据现状人均城市建设用地规模、城市所在的气候分区以及规划人口规模，按《城市用地分类与规划建设用地标准》（GB 50137—2011）中表 4.2.3 的规定综合确定

《城市用地分类与规划建设用地标准》（GB 50137—2011）中规定，新建城市（指新开发城市）的规划人均城市建设用地指标可在 $85.1\sim105.0\text{m}^2/$人内确定，主要是考虑这些新开发的城市有按合理的规划布局来建设的条件，应能保证适宜的用地标准，并留有一定的发展余地。如果该城市所在地区发展用地不能满足以上指标要求，也可在 $85.1\sim95.0\text{m}^2/$人内确定。

根据《城市居住区规划设计标准》（GB 50180—2018）的规定，配套设施用地及建筑面积控制指标应按照居住区分级对应的居住人口规模进行控制，见表 2.1.2。

表 2.1.2　配套设施控制指标　　　　　　（单位：$\text{m}^2/$千人）

指标	15min 生活圈居住区		10min 生活圈居住区		5min 生活圈居住区		居住街坊	
	用地面积	建筑面积	用地面积	建筑面积	用地面积	建筑面积	用地面积	建筑面积
总指标	1600～2910	1450～1830	1980～2660	1050～1270	1710～2210	1070～1820	50～150	80～90
公共管理与公共服务设施	1250～2360	1130～1380	1890～2340	730～810				
交通场站设施			70～80					
商业服务业设施	350～550	320～450	20～240	320～460				
社区服务设施					1710～2210	1070～1820		
便民服务设施							50～150	80～90

注：1. 15min 生活圈居住区指标不含 10min 生活圈居住区指标，10min 生活圈居住区指标不含 5min 生活圈居住区指标，5min 生活圈居住区指标不含居住街坊指标。

2. 配套设施用地应含与居住区分级对应的居民室外活动场所用地，未含高中用地、市政公用设施用地，市政公用设施应根据专业规划确定。

2）旅游场所用地

用于旅游用途的人工岛，基本空间标准是规划的一项重要指标。不同性质和用途的旅游场所，其基本空间标准不同。表 2.1.3 是日本经过研究和经验积累而获得的部分旅游场所基本空间标准数据。我国旅游设施的基本空间标准主要借用国外的同类指标，同时经过多年实践，也积累了不少的经验数据。基本空间标准确定后，根据旅游规划中的日接待人数，即可得出所需的用地面积。

表 2.1.3　日本部分旅游场所基本空间标准

场所	基本空间标准	备注
动物园	25m²/人	上野动物园
植物园	300m²/人	神代植物园
高尔夫球场	0.2~0.3hm²/人	日利用者 228 人（18 洞）
滑雪场	200m²/人	滑降面最大日高峰率为 75%~80%
溜冰场	5m²/人	都市型室内溜冰场
小型游艇码头	2.5~3hm²/人	25m²/艘
海艇	8hm²/艘	系留水域 100m²/艘
海水浴场	20m²/人	沙滩
划船池	250m²/艘	上野公园划船场 2hm²，80 艘
野外比赛场	25m²/人	
射箭场	230m²/人	富士自然修养林
骑自行车场	30m²/人	
钓鱼场	80m²/人	
狩猎场	3.2hm²/人	
旅游牧场、果园	100m²/人	以葡萄园为例
徒步旅行	400m/团	
郊游乐园	40~50m²/人	
游园地	10m²/人	
露营场：一般露营	150m²/人	容纳 250~500 人
露营场：汽车露营	650m²/人	容纳 250~500 人

3）港口、机场用地

港口人工岛的填海面积可依据拟建码头岸线的长度和陆域纵深来估算。码头岸线的长度可由港口吞吐量确定，码头的陆域纵深可由码头类别、码头规模、设计通过能力、装卸工艺方案以及集疏运方式等因素综合确定。《海港总体设计规范》（JTS 165—2013）附录 D 中给出了不同类型码头陆域用地参考指标。如集装箱码头平均陆域纵深可参考《海港总体设计规范》（JTS 165—2013）中给出的表 2.1.4 来确定，有条件建设港内物流园区的集装箱码头，陆域纵深可适当增加。

表 2.1.4　集装箱码头平均陆域纵深

码头分类	平均陆域纵深/m
干线码头	800~1200
支线码头	600~1000
喂给码头	500~800

海上机场人工岛的填海面积可依据拟建跑道的数量来估算。从现有海上机场的实践来看，每条飞机跑道占地约 $5km^2$。因此，在确定了机场规模和跑道数量后，人工岛所需的面积也基本能够确定。表 2.1.5 为国内外主要离岸式海上机场基本情况一览表。

表 2.1.5　国内外主要离岸式海上机场基本情况一览表（王诺等，2011）

机场	建设年份	填海面积/km^2	设计年运量	跑道	水深/m
日本长崎机场	1972～1975	1.54	300 万人次	2	9
日本大阪关西国际机场	1987～2007	10.60	3000 万人次	2	17～18
中国澳门国际机场	1992～1995	1.26	600 万人次	1	15.5
中国香港国际机场（香港赤腊角国际机场）	1992～1998	9.38	8700 万人次，900 万 t 货物	2	4～5
韩国仁川国际机场	1992～2001	11.00	2700 万人次，170 万 t 货物	2	17～18
日本名古屋中部国际机场（新特丽亚机场）	2000～2005	5.80	2000 万人次	1	16
日本神户机场	1999～2006	2.72	320 万人次	1	12

2.1.3　城市空间扩展模式

城市空间主要是指在城市范围内，由建筑物、构筑物、道路、广场、绿地、水体、标志物等共同界定、围合而成的空间，是城市的社会、经济、文化、历史以及各种活动的物质载体。

城市空间结构由城市的外部形态和内部空间结构组成，外部形态包含了自然环境影响下的常规形态，内部空间结构是功能分区、土地利用及人文环境等综合作用的结果。随着城市经济的发展、产业规模和资源利用的不断扩大以及城市人口的大量集聚，借助城市空间拓展来实现经济的发展和人居环境优化的需求不断增加，于是城市在经济发展为根本动力的驱使下进行空间拓展。

人工岛建设作为城市空间拓展的载体，同时也是城市功能结构的延伸与补充。人工岛工程一方面改变了城市的外部形态，将原有的海洋空间变为城市建设用地。同时，新的功能组团构建也承载了土地利用和人文环境的改变，对城市内部空间也产生了影响。为此，应将人工岛建设纳入城市整体发展的范畴之中，统筹兼顾城市未来的空间演变。

城市空间拓展模式的选择，首先应在全面分析城市发展动因的基础上理清城市空间拓展规律。一方面，将城市空间演变过程对比既有的城市空间拓展方式，如带状拓展方式、网结状拓展方式、多中心方式、飞地拓展方式等（图 2.1.1），找到共性及特异，选择科学合理的空间拓展模式，实现城市的可持续发展。另一方面，因城市空间上的变动伴随着城市功能结构的调整，分析空间扩展规律要综合判断城市的职能演变趋势和结构特征，提高空间拓展的针对性与实用性。

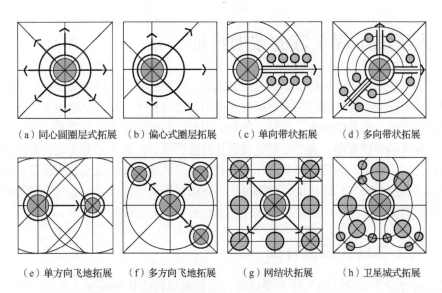

（a）同心圆圈层式拓展　（b）偏心式圈层拓展　（c）单向带状拓展　（d）多向带状拓展

（e）单方向飞地拓展　（f）多方向飞地拓展　　（g）网结状拓展　　（h）卫星城式拓展

图 2.1.1　城市空间拓展模式总结图示（杨春，2011）

　　填海区域与城市整体结构的相对位置主要有轴向空间拓展和偏移独立成核两类（图 2.1.2）。两种位置关系各有其优劣，需要从城市发展战略上进行决策。轴向空间拓展关系依托成熟的城市基础设施实现空间延展，能够快速实现土地价值，有效地发挥空间拓展给城市带来的效益。土地价值快速实现的优势对于以城镇建设为用途的填海工程而言更为突出，能为填海区域的生态恢复与维持提供有力支持。偏移独立成核关系则要投入更多物力人力，通过自身的发展成熟带动周边共同形成新的空间组团。若选择偏移独立成核的拓展方式，则要结合区域性的空间部署，从远期城市空间形态上做出判断以选定适宜的位置，再进行具体设计。

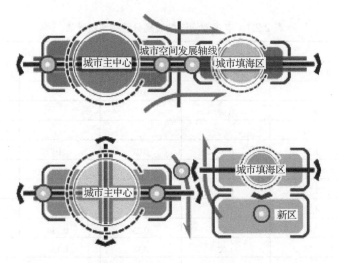

图 2.1.2　填海区域与城市空间的关系模式（杨春，2011）

2.2　人工岛工程水域的波浪特征

人工岛工程水域的波浪特征影响人工岛选址、平面形态、挡浪墙高度、岛壁结构安全和岛周海床冲淤变形等。波浪在由外海向近岸的传播过程中，受到复杂地形、障碍物和水流等因素的影响，将发生浅化、折射、绕射、反射、海底摩擦能量耗散及破碎等一系列复杂现象，即波浪传播变形。人工岛岛址处设计波浪的推算，首先需要确定外海的深水设计波要素，之后选取适用的数学模型进行波浪传播变形的数值模拟或通过实验室进行越浪物理模型试验。鉴于人工岛的尺度通常都很大，在推算岛址处的设计波浪时不仅要明确人工岛岛址处的原始设计波高，还要明确人工岛建设后的岛周波浪分布状况。

2.2.1　人工岛设计波浪特征

人工岛建设所需的波浪资料主要包括：工程海域波浪状况特征（风浪、涌浪或混合浪），该海区各向各级波浪出现频率及其大小，常浪向与出现频率，次常浪向与出现频率，强浪向与观测期间的最大波高值等，以及人工岛建成前岛址处不同重现期的设计波浪参数，人工岛建成后波浪场的分布变化等。

人工岛工程附近若有海洋观测站，可通过海洋观测站多年的波浪观测资料统计分析，得到该海区的深水设计波要素。以大连湾海域为例，该海域的波浪设计参数可借鉴大连老虎滩海洋站的观测资料。大连老虎滩海洋站位于大连湾外西南，其测波站的测波浮筒位置是 $38°52'N$、$121°41'E$。测波浮筒处水深 18.0m，测波点海面开阔度 170°。表 2.2.1 是根据连续 5 年的实测资料得到的大连老虎滩海洋站波高分级频率统计表。由表可见该区常波向为 SW 向，次常波向为 NNW、SE 向；强波向为 SE 向，该波向 $H_{4\%}>2.0m$ 的波浪出现频率为 0.12%。

表 2.2.1　老虎滩海洋站波高分级频率统计表　　　　　（单位：%）

波向	$H_{4\%}$					合计
	0.1~0.8m	0.9~1.2m	1.3~1.5m	1.6~2.0m	>2.0m	
N	4.60	0.07	0.01			4.68
NNE	0.51	0.07				0.58
NE	0.74					0.74
ENE	1.34	0.07	0.03	0.01		1.45
E	1.31	0.15		0.03	0.01	1.50
ESE	1.74	0.52	0.06	0.10	0.10	2.52
SE	4.38	1.36	0.44	0.35	0.12	6.65
SSE	3.88	1.28	0.33	0.13	0.01	5.63
S	3.08	1.02	0.38	0.13		4.61
SSW	2.95	0.80	0.17	0.04	0.03	3.99
SW	6.61	1.10	0.23	0.07	0.03	8.04
WSW	4.82	0.73	0.26	0.06	0.01	5.88

续表

波向	$H_{4\%}$					合计
	0.1～0.8m	0.9～1.2m	1.3～1.5m	1.6～2.0m	>2.0m	
W	1.21	0.16	0.03			1.41
WNW	0.80	0.06		0.03	0.03	0.92
NW	1.35	0.03				1.38
NNW	6.59	0.02	0.01			6.62
C	43.41					43.41
合计	89.11	7.62	1.96	0.96	0.35	100

依据大连老虎滩海洋站 1963～1992 年（共 30 年）的观测资料统计得到的大连老虎滩 -30m 等深线设计波要素见表 2.2.2。

表 2.2.2　大连老虎滩-30m 等深线设计波要素

控制浪向	重现期/a	$H_{1/10}$/m	$H_{1/3}$/m	T/s
E（ENE）	100	5.2	4.19	8.2
	50	4.4	3.55	7.6
	25	3.7	2.98	6.9
	10	2.8	1.26	6
	2	1.3	1.05	4.1
SE（ESE）	100	8.5	6.85	9.9
	50	6.7	5.40	9
	25	5.3	4.27	8.1
	10	4	3.23	7
	2	2.2	1.77	5.1
S（SSW，SSE）	100	4.8	3.87	7.9
	50	4.5	3.63	7.5
	25	4.1	3.31	7.1
	10	3.5	2.82	6.5
	2	2.3	1.85	5.1

人工岛岛址处原始设计波浪，即不考虑人工岛影响的入射波，可依据该海区的深水设计波要素进行推算，其推算原则和方法与一般的海岸和港口工程设计相同。由于人工岛的尺度较大，建岛后岛体对波浪的绕射和反射作用将改变岛周的波浪分布状况，因此在人工岛岛址处设计波浪的推算中需要考虑人工岛结构物的存在。例如，一个平面形态呈矩形的人工岛，东侧朝向外海，西侧面向海岸。对该人工岛，E 向主要是外海来浪，波浪较大；W 向主要是小风区波浪，受人工岛与海岸之间的距离限制，波浪较小。若对该人工岛四周的护岸结构均用 E 向浪来设计，显然过于保守。若对西侧的护岸或结构物采用 W 向浪设计，可能会因为忽略了 E 向绕射过来的波浪而偏于危险。

具体工程中对各种不同形状、尺度和边界条件的人工岛工程，需要应用波浪数学模型进行波浪场计算分析，对于人工岛各部分护岸或结构应具体分析其轴线走向和来浪方向以确定其设计波要素。对于水平海底情形，一种简单的方法是采用线性简谐波理论和源分布法，结合人工岛的边界条件，建立人工岛周围规则波绕射的频域数学模型。在上述规则波绕射的频域数学模型基础上，线性叠加不同振幅、频率和方向的组成波作用，即可建立人工岛周围不规则波绕射的数学模型用于计算人工岛周围的不规则波绕射系数。

2.2.2 圆形和方形人工岛

1. 圆形人工岛

对于规则波作用下等水深中的大尺度直立圆柱的波浪绕射问题（图 2.2.1），MacCamy等（1954）推导出其线性波浪绕射的理论解，给出如下计算绕射系数的理论公式：

$$K_d = \sum_{m=0}^{\infty} \varepsilon_m \mathrm{i}^m \left[J_m(ka) - \frac{J_m'(ka)}{H_m^{(1)'}(ka)} H_m^{(1)}(ka) \right] \cos m\Theta \qquad (2.2.1)$$

$$\varepsilon_m = \begin{cases} 1, & m = 0 \\ 2, & m \geqslant 1 \end{cases}$$

式中，$\mathrm{i} = \sqrt{-1}$；a 为圆柱半径；k 为波数；Θ 为圆心角；$J_m(ka)$ 和 $J_m'(ka)$ 分别为 m 阶第一类贝赛尔函数及导数；$H_m^{(1)}(ka)$ 和 $H_m^{(1)'}(ka)$ 为 m 阶第一类汉克尔函数及导数。

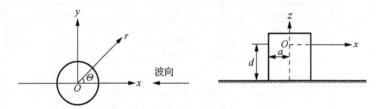

图 2.2.1 大尺度直立圆柱坐标示意图

式（2.2.1）可以用于估算等水深情形圆形人工岛岛壁的绕射系数 $K_d = \dfrac{H_d}{H_i}$，H_d 为绕射波高，H_i 为入射波高。由式（2.2.1）可见，圆形人工岛岛壁周围绕射系数 K_d 是圆柱相对尺度 $ka(\pi D/L)$ 的函数。其中，D 为圆柱体的直径，L 为波长。表 2.2.3 列出了由式（2.2.1）计算的规则波作用下大尺度圆柱体周边的绕射系数 K_d，图 2.2.2 为表中圆心角 Θ 对应的圆形人工岛岛壁的位置。

表 2.2.3 圆形人工岛周边绕射系数 K_d（规则波）

$\Theta / (°)$	$\pi D/L$								
	1	2	4	6	8	10	12	16	20
0	1.707	1.859	1.947	1.972	1.981	1.985	1.988	1.993	1.996
30	1.673	1.808	1.878	1.925	1.952	1.959	1.970	1.979	1.986
60	1.525	1.563	1.726	1.745	1.790	1.818	1.829	1.862	1.882
90	1.171	1.297	1.321	1.336	1.346	1.351	1.360	1.369	1.374
120	0.739	0.994	0.801	0.835	0.828	0.738	0.723	0.674	0.652
150	0.744	0.420	0.542	0.519	0.306	0.379	0.353	0.293	0.206
180	0.888	0.732	0.543	0.433	0.359	0.306	0.266	0.209	0.170

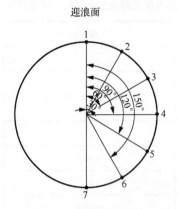

图 2.2.2　圆心角 Θ 对应的圆形人工岛岛壁的位置

从表 2.2.3 中可见，当 $\pi D/L \geqslant 6$ 后，即圆柱尺度较大时，迎浪面 $\Theta =0°$ 附近的绕射波高 H_d 趋近于 $2H_i$，接近于直立墙前完全反射的立波波高，随着圆心角 Θ 增大，绕射波高逐渐减小，当 $\Theta \geqslant 120°$ 时，其绕射波高要小于入射波高 H_i。在背浪面 $\Theta =180°$ 附近的绕射波高 H_d 最小。

陈新（2012）应用丹麦水利研究所（Danish Hydraulic Institute）开发的 MIKE21 软件中的布西内斯克波（Boussinesq wave，BW）模型，计算了不规则波作用下等水深中的大尺度直立圆柱的波浪绕射问题。BW 模型可以考虑波浪的浅水变形、绕射、折射、部分反射和透射、海底摩擦以及波浪之间的非线性相互作用等。直径 40m 的圆形人工岛周围的不规则波绕射系数与规则波绕射系数的比较算例见图 2.2.3，岛壁不同测点的不规则波与规则波绕射系数比较列于表 2.2.4。不规则波的波谱选取 Pierson-Moscowitz（P-M）谱，波高 $H_{1/10}=3.85\text{m}$，周期 $T_{0,2}=8.3\text{s}$；规则波参数为 $H_i=3.85\text{m}$，$T=8.3\text{s}$，$L=73.1\text{m}$。

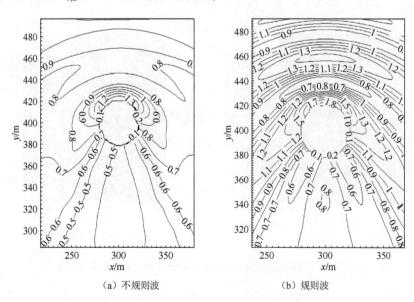

（a）不规则波　　　　　　　　　　　　　　（b）规则波

图 2.2.3　圆形人工岛在不规则波和规则波作用下绕射系数 K_d 比较

表 2.2.4　圆形人工岛岛壁各测点的不规则波与规则波作用下绕射系数比较

θ / (°)	不规则波	规则波
0	1.829	1.845
30	1.743	1.749
60	1.594	1.561
90	1.323	1.331
120	0.916	0.866
150	0.613	0.542
180	0.820	0.754

总体上看，不规则波绕射系数的分布要比规则波均匀。不规则波入射时直立圆柱周边除个别测点外，迎浪面测点的 K_d 要略小于规则波的 K_d。在人工岛背面，由于不规则波中的长周期波分量更容易产生绕射，绕射系数 K_d 要略大于规则波作用下的情形。

2. 方形人工岛

陈新（2012）应用 MIKE21 软件中的 BW 模型，计算了不规则波作用下等水深中的大尺度方形人工岛的波浪绕射。不规则波的波谱采用 P-M 谱，波高 $H_{1/3}$=1.57m，周期 $T_{0,2}$=8.0s，代表波长 $L_{0,2}$=70.94m，水深 d=10m。方形人工岛的布置方式为正向布置与菱形布置。人工岛的四周均为全反射边界，即反射系数为 1.0。不规则波作用下，边长 B 取 0.707L 与 1.414L 情形下方形人工岛周围的波高分布如图 2.2.4 与图 2.2.5 所示。由图可看出，在岛的正面，绕射系数 K_d 达到 1.8～2.0，即相当于直立墙前的立波波高；而在岛的背面，绕射系数 K_d 约为 0.4～0.6。

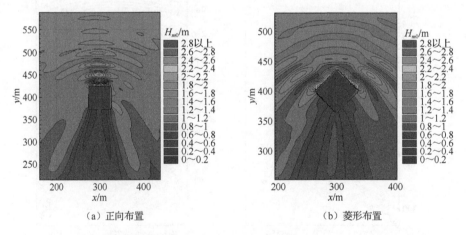

（a）正向布置　　　　　　　　　　　　　（b）菱形布置

图 2.2.4　不规则波作用下方形人工岛的波高分布（B=0.707L）

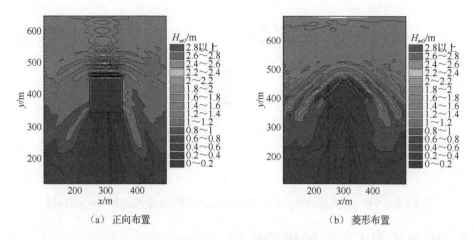

（a）正向布置　　　　　　　　　　　　　（b）菱形布置

图 2.2.5　不规则波作用下方形人工岛的波高分布（$B=1.414L$）

为进一步考察方形人工岛周边测点的不规则波绕射系数 K_d 与规则波绕射系数 K_d 的不同，在正向布置情形的岛壁布置了 9 个测点，如图 2.2.6（a）所示，在菱形布置情形的岛壁布置了 7 个测点，如图 2.2.6（b）所示。

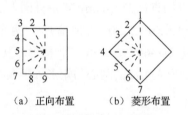

（a）正向布置　　　（b）菱形布置

图 2.2.6　方形人工岛周边测点布置示意图

图 2.2.7 与图 2.2.8 给出了不同尺寸方形人工岛岛壁测点的不规则波绕射系数与规则波绕射系数的比较。可以看出，不规则波的绕射系数在整体上略小于规则波的绕射系数。正向布置时，无论是规则波还是不规则波入射，迎浪面的#1 和#2 测点附近容易出现较大波高；菱形布置时，较大波高出现在迎浪面的#3 测点附近。

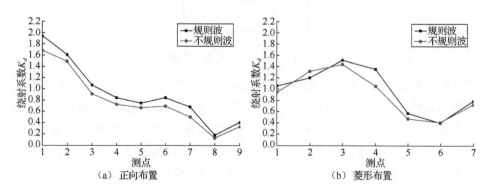

（a）正向布置　　　　　　　　　　　　　（b）菱形布置

图 2.2.7　方形人工岛周边测点不规则波与规则波绕射系数 K_d 比较（$B=0.707L$）

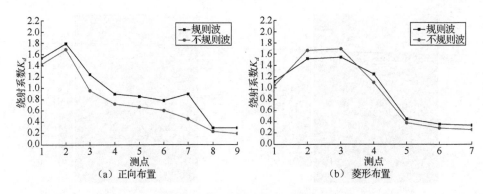

图 2.2.8　方形人工岛周边测点不规则波与规则波绕射系数 K_d 比较（B=1.414L）

2.2.3　矩形外围人工岛的掩护作用

　　李洋（2016）应用 BW 模型对不规则波作用下等水深中的矩形外围人工岛对圆形人工岛的掩护效果进行了数值模拟。图 2.2.9 是人工岛群布置示意图。不规则波的波谱采用 Jonswap 谱，有效波高 H_s=2m，水深 d=10m，谱峰周期 T_p=10.5s，波长 L_p=76.34m。两个人工岛的几何参数取圆形人工岛的直径 D=100m，矩形外围人工岛的宽度 W=50m，矩形外围人工岛的长度 B 取 B/D=0.5,1.0,1.5,2.0 四种情形。两个人工岛的相对位置参数取 h/D=1.0,1.5,2.0 三种情形，以及 φ=60°,90°,120°三种情形。其中，h 为圆形人工岛中心到矩形外围人工岛的距离，φ 为圆形人工岛的圆心与矩形外围人工岛两端点所夹角度。

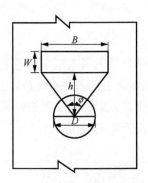

图 2.2.9　人工岛群布置示意图

　　图 2.2.10 和图 2.2.11 分别是夹角 φ=60°、φ=90°的情形下，不同 h/D 时内侧圆形人工岛周围绕射系数的计算结果。可以看出，φ=90°时圆形人工岛周围的绕射波高要小于 φ=60°时人工岛群中圆形人工岛周围的绕射波高。因为当夹角 φ=90°时，矩形外围人工岛的长度（B/h=2）大于夹角 φ=60°时的矩形外围人工岛的长度（B/h=2$\sqrt{3}$ / 3），即夹角 φ 较大时，矩形外围人工岛的掩护范围增大，内侧圆形人工岛周围的绕射波高减小。

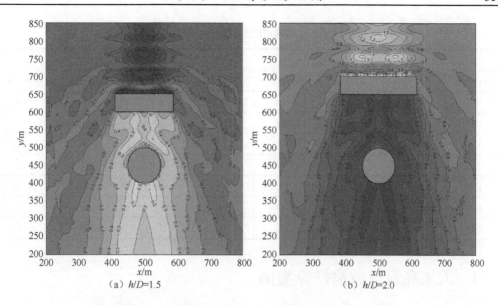

图 2.2.10 内侧圆形人工岛的不规则波绕射系数图（$\varphi=60°$）

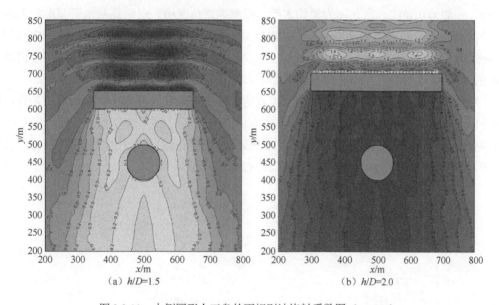

图 2.2.11 内侧圆形人工岛的不规则波绕射系数图（$\varphi=90°$）

表 2.2.5 列出了不同夹角 φ、不同矩形外围人工岛相对距离 h/D 时圆形人工岛周边测点的绕射系数，圆心角 Θ 所对应的人工岛岛壁的位置同图 2.2.2 所示。比较单独圆形人工岛周边绕射系数可以看出，夹角 φ 不变时，随着 h/D 的增大，B/D 也增大，对圆形人工岛的掩护效果增强，内侧圆形人工岛周边的绕射系数减小。当 $\varphi=60°$、$h/D=2.0$ 时，圆形人工岛 0°位置处的绕射系数为没有掩护的单独人工岛相同位置处的 41%。180°位置处绕射系数为单独人工岛相同位置测点的 50%。当 $\varphi=90°$、$h/D\geqslant1.0$ 时，内侧圆形人工岛 0°位置处的绕射系数为单独人工岛时的 32%；180°位置处绕射系数为单独人工岛相同位置的 48%。数值模拟结果反映出，当 $\varphi\geqslant90°$ 时，矩形外围人工岛对内侧圆形人工岛周边起到了很好的掩护作用。

表 2.2.5　内侧圆形人工岛周边的不规则波绕射系数（不同夹角 φ）

	夹角 $\varphi=60°$				夹角 $\varphi=90°$		
Θ / (°)	$h/D=1.0$	$h/D=1.5$	$h/D=2.0$	Θ / (°)	$h/D=1.0$	$h/D=1.5$	$h/D=2.0$
0	0.577	0.493	0.487	0	0.35	0.345	0.336
30	0.437	0.357	0.314	30	0.223	0.208	0.201
60	0.466	0.347	0.281	60	0.261	0.231	0.205
90	0.423	0.32	0.278	90	0.257	0.227	0.197
120	0.356	0.275	0.232	120	0.223	0.23	0.195
150	0.201	0.172	0.148	150	0.127	0.136	0.115
180	0.271	0.207	0.186	180	0.173	0.196	0.184

2.2.4　人工岛设计波浪推算案例

　　漳州双鱼岛工程位于厦门湾南岸漳州开发区的大磐浅滩上，靠岸陆侧为南太武高尔夫球场，北侧为九龙江，东北面为厦门本岛，南侧为塔角深槽。双鱼岛基本平面形状为两条嬉戏的海豚组成的半径为 840m 的圆。根据漳州双鱼岛工程所处的地理位置，SE～ESE、E 向外海入射的波高较大、周期较长的波浪，对人工岛东侧及东南侧的影响较显著。ENE～NNE、E 向风成浪对人工岛北侧有较大影响。

　　双鱼岛形状为圆形，外围岛壁不同位置所受的主波向和波高大小亦有明显的差异。根据外围岛壁不同位置处所在水域的波浪特征，将人工岛堤线大致分为六个区，沿环岛水域共布置了 23 个波浪计算点，如图 2.2.12 所示（中交第三航务工程勘察设计院有限公司，2009）。各分区内对应的波浪计算点和主波向见表 2.2.6。

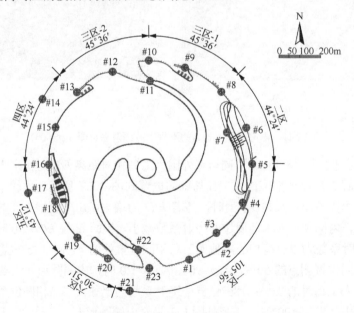

图 2.2.12　人工岛分区图

表 2.2.6　各分区内的波浪计算点和主波向

	一区	二区	三区-1	三区-2	四区	五区	六区
浪向	E、ESE、SE	ENE、E、ESE	N、ENE、E	N	N（绕射后为WNW）	SSE（绕射后为S）	SE、SSE（绕射后为SE）
测点	#1～#5 #21～#23	#6～#8	#9～#11	#12～#13	#14～#16	#17～#18	#19～#20

漳州双鱼岛设计波浪推算分为外海-30m 等深线处设计波要素值推算、人工岛建设前工程水域设计波要素计算和人工岛建成后工程水域设计波要素计算三个过程，最终给出环岛 23 个波浪计算点的设计波要素建议值。计算中考虑了 100 年一遇高水位 7.69m、设计高水位 6.15m、设计低水位 0.72m 和极端低水位-0.19m 共 4 个水位，水位基准面采用厦门理论最低潮面。考虑了 100 年一遇、50 年一遇、25 年一遇、10 年一遇和 2 年一遇共 5 个波浪重现期，考虑了 N、ENE、E、ESE、SE 共 5 个波向。

1. 外海-30m 等深线处设计波要素值推算

双鱼岛工程外海-30m 等深线处设计波要素值采用 MIKE21 软件中的波谱（spectral waves，SW）模型进行推算。基于波作用量守恒方程建立的 SW 模型，波浪场由波作用密度谱 N（Holthuijsen et al.，1989）表示，如式（2.2.2）所示：

$$N(\sigma,\theta;x,y,t) = E(\sigma,\theta;x,y,t)/\sigma \qquad (2.2.2)$$

式中，σ 为相对频率；E 为波能密度谱，E 是相对频率 σ、波向 θ、位置 (x, y)、时间 t 的函数，但随位置 (x, y)、时间 t 的变化十分缓慢。

在笛卡儿坐标系下，波作用量守恒方程为

$$\frac{\partial N}{\partial t} + \frac{\partial}{\partial x}(c_x N) + \frac{\partial}{\partial y}(c_y N) + \frac{\partial}{\partial \sigma}(c_\sigma N) + \frac{\partial}{\partial \theta}(c_\theta N) = \frac{S}{\sigma} \qquad (2.2.3)$$

式中，c_x、c_y 为 x 方向和 y 方向的波群速度，表示波作用在空间 (x, y) 中传播时的变化；c_σ 为由水深和水流变化引起的相对频率的变化；c_θ 为由水深和水流引起的相对波向的变化；右端源项 S 为能量平衡方程中以谱密度表示的源函数，代表由波浪产生、耗散及波-波相互作用等相关的能谱。

SW 模型采用非结构化网格，其控制方程采用如下向量形式表示的波作用量守恒方程：

$$\frac{\partial N}{\partial t} + \nabla \cdot (VN) = \frac{S}{\sigma} \qquad (2.2.4)$$

式中，$V = (c_x, c_y, c_\sigma, c_\theta)$ 为波群速度向量，其各分量均采用线性波理论计算：

$$c_x = \frac{\mathrm{d}x}{\mathrm{d}t} = \frac{1}{2}\left[1 + \frac{2kd}{\sinh(2kd)}\right]\frac{\sigma k_x}{k^2} + U_x \qquad (2.2.5)$$

$$c_y = \frac{\mathrm{d}y}{\mathrm{d}t} = \frac{1}{2}\left[1 + \frac{2kd}{\sinh(2kd)}\right]\frac{\sigma k_y}{k^2} + U_y \qquad (2.2.6)$$

$$c_\sigma = \frac{\mathrm{d}\sigma}{\mathrm{d}t} = \frac{\partial \sigma}{\partial d}\left(\frac{\partial d}{\partial t} + U\nabla d\right) - c_g k \frac{\partial U}{\partial s} \tag{2.2.7}$$

$$c_\theta = \frac{\mathrm{d}\theta}{\mathrm{d}t} = \frac{1}{k}\left(\frac{\partial \sigma}{\partial d}\frac{\partial d}{\partial m} + k\frac{\partial U}{\partial m}\right) \tag{2.2.8}$$

其中，d 为水深；$U = (U_x, U_y)$ 为流速；$k = (k_x, k_y)$ 为波数；s 为 θ 方向空间坐标；m 为垂直于 s 的坐标。

式（2.2.4）中源项 S 包含五个部分：

$$S = S_{\text{in}} + S_{nl} + S_{ds} + S_{\text{bot}} + S_{\text{surf}} \tag{2.2.9}$$

式中，S_{in} 表示风输入的能量；S_{nl} 表示波与波之间的非线性作用引起的能量耗散；S_{ds} 表示白帽引起的能量耗散；S_{bot} 表示底摩阻引起的能量耗散；S_{surf} 表示波浪破碎产生的能量耗散。目前计算源项 S 所包含的上述各分量有不同的计算模式，读者可参见 Komen 等（1984）和 Breugem 等（2007）的论文。

应用 SW 模型进行台风浪数值计算时，需要输入的台风参数有台风中心路径和时间、台风中心的经纬度、最大风速半径、最大风速、中心气压和标准气压。台风中心路径和时间、经纬度、中心气压和标准气压可从气象站相关网站的台风网数据库中获得。

最大风速半径 R 和最大风速 V_R 可根据相应的经验公式计算。式（2.2.10）是 Graham 等（1959）提出的计算最大风速半径 R 的经验公式：

$$R = 28.52\tanh[0.0873(\varphi - 28°)] + 12.22 \cdot \exp[(P_0 - 1013.2)/33.86] + 0.2V_F + 37.22 \tag{2.2.10}$$

式中，V_F 为台风中心移动的速度（km/h）；φ 为地理纬度；P_0 为台风中心气压（hPa）。

式（2.2.11）是 Atkinson 等（1977）基于西北太平洋大量的热带气旋分析提出的最大风速 V_R 的经验公式：

$$V_R = 6.7(P_\infty - P_0)^{0.644} \tag{2.2.11}$$

式中，P_0 为台风中心气压（hPa）；P_∞ 为无穷远处的大气压（hPa）。风速为 1min 平均风速，计算中 P_∞ 取 1010hPa。

计算时首先利用 0601 号强台风"珍珠"的实测波浪资料对 SW 模型中的相关参数进行检验。数值计算选取 2006 年 5 月 17 日 8 时至 5 月 18 日 15 时的台风场资料，台风"珍珠"的风场参数列于表 2.2.7。

表 2.2.7　台风"珍珠"风场参数

时间	东经/（°）	北纬/（°）	R/km	最大风速/（m/s）	中心气压/hPa	标准气压/hPa
2006-5-17 8:00	115.6	20.5	45	45	945	1013
2006-5-17 9:00	115.6	20.6	45	45	945	1013
2006-5-17 10:00	115.6	20.7	45	45	945	1013
2006-5-17 11:00	115.7	20.9	45	45	945	1013

续表

时间	东经/（°）	北纬/（°）	R/km	最大风速/（m/s）	中心气压/hPa	标准气压/hPa
2006-5-17 12:00	115.8	21	45	45	945	1013
2006-5-17 13:00	115.9	21.1	45	45	945	1013
2006-5-17 14:00	116	21.2	45	45	945	1013
2006-5-17 15:00	116.2	21.4	45	45	945	1013
2006-5-17 16:00	116.3	21.7	45	45	945	1013
2006-5-17 17:00	116.4	21.9	42	40	955	1013
2006-5-17 18:00	116.5	22	42	40	955	1013
2006-5-17 19:00	116.6	22.2	42	40	955	1013
2006-5-17 20:00	116.7	22.4	42	40	955	1013
2006-5-17 21:00	116.7	22.6	42	40	955	1013
2006-5-17 22:00	116.8	22.8	42	40	955	1013
2006-5-17 23:00	116.8	23	42	40	955	1013

将"珍珠"台风浪的数值模拟结果与台风期间遮浪海洋站和云澳海洋站的观测资料进行了比较。云澳海洋站观测的有效波高值和计算值吻合较好，大部分时刻的实测值与计算值差在 0.5m 以下。遮浪海洋站观测的有效波高值和计算值吻合也较好，除开始模拟的前 3 个时刻的实测有效波高值与计算值的差值较大以外，其他时刻实测值与计算值的差值不超过 0.65m。

图 2.2.13 为数值计算模型得到的台风"珍珠"登陆前后福建沿海海面的浪高和浪向的分布，图中箭头方向代表波的传播方向（赵凯等，2011）。从图中的等波高线可以看出，其最大浪高中心随着台风中心移动而向北移动。由图中的波向分布可知，计算区域的波向也是逆时针旋转的，即台风浪的传播方向和风场方向基本上是一致的。2006 年 5 月 18 日 2 时台风登陆后，登陆地点出现西南风，由图 2.2.13（c）可以看出，出现西南风的海域也出现向南传播的波浪。

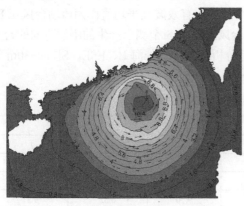 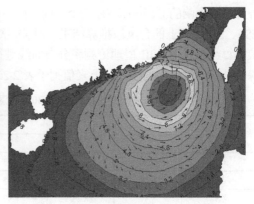

（a）2006-05-17-14:00　　　　　　　　　　　　　　（b）2006-05-17-20:00

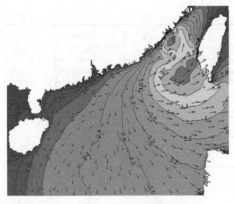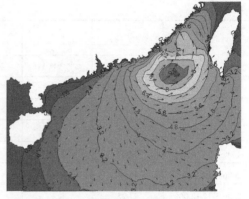

（c）2006-05-18-2:00　　　　　　　　（d）2006-05-18-8:00

图 2.2.13　台风"珍珠"波高和波向分布图

应用经过实测台风浪验证的 SW 模型，取 1970～2009 年对工程水域有较大影响的 48 次台风过程在厦门湾外海产生的台风浪进行了推算。取工程水域外海-30m 等深线附近的 5 个测点，其地理位置为#1（118°34′E，24°22′N）、#2（118°32′E，24°20′N）、#3（118°28′E，24°16′N）、#4（118°25′E，24°13′N）、#5（118°23′E，24°11′N）。图 2.2.14 为工程水域外海 -30m 等深线附近的 5 个测点位置示意图。

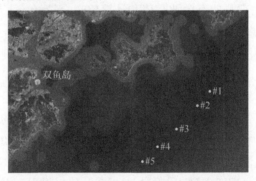

图 2.2.14　工程水域外海-30m 等深线附近的 5 个测点位置示意图

每一场台风过程在 5 个测点处产生的台风浪按 16 个方向进行统计。取人工岛工程受到外海波浪影响的 E、ESE、SE 三个方向上的 5 个测点的有效波高平均值作为该场台风在 E、ESE、SE 方向上的台风浪推算结果。对 48 次台风过程在 5 个测点产生的不同方向的台风浪推算结果采用 P-III 型理论频率分布曲线进行分析，得出的外海 E、ESE、SE 向-30m 等深线处不同重现期的设计波要素值列于表 2.2.8。

表 2.2.8　-30m 等深线处设计波要素值

重现期/a	E		ESE		SE	
	$H_{4\%}$	$\overline{T}$	$H_{4\%}$	$\overline{T}$	$H_{4\%}$	$\overline{T}$
100	6.30	9.20	8.53	10.76	8.12	10.49
50	5.84	8.86	7.75	10.25	7.32	9.94
25	5.37	8.49	6.97	9.70	6.52	9.37
10	4.64	7.86	5.79	8.82	5.35	8.47
2	2.75	6.04	3.21	6.53	2.88	6.18

2. 人工岛建设前工程水域设计波要素计算

人工岛建设前工程水域不同水位、不同波向、不同重现期的设计波要素计算采用 MIKE21 软件中的近岸波谱（nearshore spectral wave，NSW）模型。NSW 模型可考虑波浪折射、浅水变形、局部风成浪、海底摩擦和波浪破碎的影响。其基本控制方程是依据波谱能量守恒得到的式（2.2.12）和式（2.2.13）（Holthuijsen et al.，1989）：

$$\frac{\partial(c_{gx}m_0)}{\partial x} + \frac{\partial(c_{gy}m_0)}{\partial y} + \frac{\partial(c_{\theta}m_0)}{\partial \theta} = S_0 \tag{2.2.12}$$

$$\frac{\partial(c_{gx}m_1)}{\partial x} + \frac{\partial(c_{gy}m_1)}{\partial y} + \frac{\partial(c_{\theta}m_1)}{\partial \theta} = S_1 \tag{2.2.13}$$

式中，m_0 与 m_1 为波谱的零阶矩和一阶矩；c_{gx} 与 c_{gy} 为波群速度在 x 方向和 y 方向的分量；c_{θ} 为沿 θ 方向波作用变化的传播速度；θ 为波浪传播方向；S_0 与 S_1 为源项。

波谱的 n 阶矩定义为

$$m_n(\theta) = \int_0^\infty \omega^n A(\omega,\theta)\mathrm{d}\omega \tag{2.2.14}$$

式中，ω 是频率；$A(\omega,\theta)$ 是波谱密度。

波浪传播速度 c_{gx}、c_{gy}、c_{θ} 由线性波理论得到。控制方程左端考虑了绕射和浅水变形的影响，右端的源项 T_0 和 T_1 考虑了局部风成浪、海底摩擦和波浪破碎的影响。

NSW 模型采用有限差分法来离散偏微分方程。在 x 方向上用线性迎风差分，在 y 方向和 θ 方向上可以选择使用线性迎风差分、中心差分和二阶迎风差分。NSW 模型中考虑海底摩擦影响的方程采用式（2.2.15）（Dingemans，1983）：

$$\frac{\mathrm{d}E}{\mathrm{d}t} = \frac{1}{8\sqrt{\pi}}\frac{c_{f\omega}}{g}\left[\frac{\omega H_{\mathrm{rms}}}{\sinh(kd)}\right]^3 \tag{2.2.15}$$

式中，$E = H_{\mathrm{rms}}^2/8$ 是单位宽度、垂直水柱内的波动能量；ω 是频率；H_{rms} 是均方根波高；k 是波数；d 是水深；$c_{f\omega} = f_\omega/2$ 是摩擦系数，f_ω 可由下面的经验公式求出（Jonsson，1966；Swart，1974）：

$$f_\omega = \begin{cases} 0.24, & a_b/k_N < 2 \\ \exp(-5.977 + 5.213(a_b/k_N)^{-0.194}), & a_b/k_N \geqslant 2 \end{cases} \tag{2.2.16}$$

其中，k_N 是 Nikuradse 糙率；a_b 是海底水质点运动振幅。

NSW 模型中考虑波浪破碎的模型是依据 Battjes 等（1978）提出的公式：

$$\frac{\mathrm{d}E}{\mathrm{d}t} = \frac{-\kappa}{8\pi}Q_b\omega H_m^2 \tag{2.2.17}$$

$$\frac{1-Q_b}{\ln Q_b} = -\left(\frac{H_{\mathrm{rms}}}{H_m}\right)^2 \tag{2.2.18}$$

式中，Q_b 为破波量；κ 为可调参数，取 $\kappa = 1.0$。

最大允许波高 H_m 可由下式计算：

$$H_m = \gamma_1 k^{-1} \tanh(\gamma_2 kd / \gamma_1) \tag{2.2.19}$$

式中，k 为波数；d 为水深；γ_1 为控制波陡条件的参数（NSW 模型中取 $\gamma_1 = 1.0$）；γ_2 为控制极限水深的参数（NSW 模型中取 $\gamma_2 = 0.8$）。

NSW 模型中关于风成浪的计算可采用经验公式 SPM84，即美国 Shore Protection Manual（1984）的有限风距波浪成长公式。

表 2.2.9 给出了依据厦门气象站关于 1958～2009 年各方向的年最大风速值，采用 P-III 型理论频率分布曲线适线，得到的 N、ENE～NNE、E 和 SE～ESE 向不同重现期的设计风速值。

表 2.2.9　设计风速值

重现期/a	N/（m/s）	ENE～NNE/（m/s）	E/（m/s）	SE～ESE/（m/s）
100	31.2	38.6	37.3	44.0
50	26.9	33.4	32.2	37.8
25	22.8	28.7	27.5	30.9
10	17.2	21.9	20.9	22.1
2	9.12	11.2	11.1	10.5

根据表 2.2.8 给出的外海-30m 水深处的不同重现期的设计波要素值和表 2.2.9 给出的不同重现期设计风速值，采用 NSW 模型可得到人工岛建设前工程水域内不同工况时的波浪分布结果。

图 2.2.15 为 E 向部分计算水域内波高和波向分布图（设计高水位，50 年一遇）。E 向波浪是由外海传来的涌浪和局部风生浪组成的混合浪，主要影响区域为人工岛的一区、二区和三区-1。由图 2.2.15 可见，三担岛与青屿岛之间的青屿水道的水深大，两侧的水深小，对波浪折射有很大的影响。当外海波浪折射到青屿水道时，波向大约为 E 偏南 10°～20°，

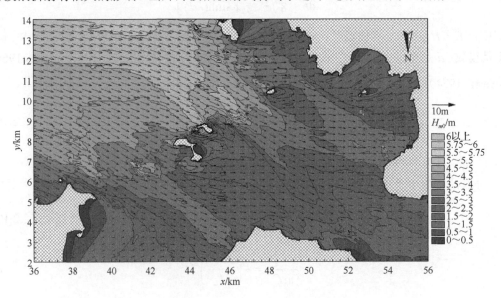

图 2.2.15　E 向部分计算水域内波高和波向分布图（设计高水位，50 年一遇）

而在波浪通过青屿水道继续向工程水域传播的过程中，波向又逐渐折回到 E 向，使得环岛水域二区和三区-1 的波浪较大。设计高水位、重现期 50 年一遇波浪工况，#5～#9 测点的 $H_{1/3}$ 值的范围是 3.02～3.33m。

图 2.2.16 为 ESE 向部分计算水域内波高和波向分布图（设计高水位，50 年一遇）。ESE 向波浪是由外海传来的涌浪和局部风生浪组成的混合浪，主要影响区域为一区和二区。由图 2.2.16 可见，外海波浪传播的基本特征与 E 向浪相同，但因 ESE 向外海波浪较大及周期较长，对环岛水域的影响比 E 向波浪大。设计高水位、重现期 50 年一遇波浪工况，环岛二区的#6～#8 测点的 $H_{1/3}$ 值的范围是 3.51～3.66m。

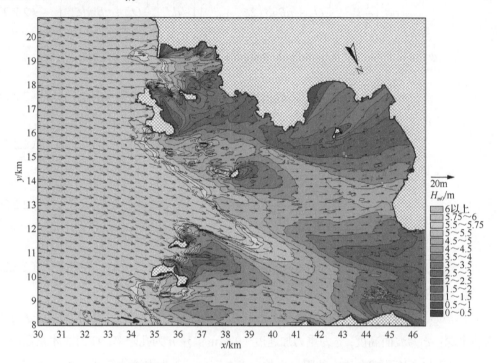

图 2.2.16　ESE 向部分计算水域内波高和波向分布图（设计高水位，50 年一遇）

3. 人工岛建成后工程水域设计波要素计算

人工岛建成后工程水域设计波要素计算采用 MIKE21 软件中的 BW 模型。BW 模型可以考虑波浪的浅水变形、绕射、折射、部分反射和透射、海底摩擦以及波浪之间的非线性相互作用等。其基本控制方程为如下的连续方程和动量方程（Madsen et al.，1997）：

$$n\frac{\partial \xi}{\partial t} + \frac{\partial P}{\partial x} + \frac{\partial Q}{\partial y} = 0 \qquad (2.2.20)$$

$$n\frac{\partial P}{\partial t} + \frac{\partial}{\partial x}\left(\frac{P^2}{h}\right) + \frac{\partial}{\partial y}\left(\frac{PQ}{h}\right) + \frac{\partial R_{xx}}{\partial x} + \frac{\partial R_{xy}}{\partial y} + n^2 gh\frac{\partial \xi}{\partial x}$$

$$+ n^2 P\left(\alpha + \beta\frac{\sqrt{P^2+Q^2}}{h}\right) + \frac{gP\sqrt{P^2+Q^2}}{h^2 C^2} + n\psi_1 = 0 \qquad (2.2.21)$$

$$n\frac{\partial Q}{\partial t} + \frac{\partial}{\partial y}\left(\frac{Q^2}{h}\right) + \frac{\partial}{\partial x}\left(\frac{PQ}{h}\right) + \frac{\partial R_{yy}}{\partial y} + \frac{\partial R_{xy}}{\partial x} + n^2 gh\frac{\partial \xi}{\partial y}$$

$$+n^2 Q\left(\alpha_d + \beta_d\frac{\sqrt{P^2+Q^2}}{h}\right) + \frac{gQ\sqrt{P^2+Q^2}}{h^2 C^2} + n\psi_2 = 0 \qquad (2.2.22)$$

式中，ψ_1 和 ψ_2 为 Boussinesq 色散项，其定义为

$$\psi_1 = -\left(B+\frac{1}{3}\right)d^2\left(P_{xxt} + Q_{xyt}\right) - nBgd^3\left(\xi_{xxx} + \xi_{xyy}\right)$$

$$-dd_x\left[\frac{1}{3}P_{xt} + \frac{1}{6}Q_{yt} + nBgd\left(2\xi_{xx} + \xi_{yy}\right)\right] - dd_y\left(\frac{1}{6}Q_{xt} + nBgd\xi_{xy}\right) \qquad (2.2.23)$$

$$\psi_2 = -\left(\varepsilon+\frac{1}{3}\right)d^2\left(Q_{yyt} + P_{xyt}\right) - nBgd^3\left(\xi_{yyy} + \xi_{xxy}\right)$$

$$-dd_y\left(\frac{1}{3}Q_{yt} + \frac{1}{6}P_{xt} + nBgd\left(2\xi_{yy} + \xi_{xx}\right)\right) - dd_x\left(\frac{1}{6}P_{yt} + nBgd\xi_{xy}\right) \qquad (2.2.24)$$

$$R_{xx} = \frac{\delta}{1-\dfrac{\delta}{d}}\left(c_x - \frac{P}{d}\right)^2 \qquad (2.2.25)$$

$$R_{xy} = \frac{\delta}{1-\dfrac{\delta}{d}}\left(c_x - \frac{P}{d}\right)\left(c_y - \frac{Q}{d}\right) \qquad (2.2.26)$$

$$R_{yy} = \frac{\delta}{1-\dfrac{\delta}{d}}\left(c_y - \frac{Q}{d}\right)^2 \qquad (2.2.27)$$

其中，P 与 Q 为 x 方向与 y 方向的通量；ε 为 Boussinesq 色散系数；h 为水深（$h=d+\xi$）；d 为静水深；ξ 为波面高度；g 为重力加速度（9.81m/s²）；n 为孔隙率；C 为谢才系数；α_d 与 β_d 为层流与紊流孔隙介质中的阻尼系数；$\delta = \delta(t, x, y)$ 为水滚的厚度；c_x 与 c_y 为 x 方向与 y 方向的水滚速度分量。

数值计算的不规则波波谱取 Jonswap 谱，其表达式为

$$s(f) = \alpha_r H_s^2 T_p^{-4} f^{-5}\exp[-\frac{5}{4}(T_p f)^{-4}]\gamma^{\exp[-(f'f_p^{-1}-1)^2/(2\sigma^2)]} \qquad (2.2.28)$$

$$\alpha_r = \frac{0.06238}{0.230 + 0.0336\gamma - 0.185(1.9+\gamma)^{-1}}(1.094 - 0.01915\ln\gamma)$$

$$\sigma_f = \begin{cases} 0.07, & f \leqslant f_p \\ 0.09, & f > f_p \end{cases}$$

式中，H_s 为有效波高（m）；T_p 为谱峰周期（s）；f_p 为谱峰值频率（Hz）；γ 为谱峰值参数，取 3.3。

依据防波堤的结构形式，斜坡式防波堤及护岸的反射系数取 0.5，直立防波堤和码头的反射系数取 1.0。E 向和 ESE 向波浪入射时计算域右边界设置为波浪入射边界，ENE 向波

浪入射时上边界设置为波浪入射边界。自然岸线和浅滩设置为海绵层吸收边界。通过数值计算得到 ESE 向、E 向和 ENE 向波浪作用下，人工岛建成后工程水域内各工况的有效波高分布结果。

图 2.2.17 给出了校核高水位情形、重现期 100 年一遇、E 向波浪入射时，工程水域内各个位置的波高等值线分布图。图 2.2.18 给出了校核高水位情形、重现期 100 年一遇、ESE 向波浪入射时，工程水域内各个位置的波高等值线分布图。

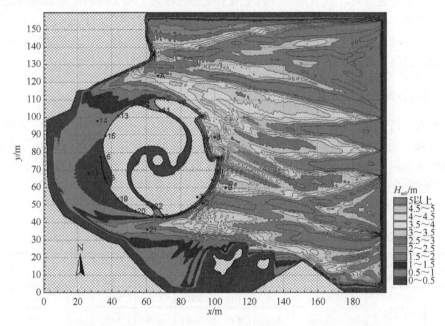

图 2.2.17　E 向波浪入射时整个计算水域波高等值线分布图（校核高水位，100 年一遇）

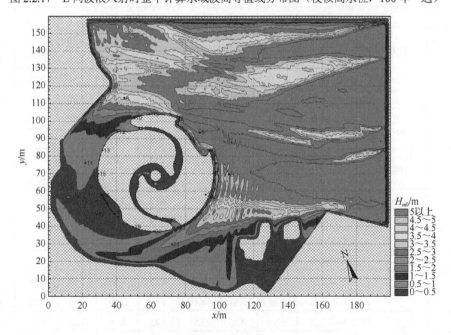

图 2.2.18　ESE 向波浪入射时整个计算水域波高等值线分布图（校核高水位，100 年一遇）

数值计算结果反映出人工岛建成后，人工岛工程西侧水域的波高很小。对于极端高水位、重现期 100 年一遇波浪工况，当 ESE 向波浪入射时，位于人工岛西侧的#16～#18 测点的有效波高 $H_{1/3}$ 值最大为 0.61m。当 E 向波浪入射时，位于人工岛西侧的#14 和#15 测点的有效波高 $H_{1/3}$ 值最大为 1.04m。当 ENE 向波浪入射时，位于人工岛西侧的四区和五区的#14～#18 测点的有效波高 $H_{1/3}$ 值小于 0.5m。

人工岛工程建成后，其西侧水域的波浪主要是通过人工岛工程的南侧水域和北侧水域绕射后的波浪。由于人工岛的直径在周期最长的 ESE 向入射波的波长 15 倍以上，入射波传播到人工岛时，其主波向沿着人工岛南北两侧的切线方向传播，在人工岛后面形成了一定面积的阴影区，对人工岛工程建成后的西侧水域形成了很好的掩护。

4. 环岛各测点设计波要素建议值

依据人工岛建设前后环岛各测点不同水位、不同波向、不同重现期的设计波要素计算结果，以及《港口与航道水文规范》（JTS 145—2015）关于确定外海设计波要素和近岸设计波要素的相关条款，进行综合分析后提出环岛各测点 100 年、50 年、25 年、10 年和 2 年重现期的设计波要素建议值。其中校核高水位和设计高水位情形，双鱼岛环岛各测点 100 年一遇设计波要素值列于表 2.2.10。

表 2.2.10 双鱼岛环岛各测点 100 年一遇设计波要素值（校核高水位、设计高水位）

测点	控制波向	水位	水深/m	$H_{1\%}$ /m	$H_{4\%}$ /m	$H_{5\%}$ /m	$H_{13\%}$ /m	$\bar{H}$ /m	$\bar{T}$ /s	$\bar{L}$ /m
1	ESE	校核高水位	9.92	4.43	3.85	3.74	3.22	2.14	10.76	99.96
		设计高水位	8.38	4.21	3.68	3.58	3.10	2.09	10.76	92.75
2	ESE	校核高水位	11.29	4.66	4.04	3.92	3.36	2.22	10.76	105.74
		设计高水位	9.75	4.42	3.85	3.74	3.22	2.15	10.76	99.21
3	ESE	校核高水位	11.29	4.77	4.14	4.02	3.45	2.29	10.76	105.74
		设计高水位	9.75	4.53	3.95	3.84	3.31	2.21	10.76	99.21
4	ESE	校核高水位	12.59	5.31	4.61	4.48	3.84	2.54	10.76	110.75
		设计高水位	11.05	5.08	4.42	4.29	3.70	2.47	10.76	104.77
5	ESE	校核高水位	12.59	5.43	4.71	4.58	3.93	2.61	10.76	110.75
		设计高水位	11.05	5.17	4.51	4.38	3.78	2.53	10.76	104.77
6	ESE	校核高水位	11.69	5.56	4.85	4.72	4.07	2.73	10.76	107.33
		设计高水位	10.15	5.27	4.62	4.50	3.90	2.64	10.76	100.97
7	ESE	校核高水位	11.99	5.46	4.75	4.62	3.98	2.66	10.76	108.49
		设计高水位	10.45	5.17	4.51	4.39	3.80	2.56	10.76	102.26
8	ESE	校核高水位	11.39	5.97	5.23	5.09	4.24	3.00	10.76	106.14
		设计高水位	9.85	5.45	4.79	4.67	4.07	2.78	10.76	99.65
9	E	校核高水位	10.99	5.27	4.95	4.47	3.86	2.59	9.20	87.12
		设计高水位	9.45	5.11	4.48	4.37	3.80	2.59	9.20	81.87
10	ENE	校核高水位	9.92	4.10	3.55	3.45	2.96	1.96	6.04	48.72
		设计高水位	8.38	3.96	3.46	3.36	2.90	1.94	5.98	45.67

续表

测点	控制波向	水位	水深/m	$H_{1\%}$/m	$H_{4\%}$/m	$H_{5\%}$/m	$H_{13\%}$/m	$\bar{H}$/m	$\bar{T}$/s	$\bar{L}$/m
11	E（绕射）	校核高水位	9.92	1.23	1.04	1.01	0.84	0.53	9.20	83.54
		设计高水位	8.38	1.00	0.84	0.82	0.68	0.43	9.20	77.81
12	E（绕射）	校核高水位	9.92	2.47	2.11	2.04	1.72	1.10	9.20	83.54
		设计高水位	8.38	2.29	1.95	1.89	1.60	1.03	9.20	77.81
13	E（绕射）	校核高水位	9.92	1.41	1.19	1.15	0.96	0.61	9.20	83.54
		设计高水位	8.38	1.23	1.04	1.01	0.84	0.53	9.20	77.81
14	E（绕射）	校核高水位	9.92	1.52	1.29	1.24	1.04	0.66	9.20	83.54
		设计高水位	8.38	1.27	1.08	1.04	0.87	0.55	9.20	77.81
15	E（绕射）	校核高水位	9.92	1.03	0.87	0.84	0.70	0.44	9.20	83.54
		设计高水位	8.38	0.96	0.81	0.78	0.65	0.41	9.20	77.81
16	ESE（绕射）	校核高水位	9.92	0.80	0.67	0.65	0.54	0.34	10.76	99.96
		设计高水位	8.38	0.77	0.65	0.63	0.52	0.33	10.76	92.75
17	ESE（绕射）	校核高水位	9.92	0.90	0.76	0.73	0.61	0.38	10.76	99.96
		设计高水位	8.38	0.87	0.73	0.71	0.59	0.37	10.76	92.75
18	ESE（绕射）	校核高水位	9.92	0.90	0.76	0.73	0.61	0.38	10.76	99.96
		设计高水位	8.38	0.87	0.73	0.71	0.59	0.37	10.76	92.75
19	ESE（绕射）	校核高水位	9.92	1.90	1.61	1.56	1.31	0.83	10.76	99.96
		设计高水位	8.38	1.76	1.5	1.45	1.22	0.78	10.76	92.75
20	ESE（绕射）	校核高水位	9.92	3.00	2.57	2.49	2.11	1.37	10.76	99.96
		设计高水位	8.38	2.91	2.51	2.43	2.07	1.35	10.76	92.75
21	ESE	校核高水位	9.92	4.19	3.63	3.53	3.03	2.01	10.76	99.96
		设计高水位	8.38	4.03	3.51	3.42	2.95	1.98	10.76	92.75
22	ESE（绕射）	校核高水位	9.92	1.29	1.09	1.05	0.88	0.55	10.76	99.96
		设计高水位	8.38	1.19	1.00	0.97	0.81	0.51	10.76	92.75
23	ESE	校核高水位	9.92	4.39	3.82	3.71	3.19	2.12	10.76	99.96
		设计高水位	8.38	4.21	3.68	3.58	3.10	2.09	10.76	92.75

2.3　人工岛对水沙环境的影响

近岸地区是波浪、海流等作用强烈的区域。在未建工程的条件下，岸滩一般处在动态平衡之中（工程建设前，沿岸输沙达到动态平衡）。人工岛工程实施后会造成当地水动力环境发生改变，原先的平衡输沙环境需要重新调整。伴随复杂的泥沙冲淤过程，会造成海底地形、周边岸线形态的改变，进而又会进一步改变当地的水动力环境，形成连锁式的影响。工程海域的泥沙冲淤主要包括悬沙和底沙冲淤，通常是先建立经验证的工程海域大范围潮流数学模型，之后分别采用悬沙模型和底沙模型预测工程实施后工程海域的地形演变特征。

2.3.1 潮流与泥沙特性

1. 潮位

潮汐资料主要包括工程海域基面关系（当地零点、当地理论最低潮面、56 黄海基面、85 国家高程基准等之间的关系）、潮汐属性（正规半日潮、不正规半日潮等）、潮位特征值、潮时特征值、设计水位等内容。潮位特征值一般包括该海区历年最高潮位、历年最低潮位、平均高高潮位、平均低低潮位、平均海平面、历年最大潮差、历年最小潮差、平均潮差等。潮时特征值一般包括该海区平均涨潮历时、平均落潮历时、最大涨潮历时、最小涨潮历时、最大落潮历时、最小落潮历时等。设计水位资料一般包括工程所在海域的设计高水位（高潮累计频率 10%）、设计低水位（低潮累计频率 90%）；重现期 100 年一遇高潮位、100 年一遇低潮位、50 年一遇高潮位、50 年一遇低潮位等。潮汐资源主要来源于拟建人工岛工程附近的海洋站多年潮位观测资料的统计分析。

图 2.3.1 为大连海区的 85 国家高程基准、56 黄海基面、理论最低潮面（海图基面）和大连筑港零点之间的关系。基于大连港多年潮位资料统计分析可得出，大连海区属于正规半日潮，部分潮位特征值列于表 2.3.1。

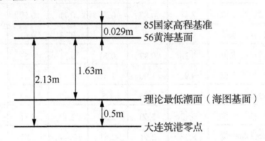

图 2.3.1　大连海区主要基面关系

表 2.3.1　大连海区潮位特征值　　　　　　　　　（单位：m）

潮位特征值	大连筑港零点	海图基面	85 国家高程基准
历年最高潮位	5.0（1939 年 8 月 31 日）	4.5	2.841
历年最低潮位	-0.66（1970 年 12 月 13 日）	-1.16	-2.819
平均高高潮位	4.35	3.85	2.191
平均低低潮位	-0.26	-0.76	-2.419
平均海平面	2.15	1.65	-0.009

图 2.3.2 为厦门鼓浪屿潮位站的 85 国家高程基准、56 黄海基面、理论最低潮面和厦门零点之间的关系。厦门海洋站多年潮位资料统计分析得出，厦门海区属正规半日潮，部分潮位特征值列于表 2.3.2。

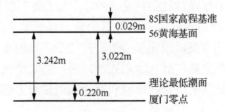

图 2.3.2　厦门海区主要基面关系

表 2.3.2　厦门海区潮位特征值

潮位特征值	理论基面	56 黄海基面	厦门零点	发生时间
历年最高潮位	7.55m	4.60m	7.84m	1933 年 10 月 20 日
历年最低潮位	−0.25m	−3.20m	−0.04m	1921 年 2 月 24 日
平均高高潮位	6.28m	3.33m	6.57m	
平均低低潮位	0.26m	−2.69m	0.55m	
平均海平面	3.28m	0.33m	3.57m	1968~1982 年

若拟建的人工岛位置处于热带气旋影响较大海域，需要收集热带气旋影响下的风暴潮增水资料。如厦门湾每年夏秋受台风及台风引起的风暴潮袭击十分频繁，根据历史资料统计，在 1956~1997 年的 40 余年期间，伴随台风产生 50cm 以上台风增水有 97 次。实测厦门海区最高潮位为 7.69m，最大台风增水为 1.80m（8304 号台风期间），高潮相对最大增水为 1.43m（5903 号台风期间）。

2. 潮流

潮流资料主要有工程海域涨落潮流的基本走向、涨落潮平均流速、涨落潮最大流速与流向、大潮期间垂线平均流速矢量图、余流等潮流性质和分布概况等。目前潮流资料的来源主要通过如下两个过程：首先在实际工程海域布置有限个临时的潮流测站，在大潮、小潮期间进行潮流流速与流向的现场观测，通过现场观测资料的统计与分析，获得这些测点处的潮流基本资料；之后通过经实测资料验证的潮流场数值模型或物理模型试验结果分析，获得工程海域的全场潮流的性质和分布概况，以及工程实施后对工程海域潮流场的影响预测等。

以漳州双鱼岛工程为例，该工程所在的大磐浅滩湾湾口呈 NE 向，全湾大部分水深浅于 5.0m，滩面剖度 1∶500，海湾总面积约 20.0km²。该海域潮汐性质属于正规半日潮，潮波呈驻波形态，潮差累计频率不大于 50% 的中潮潮差为 4.0m 左右，为强潮地区。潮流性质为不正规半日潮，潮差大和潮流强是本海区水流动力的显著特征。

图 2.3.3 为 2005 年 11 月大潮期间在大磐浅滩海域进行现场水文泥沙观测的大潮涨潮最大流速 0.80m/s，落潮最大流速 0.74m/s，最大流速均发生在高低潮位前后 2~3h。涨潮平均流速为 0.38~0.46m/s，落潮平均流速为 0.32~0.34m/s。受地形变化影响，大潮期间潮流基本呈现弯曲的往复流运动，涨落潮水流流向与等深线基本一致。近岸区处于弱流区，且略有旋转的趋势。

张磊等（2011）利用潮流物理模型研究手段，建立了大磐浅滩海域变率为 3.75 的物理模型。根据物理模型确定的范围及水流运动相似条件，确定物理模型水平比尺为 λ_l=300，模型垂直比尺 λ_h=80。采用物理模型对 2005 年 11 月大潮进行了复演，使破灶屿测站处的试验潮位与原型观测基本一致。根据现场水文测验的流速流向资料对物理模型进行验证之后，通过物理模型试验对双鱼岛工程实施前后的水动力条件变化进行了分析。

图 2.3.3 和图 2.3.4 为双鱼岛工程实施前后，周边海域涨急流场图。从工程实施前后流场变化看，涨潮水流在双鱼岛东南边发生分流，分流水流沿着双鱼岛两侧上溯到双鱼岛西北边相汇。落潮时从厦门内湾过来的落潮水流流至双鱼岛北边后，受到双鱼岛顶冲，大部

　　分水流沿人工岛东侧流动，与双鱼岛西侧通道水流在双鱼岛东南侧交汇。双鱼岛工程实施后，大磐浅滩水流流向局部发生了较大改变，外海水流的流路基本不变。

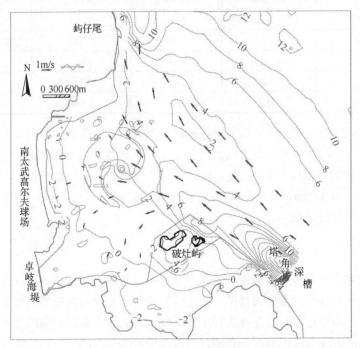

图 2.3.3　工程实施前双鱼岛周边海域涨急流场（张磊等，2011）

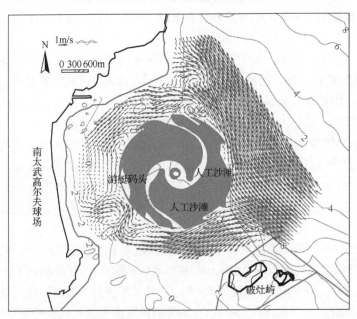

图 2.3.4　工程实施后双鱼岛周边海域涨急流场（张磊等，2011）

　　工程实施后双鱼岛周边的全潮平均流速等值线分布如图 2.3.5 所示（张磊等，2011）。从全潮平均流速等值线分布看，双鱼岛周边流速最大的区域位于东边人工沙滩的北侧附近，平均流速 0.60～0.70m/s；其次是双鱼岛南边的水流通道，平均流速 0.40～0.50m/s。双鱼岛西边水流通道的平均流速为 0.10～0.20m/s，北侧水流通道的平均流速为 0.20m/s 左右，流速相对较弱的区域为双鱼岛东南侧的分流、汇流区。

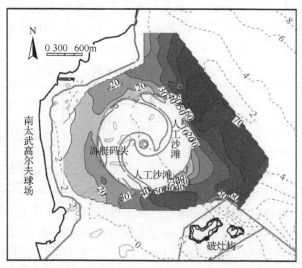

图 2.3.5　工程实施后双鱼岛周边全潮平均流速等值线图（张磊等，2011）

带数字的实线表示等流速，单位为 cm；带数字的虚线表示水深，单位为 m

物理模型试验结果分析可反映出：双鱼岛工程建设后，大磐浅滩水流流向发生了较大改变，外海水流的流路基本不变。双鱼岛周边水域流速除了北侧顶冲点和东南侧分流、汇流点的流速有较大的减小外，其他周边水域的流速均增加。特别是双鱼岛东侧人工沙滩处流速加强且位于波浪可以作用的开敞海域，可能引起近岸堤根较大的冲刷。

3. 泥沙

泥沙资料主要有工程海域泥沙来源（入海河流来沙、海岸蚀退来沙、海域来沙等）、水体最大含沙量和垂线平均含沙量、沉积速率、海底沉积物组分和粒径、地形冲淤变化（堆积、冲刷或稳定状态）等内容。泥沙资料的来源与潮流资料的来源类似，主要也是通过如下两个过程。一是来源于拟建人工岛工程附近的现场采样分析以及对海岸泥沙运动的调查。在实际工程海域通常布置有限个临时的泥沙测站，与潮流现场观测同步进行悬沙采样，通过现场观测资料的统计与分析，获得这些测点处的悬沙基本资料。二是通过经实测的资料验证的泥沙数值模型或物理模型试验结果分析，获得工程海域的全场泥沙冲淤变化规律的认识，得出工程实施后的影响范围和强度，以及分析和预测工程实施后的工程海域地形演变等。

调查海岸泥沙运动的常用方法有：①用新旧海图及近年来测量的水深地形图进行对比，找出海岸线及沿岸地形变化情况（冲淤情况），判断输沙方向及输沙量大小。②从现有海岸建筑物的淤积情况来判断工程建设后的冲淤情况。③现场调查海岸地貌形态，观察海蚀地貌与海积地貌间的物质联系，了解当地海滩、河口沙嘴、水下沙坝、沿岸沙堤、海蚀悬崖等情况，并把这些情况绘入地形图。配合沉积物和水动力诸要素，编制海岸动力地貌图。

仍以双鱼岛工程所在的漳州大磐浅滩海域为例，其泥沙主要来源于九龙江来沙和当地滩面掀沙，海岸蚀退沙量值很小。近年来由于九龙江供沙量逐渐减小，造成水体挟沙量不足,使得大磐浅滩海床出现微冲的趋势。根据大磐浅滩海域2005年11月实测资料统计,各测站含沙量特征值及垂线平均含沙量结果见表2.3.3。实测资料统计得出该海域大潮涨潮平均含沙量 S_F 在0.045～0.062kg/m³,最大含沙量 $S_{F\max}$ 为0.112kg/m³;落潮垂线平均含沙量 S_E 为0.045～0.087kg/m³,最大含沙量 $S_{E\max}$ 为0.170kg/m³。落潮平均含沙量均大于涨潮。涨落潮垂线平均含沙量为0.058kg/m³(陈纯等,2014)。

表2.3.3　大潮期间涨落潮垂线平均、最大含沙量　　　(单位:kg/m³)

测站	涨潮		落潮		全潮
	S_F	$S_{F\max}$	S_E	$S_{E\max}$	S
#1	0.061	0.111	0.075	0.111	0.064
#2	0.062	0.112	0.087	0.170	0.069
#3	0.045	0.073	0.058	0.122	0.049
#4	0.052	0.104	0.045	0.061	0.049

工程海域海底沉积物分布特征,一般需要在工程海域布置多个表层沉积物采样站获得。如2005年11月在大磐浅滩海域布置了46个表层沉积物采样站(ZB)和4个柱状采样站(ZZ)。表层沉积物采样和柱状采样资料分析结果得出,本海区底质类型主要为黏土质粉砂(YT),该沉积物呈灰色,质软。沉积物以粉砂为主,其中粉砂含量为62.71%～73.46%,黏土的含量 d_{50} 为20.95%～29.96%。

根据底质采样结果绘制的大磐浅滩海域表层沉积物中值粒径 d_{50}(mm)等值线图见图2.3.6。总的来看,大磐浅滩海域海底沉积物粒径从岸侧向外海分布呈粗—细—粗的分布特点,0m等深线内 $d_{50}>0.011$mm,0～1m等深线 d_{50} 在0.009～0.011mm,0～3m等深线 d_{50} 为0.008～0.009mm,3m等深线之外 d_{50} 在0.009～0.01mm,平均中值粒径为0.0095mm(陈纯等,2014)。

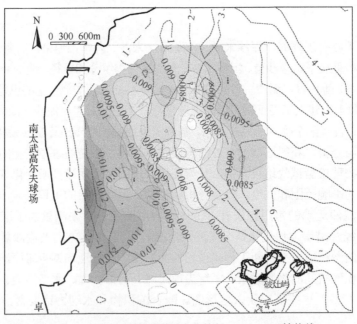

图2.3.6　工程海域底质采样中值粒径 d_{50}(mm)等值线

从悬沙和底沙粒径及底质取样分布看,本海域泥沙主要为淤泥质粉砂,底沙中值粒径与悬沙相近，稍大于悬沙粒径，可见当地泥沙运动以悬沙运动为主。根据大磐浅滩区 ^{210}Pb 沉积速率测定，沉积速率在 0.14～0.31cm/a，表明大磐浅滩海域属于低沉积速率的海床稳定区。

　　为了比较人工岛附近海域岸滩冲淤情况，在人工岛处选取 3 个断面进行比较，断面位置见图 2.3.7，不同年份人工岛处 3 个断面水深变化见图 2.3.8，图中纵轴水深为正表示产生了冲刷，为负表示产生了淤积。可以看出，1993～2000 年断面有冲有淤，淤积厚度大于冲刷深度，而 2000 年以后，滩面普遍出现冲刷。

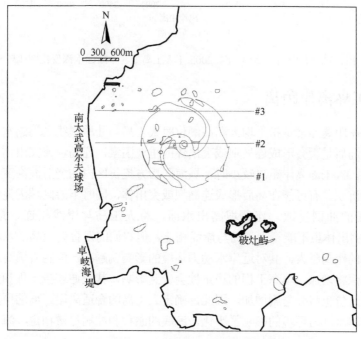

图 2.3.7　工程海域冲淤分析断面布置

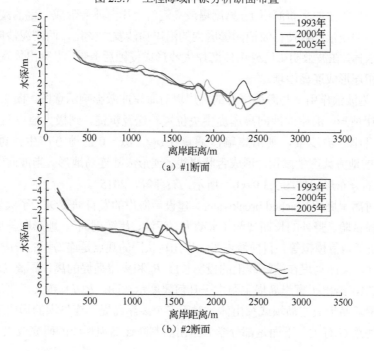

（a）#1 断面

（b）#2 断面

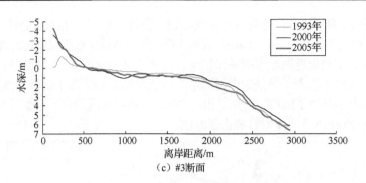

（c）#3断面

图 2.3.8　1993 年、2000 年、2005 年人工岛处 3 个断面水深变化图比较

2.3.2　人工岛离岸距离

　　人工岛离岸距离通常是指平均大潮高潮位时人工岛与陆地岸线之间的水域宽度。人工岛离岸距离是岛后是否会形成连岛坝或突出体的重要因素，连岛坝或突出体会改变海岸地貌和自然岸线。人工岛离岸距离较小时，填海区后方掩护区内的绕射波高变小，沿岸输沙将在掩护区内沉积，有可能在岛后形成连岛坝或突出体，同时下游区域因泥沙来源不足会造成下游岸线的冲刷侵蚀。连岛坝露出水面，将人工岛与岸线相连，最终形成半岛（peninsula），突出体虽不能将人工岛与岸线相连，但它们的发育会使岛后水域变浅。虽然人工岛与岸线的距离越大，其对近岸水动力环境的影响就越小，但随着填海区域与岸边的距离加大，水深将增加，填海工程的稳定性会受到影响，其交通连接工程和施工难度随之增加，其工程造价也将会急剧增加。因此，确定人工岛的合适离岸距离的原则应是实现人工岛建设对近岸水动力环境的影响最小化，海底的淤积和冲刷尽量稳定，海水交换处于良性循环。

　　在波浪作用为主的平直海岸上，离岸堤或岛屿对近岸海滩会形成一定的波浪掩护作用。离岸堤或岛屿的波浪绕射使得波浪阴影区内的沿岸输沙发生变化，两侧泥沙向阴影区输移堆积形成突出体，在波浪阴影区外两侧海岸失沙形成侵蚀后退带。当突出体宽度足够大时，可与离岸堤相连形成连岛沙坝。

　　图 2.3.9 为波浪作用下与海岸平行的离岸堤对海岸冲淤影响示意图。图 2.3.9（a）为波向垂直于海岸情形，沿岸泥沙向离岸堤中央位置输送及沉淀，到极大值以后又逐渐降低。若 Q_x 表示沿岸总输沙量，则沿岸输沙通量在 $\partial Q_x / \partial x > 0$ 的地方产生侵蚀；相反，在 $\partial Q_x / \partial x < 0$ 的地方就产生淤积，形成舌状岸线，或形成陆连岛地形。当波向线与海岸斜向相交时，Q_x 的分布形状如图 2.3.9（b）所示（石萍等，2015）。

　　国内外对离岸堤（detached breakwater）建设后海岸的发育演变进行了大量的研究，包括室内的物模试验、野外的长期观测（水动力、泥沙、岸滩剖面）、地形图与遥感图的对比分析、计算机的数值模拟等。目前海岸工程界比较认同的观点是连岛坝的形成与波浪大小、泥沙供给条件、离岸岛堤在波峰线上的投影长度 B_p 和离岸岛堤的离岸距离 D_p 之比 B_p/D_p 有关。图 2.3.10 给出了离岸岛堤主要水平几何尺度示意图。B_p/D_p 越大，离岸岛堤掩护的区域越大，堤后易形成连岛坝或突出体。对于多个离岸岛堤，连岛坝的形成还与相邻离岸堤之间的净间距 G 有关。下面是部分学者给出的判断连岛坝形成的研究成果。

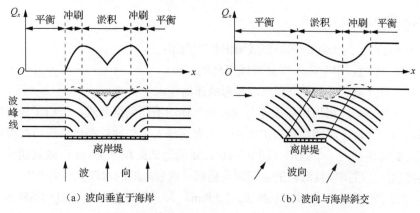

图 2.3.9　波浪作用下离岸堤对海岸冲淤影响示意图（石萍等，2015）

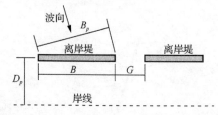

图 2.3.10　离岸岛堤主要水平几何尺度示意图

1. Dally 公式

Dally 等（1986）根据离岸堤在波峰线上的投影长度 B_p 与离岸堤的离岸距离 D_p 之比 B_p/D_p，对连岛坝的形成提出如下判据：

当 $B_p/D_p = 1.5 \sim 2.0$ 时，单个离岸堤易形成连岛坝；

当 $B_p/D_p = 1.5$、$L \leqslant G \leqslant B_p$ 时，多个离岸堤易形成连岛坝；

当 $B_p/D_p = 0.67 \sim 1.5$ 时，单个或多个离岸堤易发育突出体。

其中，B_p 为离岸堤在波峰线上的投影长度；D_p 为离岸堤离海岸的距离；G 为相邻离岸堤之间的净间距；L 为离岸堤处波浪的波长。

2. Hallermeir 公式

Hallermeir（1983）提出了离岸堤的临界水深 d_s 判据，当离岸堤所在水深 $d < d_s$ 时，易形成连岛坝。临界水深 d_s 的计算公式如下：

$$d_s = \frac{2.9H_c}{\sqrt{\rho_s - 1}} - \frac{110H_c}{(\rho_s - 1)gT_c^2} \tag{2.3.1}$$

式中，ρ_s 为泥沙的密度；H_c 为一年中出现时长为 12h 的深水波的波高；T_c 为对应的周期。

3. Seiji 公式

Seiji 等（1987）给出离岸堤的间距与海滩演变的如下关系：

当 $G/D_p < 0.8$ 时，离岸堤间距后面的海滩不会发生侵蚀；

当 $0.8 \leqslant G/D_p < 1.3$ 时，离岸堤间距后面的海滩可能发生侵蚀；

当 $G/D_p \geqslant 1.3$ 时，离岸堤间距后面的海滩一定发生侵蚀。

4. Suh 和 Dalrymple 公式

Suh 等（1987）对于连岛坝的形成给出如下判据：

当 $B_p/D_p \geqslant 1$ 时，单个离岸堤易形成连岛坝；

当 $G \cdot D_p/B_p^2 \leqslant 0.5$ 时，多个离岸堤易形成连岛坝。

石萍等（2015）应用岛后形成连岛坝或突出体的不同判据公式，分析了南海明珠人工岛建设对海口湾西海岸岸滩稳定性的影响。南海明珠人工岛地处海口市海口湾湾口西侧的海域，人工岛外轮廓为一个圆形（图 2.3.11），填海造地面积 2.65km²，规划建设一个高端国际旅游度假区。根据项目海区的水深测量资料，规划海域的水深大约为 0.7～15m，平均水深 6.9m。计算中取人工岛投影长度 B_p=2.35km，人工岛的离岸距离 D_p=1.88km。

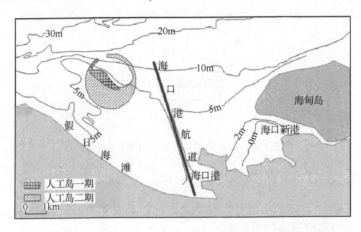

图 2.3.11　海口湾弧形海岸概貌及南海明珠人工岛位置示意图

根据 Dally 等（1986）提出的单个离岸堤判据，对南海明珠人工岛方案而言，B_p/D_p=1.25（当 B_p/D_p=0.67～1.5 时，易发育突出体），岛后不易形成连岛坝，但易发育突出体。

根据 Hallermeir（1983）提出的判据，对南海明珠人工岛方案而言，采用 1995～1996 年长流油气码头一年实测资料中出现频率最高的 ENE 向波浪最大波高与周期代入计算，可得出临界水深 d_s 约为 5.12m。当离岸堤的水深 $d < d_s$ 时，连岛坝会形成。南海明珠人工岛方案中，人工岛处的水深平均为 6.9m，大于该临界水深。按此分析，人工岛后形成连岛坝的可能性较低。

综合来看，海口湾 NE-N 向入射波的波影区在假日海滩附近，海口湾南海明珠人工岛建设后会在其后假日海滩附近形成突出体，但不会形成连岛坝。根据估算的泥沙堆积量 182.3 万 m³，则对应突出体最大宽度约 250m，突出体的平均厚度为 6.5m 左右。

龚文平等（2012）应用 Delft3D 数值模型模拟了海南万宁日月人工岛不同初步设计方案的泥沙输运，同时应用岛后形成连岛坝或突出体的不同判据公式，分析了不同平面布置方案的岛后形成连岛坝或突出体的可能性。海南万宁日月人工岛位于万宁市南部日月湾水深-10～-5m 的近岸海域，主要底质为贝壳-珊瑚礁-砂。人工岛的平面布置方案为由形状如太阳的圆形日岛和形状如月亮的月牙形月岛构成（图 2.3.12）。表 2.3.4 列出了其中两种初步设计方案的人工岛离岸距离 D_p、人工岛在 SE 向波浪波峰线上的投影长度 B_p 和两岛的净间距 G。波浪的波长由等式 L=1.56T^2 近似计算为 47.19m。

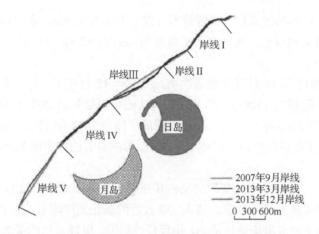

图 2.3.12　2007~2013 年日月湾岸线变化对比（石萍等，2015）

表 2.3.4　日月人工岛两种初步设计平面布置方案的 D_p、B_p 和 G

方案	人工岛	离岸距离 D_p/m	投影长度 B_p/m	岛间距 G/m	B_p/D_p	G_p/D_p	GD_p/B_p^2
初设方案一	日岛	520	855	188	1.64	0.36	0.134
	月岛	754	823	188	1.09	0.25	0.209
初设方案二	日岛	520	880	204	1.69	0.39	0.137
	月岛	520	795	204	1.53	0.26	0.168

根据 Dally 等（1986）提出的多个离岸堤判据，对日月人工岛初设方案一，日岛和月岛都有判据式 $L \leqslant G \leqslant B_p$ 成立。日岛的 B_p/D_p=1.64，易形成连岛坝；月岛的 B_p/D_p=1.09，易形成突出体。对日月人工岛初设方案二而言，日岛和月岛都有判据式 $L \leqslant G \leqslant B_p$ 成立。日岛的 B_p/D_p=1.69，月岛的 B_p/D_p=1.53，都较易形成连岛坝。

根据 Hallermeir（1983）提出的判据，采用万宁乌场湾一年实测资料中的最大 SE 向波高与周期代入计算，得出临界水深 d_s 为 8.11m。按照离岸堤处的水深 $d < d_s$ 易形成连岛坝的判据，在日月人工岛初设方案一中，日岛处的水深约为 8m，接近于临界水深会形成连岛坝，而月岛处的水深多在 7~9m，在临界水深附近，形成连岛坝的可能性很大。在日月人工岛初设方案二中，日岛的位置与初设方案一的相当，而月岛的位置则略向外，形成连岛坝的可能性要小于初设方案一。

根据 Seiji 等（1987）提出的多个离岸堤判据，对日月人工岛初设方案一，日岛的 G/D_p=0.36，月岛的 G/D_p=0.25，两岛间通道后面的海岸不会发生侵蚀（G/D_p<0.8）；对日月人工岛初设方案二，日岛的 G/D_p=0.39，月岛的 G/D_p=0.26，两岛间通道后面的海岸也不会发生侵蚀。

根据 Suh 等（1987）提出的多个离岸堤判据，对日月人工岛初设方案一，日岛的 $GD_p/B_p^2 \approx 0.13$，月岛的 $GD_p/B_p^2 \approx 0.21$；对日月人工岛初设方案二，日岛的 $GD_p/B_p^2 \approx 0.14$，月岛的 $GD_p/B_p^2 \approx 0.17$，两个初设方案形成连岛坝的可能性都很大。

日岛人工岛工程最终选取的平面布置方案为日岛与海岸线的距离约为 D_p=340m，日岛在波峰线上的投影长度 B_p=850m；月岛与海岸线的距离约为 D_p=433m，月岛在波峰线上的投影长度约为 B_p=1005m。日岛和月岛之间的距离 G=210m。根据 Dally 等（1986）提出的多个离岸堤判据,在日岛建成后月岛建设前,按单个人工岛判别,B_p/D_p=2.5>2,会在岛后形成连岛沙坝。月岛建设后,按多个人工岛判别,B_p/D_p=2.32,$L \leqslant G \leqslant B_p$,月岛建设后很容易形成连岛沙坝。

日岛人工岛 2012 年 10 月开始围堰吹填,2013 年 12 月竣工。月岛施工便桥于 2013 年搭建,距离日岛连陆桥约 1700m。图 2.3.12 为实测资料绘制的 2007~2013 年日月湾海岸线变化对比图。比较 2007 年 9 月人工岛建设前的岸线与 2013 年 12 月日岛人工岛竣工时的岸线变化,日岛人工岛后侧岸段的岸线变化剧烈,形成显著的突出淤积体和岸线侵蚀段(石萍等,2015)。

根据日岛人工岛后侧的岸线变化情况将其分成 5 个岸段(图 2.3.12)。离人工岛较远的东北侧岸段 I 的岸线基本保持稳定。离人工岛较近的东北侧岸段 II 受波浪阴影区泥沙淤积影响,该区来沙小于波浪沿岸输沙能力,出现侵蚀后退,侵蚀后退的最大距离大约为 30m,侵蚀岸线的长度约 400m。人工岛后波浪阴影区的 III 岸段,因波浪沿岸输沙能力减弱,出现较强的淤积,在日岛连陆桥处的原岸线外形成近似三角形突出体,该突出体最大宽度约 130m,淤积岸段长约为 960m。西南侧岸段 IV 和岸段 V 出现侵蚀,岸段 IV 在人工岛的施工过程中修筑了沿岸道路,道路边设置了护岸,侵蚀较小,最大侵蚀幅度在 15m 以内;岸段 V 最大侵蚀幅度约 20m,侵蚀岸段的长度约 630m。

月岛人工岛于 2015 年 10 月开工建设,2016 年 5 月围堰轮廓形成后开始吹填。图 2.3.13 为结合多时相遥感影像与四期实测岸滩资料绘制的 2012~2017 年日月湾海岸线变化对比图(李汉英等,2019)。可见 2014~2016 年日岛岛影区继续淤积,连陆桥处以每年约 80m 的速度向日岛淤进,在 2016 年已经形成连岛沙坝,总淤积宽度约 370m,淤积岸段长度约 1500m。东北侧岸段 I 和岸段 II 受日岛建成后波浪折绕射的影响发生侵蚀现象,最大侵蚀宽度约 20m,侵蚀长度约 380m。月岛人工岛 2016 年 5 月形成围堰轮廓后,月岛岛影区岸段 IV 由原先日岛建设后的强侵蚀变为淤积。在月岛岛影区连陆桥处淤积成沙嘴,宽度约 30m,长度约 300m。西南侧岸段 V 的侵蚀现象依然存在,侵蚀长度约 800m,威胁到了日月湾后方陆侧青皮林自然保护区的青皮林生长。

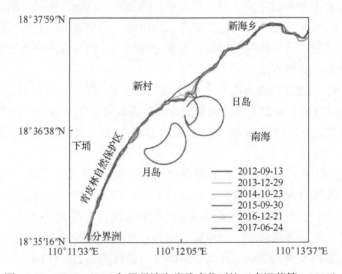

图 2.3.13　2012~2017 年日月湾海岸线变化对比(李汉英等,2019)

　　万宁日月人工岛项目建设引起周边岸滩出现大面积淤积并形成连岛沙坝，后方陆侧的茂密青皮林带遭受威胁，是人工岛选址与论证不成功的一个典型案例。鉴于月岛人工填海项目于 2015 年 10 月开工时属于环评未批先建，海南省政府于 2020 年 10 月已责令月岛项目开发商按照拆除工程实施方案于 2022 年 5 月底前完成月岛项目拆除工作。

2.3.3　人工岛周边底床冲淤数值试验案例

　　港珠澳大桥位于珠江口伶仃洋湾口海域，属弱潮、丰水、少沙的河口湾，具有潮差小、潮量大、风浪小、含沙量低等特点。工程海域附近潮流以往复流运动为主，流速变化具有落潮大于涨潮、深槽大于浅滩的特点。工程海域底质类型分布较为单一，以黏土质粉砂占绝对优势，平均中值粒径 d_{50} 为 0.005～0.010mm，其中砂、粉砂和黏土等组分所占比例分别为 9.8%、59.3%和 30.9%。海床演变分析表明，工程海域长期以来冲淤变化较小，海床相对较稳定，在自然状态下属微淤环境，海床总的演变趋势以缓慢淤积为主。

　　李文丹等（2011）和李孟国等（2011）建立了基于三角形网格的伶仃洋内外大范围和港珠澳大桥局部细化的平面二维潮流泥沙数学模型，在使用多年的现场实测资料对模型进行了验证的基础上，对大桥附近海区工程实施前后的潮流变化及海底地形冲淤变化进行了分析。

1. 平面二维潮流数学模型

　　潮流模型的控制方程采用沿垂向平均的平面二维连续方程（2.3.2）、x 方向的动量方程（2.3.3）和 y 方向的动量方程（2.3.4）：

$$\frac{\partial \zeta}{\partial t} + \frac{\partial \left[(\zeta + h)u \right]}{\partial x} + \frac{\partial \left[(\zeta + h)v \right]}{\partial y} = 0 \tag{2.3.2}$$

$$\frac{\partial u}{\partial t} + u\frac{\partial u}{\partial x} + v\frac{\partial u}{\partial y} - fv = -g\frac{\partial \zeta}{\partial x} - \frac{gu}{C^2}\frac{\sqrt{u^2 + v^2}}{\zeta + h} + \frac{\partial}{\partial x}\left(N_x \frac{\partial u}{\partial x} \right) + \frac{\partial}{\partial y}\left(N_y \frac{\partial u}{\partial y} \right) \tag{2.3.3}$$

$$\frac{\partial v}{\partial t} + u\frac{\partial v}{\partial x} + v\frac{\partial v}{\partial y} + fu = -g\frac{\partial \zeta}{\partial y} - \frac{gv}{C^2}\frac{\sqrt{u^2 + v^2}}{\zeta + h} + \frac{\partial}{\partial x}\left(N_x \frac{\partial v}{\partial x} \right) + \frac{\partial}{\partial y}\left(N_y \frac{\partial v}{\partial y} \right) \tag{2.3.4}$$

式中，t 为时间；(x, y) 为与静止海面（某一基准面）重合的直角坐标系坐标；h 为相对于某一基准面的水深（m）；ζ 为相对于某一基准面的水位（m）；g 为重力加速度；f 为科里奥利力参数，$f = 2\varpi \sin\phi$，其中，ϖ 为地球自转速度，$\varpi = \frac{4\pi}{86400}$，$\phi$ 为北半球纬度；N_x、N_y 分别为 x、y 方向水流紊动黏性系数（m²/s）；C 为谢才系数，$C = H^{1/6}/n$，其中，n 为曼宁糙率系数，H 为总水深，$H = h + \zeta$；u、v 分别为 x、y 方向的深度平均流速分量（m/s），由沿水深积分随水深变化的流速分量 $\tilde{u}$、$\tilde{v}$ 得出：

$$u = \frac{1}{h + \zeta}\int_{-h}^{\zeta}\tilde{u}\,\mathrm{d}z \ , \quad v = \frac{1}{h + \zeta}\int_{-h}^{\zeta}\tilde{v}\,\mathrm{d}z$$

2. 悬沙数学模型

悬沙运动采用如下的守恒型悬沙输移扩散方程:

$$\frac{\partial(Hc)}{\partial t} + \frac{\partial(Huc)}{\partial x} + \frac{\partial(Hvc)}{\partial y} = H\frac{\partial}{\partial x}(D_x\frac{\partial c}{\partial x}) + H\frac{\partial}{\partial y}(D_y\frac{\partial c}{\partial y}) + F_S \qquad (2.3.5)$$

式中,c 为沿水深方向积分的水体平均含沙浓度;D_x、D_y 分别为 x、y 方向的泥沙扩散系数;F_S 为泥沙源汇函数或床面冲淤函数,按下面方法确定:

$$F_S = \alpha\omega(c - c_*)$$

其中,c_* 为水体的挟沙力,一般采用根据现场资料的经验公式法或半理论方法确定;ω 为泥沙沉降速度;α 为泥沙沉降概率。

3. 底床冲淤数学模型

底床冲淤包括悬沙引起的底床冲淤变化和底沙引起的底床冲淤变化两部分。悬沙引起的底床冲淤的基本方程为

$$\rho_0 g\frac{\partial\Delta h_s}{\partial t} = \alpha\omega(c - c_*) \qquad (2.3.6)$$

式中,Δh_s 为悬沙引起的海底床面冲淤厚度变化值;ρ_0 为悬沙干密度。

底沙引起的底床冲淤的基本方程为

$$\rho_b g\frac{\partial\Delta h_b}{\partial t} + \frac{\partial q_x}{\partial x} + \frac{\partial q_y}{\partial y} = 0 \qquad (2.3.7)$$

式中,Δh_b 为海底床面底沙引起的冲淤厚度变化值;ρ_b 为床面底沙干密度;q_x 和 q_y 分别为单位时间内单宽底沙输移量 q_b 沿 x 方向和 y 方向的分量。

式（2.3.7）中的 q_x 和 q_y 可采用窦国仁公式（窦国仁等,1987）计算出单位时间内单宽底沙输移量 q_b 后取 q_b 沿 x 和 y 方向的分量。求解上述方程得到 Δh_s 与 Δh_b 后,同时考虑悬沙和底沙的底床冲淤厚度变化值为 $\Delta h_s + \Delta h_b$。

4. 重要系数和参数的确定

曼宁糙率系数 n 一般取值 0.010～0.025。由于计算域较大,不能在整个计算域中 n 取同一数值,需根据验证情况进行局部调整。

悬沙干密度 ρ_0 取近似表达:

$$\rho_0 = 175d_{50}^{0.183} \qquad (2.3.8)$$

式中,d_{50} 为悬浮泥沙中值粒径（mm）。根据现场水文测验各站全潮期间悬沙取样分析,本海区工程附近悬沙平均中值粒径 d_{50}=0.007mm,则 ρ_0=70.6kg/m³。

海水中细颗粒泥沙的沉降速度 ω 决定于其絮凝当量的大小。试验表明其当量粒径一般为 0.015～0.030mm,相应沉降速度为 0.01～0.06cm/s,为此取其平均值 ω=0.04cm/s。

《海岸与河口潮流泥沙模拟技术规程》（JTS/T 231—2—2010）规定，水流紊动黏性系数 N_x 和 N_y 宜由试验确定，也可通过验证计算确定（其值可取 $0\sim100\text{m}^2/\text{s}$）。

《海岸与河口潮流泥沙模拟技术规程》（JTS/T 231—2—2010）规定，悬沙紊动扩散系数 D_x 和 D_y 可取与相应的水流紊动黏性系数相同数值。

水流挟沙力 c_* 在泥沙数学模型中是一个非常重要的量，这里采用窦国仁挟沙力公式（窦国仁等，1995）：

$$c_* = \alpha_0 \frac{\rho_0 \rho_s}{\rho_s - \rho_0} \cdot \frac{\sqrt{(u^2 + v^2)^3}}{C^2 H \omega} \tag{2.3.9}$$

式中，ρ_s 为泥沙颗粒密度（$\rho_s = 2.65\text{t/m}^3$）；$\rho_0$ 为水的密度（$\rho_0 = 1\text{t/m}^3$）；α_0 为系数（$\alpha_0 = 0.023$）。

5. 计算域网格剖分

港珠澳大桥人工岛对周边水沙环境影响的数值计算域范围如图 2.3.14 所示。南边界在大万山岛以南的 21°52′N 纬度线，北边界在虎门附近的 22°49′N 纬度线，西边界在 113°30′E 经度线，东边界在 114°6′E 经度线，东西距离约 63km，南北距离约 102km，整个计算域包括伶仃洋西四口门、香港水道、伶仃洋外万山群岛等。

图 2.3.14　计算域范围示意图（李文丹等，2011）

港珠澳大桥工程实施前的数值计算，建立了大范围和小范围两个模型。图 2.3.14 所示的整个区域取为大范围模型的计算域，采用不规则三角形网格剖分计算域。大范围模型最大空间步长（三角形网格最大边长）1552.91m，最小空间步长（三角形网格最小边长）15.83m，三角形网格节点 68599 个，三角形单元数 132996 个。图 2.3.14 中标有小范围数学模型北边界线与小范围数学模型边界线之间的局部区域取为小范围模型的计算域，其网格剖分见图 2.3.15，小范围模型最大空间步长 392.39m，最小空间步长 15.83m，三角形网格节点 28816 个，三角形单元数 56193 个（李文丹等，2011）。

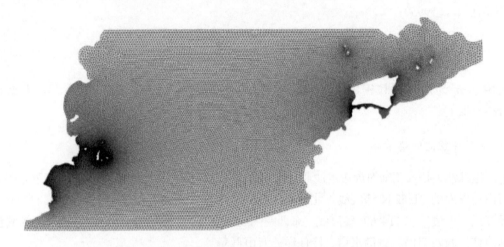

图 2.3.15　现状情况下小范围模型网格剖分（李文丹等，2011）

　　港珠澳大桥工程方案实施后的数值试验采用了与现状情况同样计算区域的大范围模型和小范围模型，同样采用不规则三角形网格剖分计算域。不同的是计算域内布置有众多桥墩和东西人工岛等建筑物，需要将桥墩附近网格进行加密处理，因此计算域三角形网格剖分的单元数和网格节点数增加。工程方案实施后的大模型网格节点数为 108548 个，小范围模型网格节点数为 84170 个，最小空间步长均为 3.85m。图 2.3.16 为工程方案实施后小范围模型网格剖分情况，图 2.3.17 是加密后的东人工岛网格剖分情况（李孟国等，2011）。

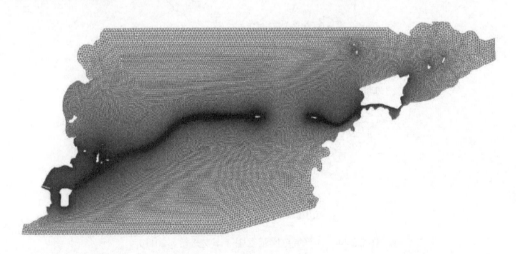

图 2.3.16　工程方案实施后小范围模型网格剖分（李孟国等，2011）

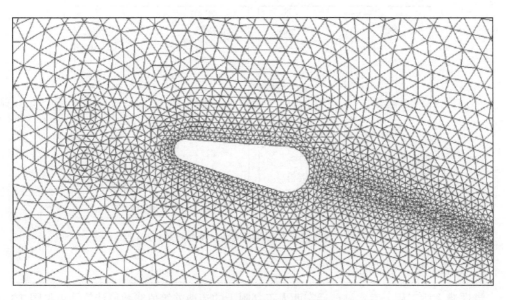

图 2.3.17　东人工岛网格剖分（李孟国等，2011）

6. 工程海区现状流场分布

采用 2007 年 8 月 13 日 17 时~8 月 14 日 22 时的大潮过程、2007 年 8 月 16 日 13 时~8 月 17 日 15 时的中潮过程对大模型进行了潮位、流速流向和悬沙的验证，水文测验点位见图 2.3.14。用于潮位验证的站位有 8 个，即黄茅岛站（#1）、桂山岛站（#2）、金星门站（#3）、内伶仃岛站（#4）、赤湾站（#5）、宝安机场站（#9）、南沙港区（#10）、大万山岛站（#13）。用于流速流向验证的站位有 16 个，即蕉门 1 站（#4）、蕉门 2 站（#5）、蕉门 3 站（#6）、洪奇沥 1 站（#7）、洪奇沥 2 站（#8）、伶仃 1 站（#11）、伶仃 2 站（#12）、伶仃 3 站（#13）、大濠岛站（#14）、矾石站（#15）、铜鼓航道站（#16）、西滩站（#17）、抛泥地站（#18）、珠海站（#19）、外海 1 站（#20）、外海 2 站（#21）。

工程方案实施前的大模型范围的涨潮和落潮流场数值计算结果见图 2.3.18，可反映出伶仃洋河口湾的潮流基本上呈往复流，流动趋势是：①涨潮时，经香港水道的涨潮水体自东向西进入伶仃洋，经珠海至大濠岛断面的涨潮水体自南向北进入伶仃洋。在自南向北进入伶仃洋的涨潮水体中，靠近东侧的一部分在绕过大濠岛后转向东北，与经过香港水道流入的涨潮水体在铜鼓海区相汇，并转向偏北，流向深圳湾和伶仃洋河口湾的湾底。对于虎门、蕉门、洪奇沥和横门，它们既是径流下泄的通道，在上游河道内又具有一定的纳潮库区，致使涨潮水体经各自河道的口门进入上游河道内。②落潮时，各河道的纳潮水体与径流一起下泄进入伶仃洋，并汇同伶仃洋的落潮水体向南退出。伶仃洋东侧的落潮水体在同深圳湾的落潮水体汇合后继续向南流动，并在铜鼓海区分为两股，一股转向偏东，经香港水道退出，另一股转向西南，并绕过大濠岛后退出。

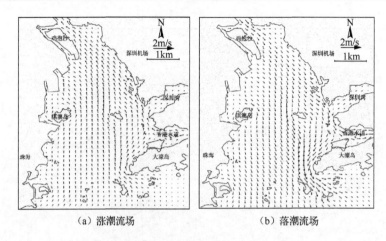

（a）涨潮流场　　　　　　　　　　　（b）落潮流场

图 2.3.18　现状情况下涨落潮流场（李文丹等，2011）

7. 工程方案实施后流场分布

港珠澳大桥工程方案实施前后东西人工岛附近的流速差等值线数值计算结果见图 2.3.19（工程后减工程前）。通过计算分析可以看出，大桥桥线附近、人工岛附近流速流向均发生了变化，远离大桥的海区流态不受影响。东西人工岛南北两侧的背流面的流速都减小，为弱流区。东西人工岛之间的伶仃航道和香港侧航道呈增加趋势，而青州航道、江海直达航道、九州航道靠近大桥部分流速有减小的趋势。

季荣耀等（2012）依据潮汐水流运动相似和泥沙运动相似条件，进行了港珠澳大桥整体潮流泥沙物理模型试验研究。潮流泥沙物理模型的平面比尺为 1∶1000，垂直比尺为 1∶120，变率为 8.3。模型范围包括整个伶仃洋河口湾，模拟水域南北长 75km，东西宽约 50km。物理模型选择 2007 年洪季大潮、小潮与 2009 年枯季大潮、小潮的水文同步

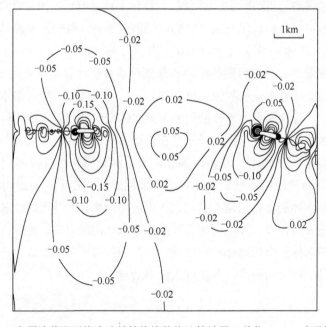

图 2.3.19　人工岛周边落潮平均流速差等值线数值计算结果（单位：m）（李孟国等，2011）

观测资料进行了验证。物理模型通过粒子图像流速测量系统采集到的涨急与落急流场（落急流场如图 2.3.20 所示）表明，港珠澳大桥工程方案实施后仅大桥及人工岛附近的流态发生变化，远离大桥的海区流态不受影响。物理模型试验结果（图 2.3.21）表明，东人工岛两端的绕流区平均流速最大增加 14%，背水面回流区最大减幅约 27%。西人工岛两端的绕流区平均流速最大增加 11%，背水面回流区最大减幅约 27%。工程海区流速变化敏感区在岛轴线上下 2500m、岛体东西两端 1000m 范围内，因此人工岛建设对流速的影响是局部的。

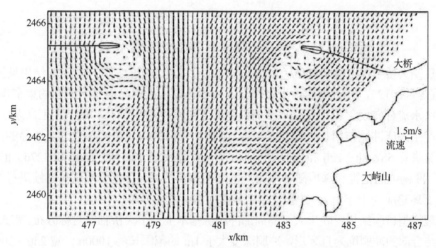

图 2.3.20　人工岛周边海区落急流场物理模型试验结果（季荣耀等，2012）

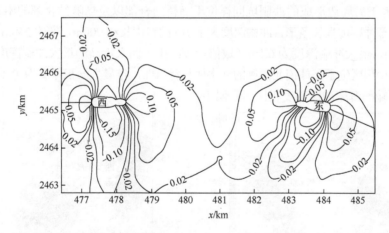

图 2.3.21　人工岛周边落潮平均流速变化等值线物理模型试验结果（季荣耀等，2012）

8. 工程方案实施后周边海床冲淤变化

港珠澳大桥工程方案实施后，东西人工岛附近冲淤分布的数值计算结果见图 2.3.22（正值表示淤积，负值表示冲刷）。由图可见，港珠澳大桥工程方案实施后，人工岛东西两侧呈冲刷状态，南北两侧的迎水面与背水面为淤积状态；西人工岛的西侧冲刷大于东侧，其最大冲刷深度为 5.0m，最大淤积厚度约为 2.0m；东人工岛最大冲刷深度为 4.0m，最大淤积厚度约为 2.0m。

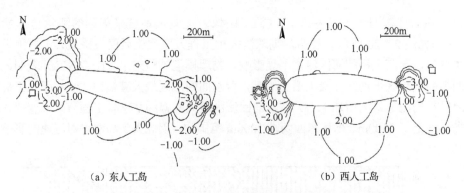

（a）东人工岛　　　　　　　　（b）西人工岛

图 2.3.22　人工岛周边海床冲淤分布数值计算结果（单位：m）

　　港珠澳大桥工程方案实施后，东西人工岛附近冲刷分布的物理模型试验结果见图2.3.23（季荣耀等，2012），分析表明由于港珠澳大桥的建设，人工岛对过水断面的束窄作用，使工程海区水流分布发生较大变化，从而促使海床也发生相应调整。其中人工岛东西两端流速增大产生海床冲刷作用，在岛桥结合部、岛隧结合部的南北两侧形成三个明显的冲刷坑。模型试验进行 5h、8h、12h 和 16h（分别相当于原型 102d、163d、246d 和 327d）的结果分析表明，冲刷坑的范围和深度随冲刷时间增加而逐步增大，且当模型试验连续进行 16h（相当于人工岛建成约 1 年后），冲刷坑形态和深度接近稳定状态。

　　物理模型试验结果反映出人工岛局部冲刷坑基本上关于大桥轴线对称分布。东人工岛东端岛桥结合部的冲刷坑为月牙形，冲刷深度大于 1m 的范围长约 1000m，宽 250～300m，平均冲刷深度为 2.1m，最大冲刷深度为 5.6m（数值计算结果中东人工岛的最大冲刷深度为4.0m）。西人工岛周边形成的冲刷坑同样位于岛桥结合部以及岛隧结合部的南北两侧。其中岛桥结合部冲刷坑呈长条形，冲刷深度大于 1m 的范围长约 900m，宽约 250m，平均冲刷深度为 1.9m，最大冲刷深度为 6.1m（数值计算结果中西人工岛的最大冲刷深度为 5.0m）。人工岛局部淤积区位于岛体南北两侧的迎水面与背水面，年最大淤积厚度为 0.2～0.3m，与岛体东西两端的海床冲刷幅度相比明显偏小。

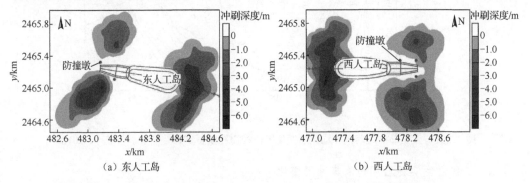

（a）东人工岛　　　　　　　　（b）西人工岛

图 2.3.23　东西人工岛周边海床冲刷分布物理模型试验结果（冲刷时间 327d）

2.4　人工岛对生态环境的影响

　　人工岛工程建设引发当地水沙环境改变的同时，也使当地水质环境和填海区域附近海洋生物原有的栖息环境发生改变。进而对近岸的生态格局产生影响，造成生物多样性、均匀度和生物密度下降等生态系统的损害。避免当地水质环境污染，使工程建设不造成难以预料的海洋生态环境影响，也是人工岛选址需要考虑的重要因素。

2.4.1　水体交换

人工岛附近水体与外界的水体交换对于水域内的沉积物搬运、营养盐输送和生态环境具有重要影响。人工岛内的景观水体、人工岛群之间的水道等的规划设计，需要考虑水体的交换能力。人工岛内不同区域景观水体的水动力特征各不相同，其受污染程度也不尽相同。对流速较低的部分水域，水体较长时间得不到更新，有害化学物质和氮磷等营养盐的积累，将在景观水体内部形成新的内源污染，进而可扩散到周边水体。如迪拜棕榈岛群中的朱美拉棕榈岛，在规划设计时缺乏对水体交换的研究，围海造陆刚刚完成，邻近棕榈树干区域的水体便出现了难以完全交换的问题，不得不考虑采取水泵循环方式以促进水体交换。

1. 水体交换能力评价指标

国内外学者引入了不同的时间指标来评价所关注区域的水体与外界水体的交换能力，如水体半交换周期（half-life time）、水体更新时间（turnover time）、水体停留时间（residence time）、水龄（water age）等，其中水体半交换周期和水体更新时间这两个指标相对简单，因而在实际工程中得到较广泛的应用。

1）水体半交换周期

以溶解态保守型物质作为示踪剂，设定初始关注区域内示踪剂浓度 $C_0=1\text{mg/L}$，关注区域外示踪剂浓度为 $C_1=0$。关注区域内外水体在潮流作用下产生交换，关注区域内的水质不断更新，示踪剂浓度逐渐减小，区域内平均浓度变为 $0<C<1\text{mg/L}$。关注区域内的保守型物质浓度稀释为初始浓度的一半时所需要的时间，定义为水体的半交换周期。水体的半交换周期短，表明水体交换能力强。关注区域内示踪剂平均浓度的计算公式为

$$\tau_i=\frac{\sum C_i\cdot v_i}{\sum v_i}\tag{2.4.1}$$

式中，τ_i 表示第 i 时刻关注区域内示踪剂的平均浓度；v_i 表示单位海水体积；C_i 表示第 i 时刻单位海水体积的示踪剂浓度。

2）水体更新时间

同样以溶解态保守型物质作为示踪剂，通过质点跟踪的方法标识出关注区域内外的水质点。当标识质点达到关注区域外时，即认为与外界洁净水完成了水体交换。关注区域内含有的质点数下降到初始质点数的37%时所需要的时间，定义为水体更新时间。水体的更新时间短，表明水体交换能力强。水体更新时间的数学表示式为

$$T_{\text{renewal}}=T\left(P_i<P_{\text{threshold}}\right)\tag{2.4.2}$$

式中，T_{renewal} 表示水体更新时间；P_i 表示第 i 时刻关注区域内的质点数；$P_{\text{threshold}}$ 为临界质点数，即关注区域内原有质点数的37%。

对以潮流作用为主要驱动力的关注区域，其水质点在落潮作用下流出关注区域后，一部

分水质点随着海水的搬移消失在外海域，而另外一部分水质点又会伴随着涨潮的作用，重新返回关注区域内，即从外海流入关注区域的海水并不全是"纯净水"。因此，用上述方法定义的更新时间来衡量水体的交换能力，可能会低估关注区域完成水体交换所需要的时间。

为此，针对潮流的往复运动，为保证将大部分能够重新返回关注区域的水质点的活动轨迹考虑在内，计算域至少要包括被标识的水质点在落潮的作用下流出关注区域，又在涨潮的作用下重新返回关注区域内这一进程中的全部轨迹。

2. 水体交换数学模型

示踪剂法水体交换数学模型的基本思想是，在关注区域内设置溶解态保守型物质，考察其在潮流动力作用下的浓度扩散情况。示踪剂输运的对流扩散方程为

$$\frac{\partial(hC)}{\partial t} + \frac{\partial(huC)}{\partial x} + \frac{\partial(hvC)}{\partial y} = \frac{\partial}{\partial x}\left(hD_x\frac{\partial C}{\partial x}\right) + \frac{\partial}{\partial y}\left(hD_y\frac{\partial C}{\partial y}\right) - FhC + S_C \quad (2.4.3)$$

式中，C 为保守型物质浓度；u、v 分别为 x、y 方向沿水深平均的速度分量；D_x、D_y 分别为 x、y 方向的物质扩散系数；F 为物质衰减系数（保守型物质取 $F=0$）；S_C 为源项。物质扩散系数可采用下式计算：

$$D_x = \frac{E_x}{\sigma_\tau}, \ D_y = \frac{E_y}{\sigma_\tau} \quad (2.4.4)$$

式中，E_x、E_y 为水平紊动黏性系数；σ_τ 为 Prandtl 数，一般可取为 1.0。

对扩散系数 D_x 和 D_y 为常数、$F=0$（保守型物质）情形，式（2.4.3）可简化为

$$\frac{\partial(hC)}{\partial t} + \frac{\partial(huC)}{\partial x} + \frac{\partial(hvC)}{\partial y} = D_x\frac{\partial}{\partial x}\left(h\frac{\partial C}{\partial x}\right) + D_y\frac{\partial}{\partial y}\left(h\frac{\partial C}{\partial y}\right) + S_C \quad (2.4.5)$$

保守型物质浓度 C 的初始条件为假设关注区域内充满浓度为 1mg/L 的保守型示踪物质，无外源荷载，关注区域外海水体浓度为 0。固定边界采用无通量条件，开边界采用零梯度条件。

式（2.4.3）可采用有限体积法或有限差分法等数值求解浓度 C 的传输过程。对流扩散方程（2.4.3）中的 u、v 为已建立并经验证的工程海域大范围潮流数学模型的水动力计算结果。

3. 连云港港徐圩港区水体交换数值试验

韩卫东等（2015）采用平面二维示踪剂法水体交换数学模型，通过水体半交换周期评价指标探讨了在连云港港徐圩港区规划方案中设置水体交换通道对港池水体交换的改善效果。

连云港港徐圩港区水体交换数值模型范围如图 2.4.1 所示，其水域面积约 8650km^2。计算区域的离散采用非结构三角形网格，网格平均尺度 40～70m。利用已建立并经验证的连云港海域大范围潮流数学模型得到的水动力结果，采用守恒性较好的有限体积法数值求解对流扩散方程。

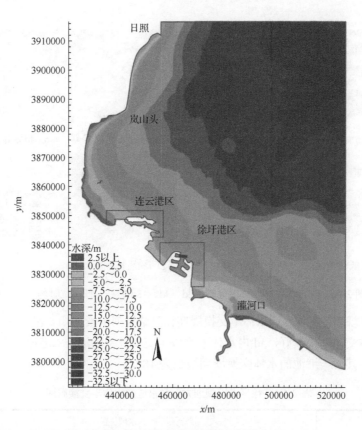

图 2.4.1　数学模型范围示意图

　　徐圩港区采用环抱式防波堤，防波堤环抱面积约为 75.8km²，港内水域面积约为 31.4km²，口门宽度为 1200m，图 2.4.2 为规划方案布置示意图。对流扩散方程的初值设置见图 2.4.3（a），计算时间为 2005 年 9 月 4 日～10 月 4 日；图 2.4.3（b）～（g）为 2d、4d、18d 后高、低潮位时刻浓度分布。

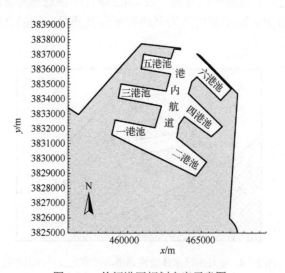

图 2.4.2　徐圩港区规划方案示意图

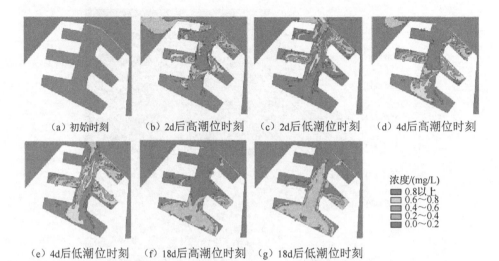

（a）初始时刻　　（b）2d后高潮位时刻　　（c）2d后低潮位时刻　　（d）4d后高潮位时刻

（e）4d后低潮位时刻　　（f）18d后高潮位时刻　　（g）18d后低潮位时刻

图 2.4.3　徐圩港区初始浓度分布、2d、4d、18d 后高、低潮位时刻浓度分布

　　徐圩港区规划方案各水域水体半交换周期计算结果列于表 2.4.1，港区三港池、五港池、六港池的水体交换效果较好，5d 内水体可完成半交换。一港池、二港池、四港池的水体交换效果较差，其中一港池的水体交换周期最长为 18d。

表 2.4.1　徐圩港区规划方案各水域的水体半交换周期

	水域位置					
	一港池	二港池	三港池	四港池	五港池	六港池
半交换周期/d	18	17	5	13	2	3

　　为改善徐圩港区一港池、二港池、四港池的水体交换能力，拟在上述水域设置 W1-N1、W2-N2、W4-N4 共三个水体交换通道（图 2.4.4）。水体交换通道断面为矩形，按照不同宽度和底面高程划分为 6 个通道断面方案。表 2.4.2 统计了各通道方案的断面尺寸和平均过水断面面积，平均过水断面面积定义为平均海平面到通道底部的高度与通道断面宽度的乘积。

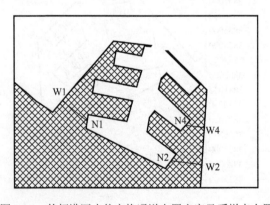

图 2.4.4　徐圩港区水体交换通道布置方案及采样点布置

表 2.4.2　徐圩港区各通道断面方案断面尺寸和平均过水断面面积

	通道断面方案					
	方案一	方案二	方案三	方案四	方案五	方案六
断面宽度/m	100	50	100	100	150	200
断面高程/m	0	−4	−2	−4	−4	−4
平均过水断面面积/m²		200	200	400	600	800

　　徐圩港区设置不同通道断面方案（三个通道工况）各港池的水体半交换周期计算结果列于表 2.4.3，可反映出设置水体交换通道对徐圩港区的水体交换能力有一定改善。除一港池、二港池外，其余港池在建设水体交换通道后的半交换周期都较小。原规划方案（无通道）的一港池半交换周期为 18d，建设水体交换通道后的方案一和方案二的半交换周期都为 17d，效果不明显。从方案三开始，半交换周期均小于 7d，效果明显。二港池在建设水体交换通道后，方案一至方案三因通道断面面积较小，半交换周期较长，最长达到 23d，反而长于原规划方案（无通道）的 17d，效果较差。方案四至方案六因水体交换通道断面较大，二港池的半交换周期也逐渐下降到 14d 及以下，水体交换效果有一定改善。

表 2.4.3　徐圩港区各通道断面方案（开通三个通道）水体半交换周期　　（单位：d）

位置	原规划方案	方案一	方案二	方案三	方案四	方案五	方案六
一港池	18	17	17	7	7	6	5
二港池	17	21	23	23	14	8	6
三港池	5	4	4	4	4	4	4
四港池	13	12	4	4	3	2	2
五港池	2	2	2	2	2	3	6
六港池	3	2	2	2	3	3	3

　　为分析徐圩港区水体交换改善效果的原因，在徐圩港区水体交换通道端点布置流量采样断面 N1、N2、N4（图 2.4.4），通过水动力模块分别计算大潮期间采样断面的进、出潮量。约定：水流经水体交换通道流进港池时段，为进潮过程，通道断面流量为正值，潮量为进潮量；水流经水体交换通道流出港池时段，为出潮过程，通道断面流量为负值，潮量为出潮量。计算结果分析可反映出进潮占优的通道对港池水体的改善效果优于出潮占优的通道。

　　选取徐圩港区设置通道断面方案三，探讨只开通道一（图 2.4.4 中的 W1-N1）或只开通道二（图 2.4.4 中的 W2-N2）工况。初始时刻及参数设置均与原规划方案（无通道）的数学模型相同。

　　通过对流扩散方程计算结果，统计得到通道断面方案三的两种单通道工况各个港池的水体半交换周期见表 2.4.4。可以看出，只开通道一工况，徐圩港区一港池、二港池的半交换周期分别为 14d 与 15d；相对于原规划方案（无通道），一港池、二港池的半交换周期有所减少，水体交换效果均有所改善。只开通道二工况，一港池的半交换周期长达 19d，大于原规划方案（无通道）时的 18d，二港池的半交换周期也要 15d，与只开通道一相同。由表 2.4.4 可见，同时开三个通道工况，一港池的半交换周期为 7d，相比其他工况其水体交换效果最好，但二港池的半交换周期需要23d，相比其他工况其水体交换效果最差。

表 2.4.4　徐圩港区通道断面方案三（开通不同数目通道工况）水体半交换周期　　（单位：d）

	一港池	二港池	三港池	四港池	五港池	六港池
规划方案（无通道）	18	17	5	13	2	3
只开通道一	14	15	4	14	2	3
只开通道二	19	15	4	7	2	3
同时开三个通道	7	23	4	4	2	2

在水体交换通道端点布置流量采样断面 N1 或 N2（图 2.4.4），得到各采样断面的潮量见表 2.4.5。可见，只开通道一工况的进潮量要大于只开通道二工况的进潮量，说明进潮量是提高港区水体交换能力的决定因素。另通道一工况的净潮量为正，是进潮占优通道，通道二工况的净潮量为负，是出潮占优通道，说明进潮占优通道效果要好。

表 2.4.5　徐圩港区工程方案三单通道潮量统计　　（单位：10^6m^3）

		只开通道一	只开通道二
进潮量	通道	3.4	1.5
	口门	141.1	131.7
出潮量	通道	−0.4	−4.9
	口门	−140.0	−140.7
净潮量	通道	3.0	−3.5
	口门	1.1	−9.0
进出总潮量	通道	3.9	6.4
	口门	281.1	272.5

综合分析表明，只设通道一时，港池相互影响减弱，水体交换效果相对较好。设置三个水体通道时，一港池进潮占优，二港池出潮占优，一港池排出的污水有向二港池集聚的趋势，导致多通道水体交换效果变差。数值试验结果反映出：徐圩港区更适合采用单通道，只开通道一时的二港池半交换周期最短，一港池、四港池的水体交换效果也得到改善，港区整体的水体交换效果较好。

2.4.2　生境变化

1. 生物资源受损量

人工岛建设引起生物资源损失的直接影响是人工岛永久占用水域造成的生物资源损失，间接影响主要是人工岛施工期产生的污染物扩散造成的生物资源损失。

人工岛永久占用水域造成的生物资源损失主要体现为，海洋生物栖息地丧失和渔业功能破坏。参照我国农业农村部关于《建设项目对海洋生物资源影响评价技术规程》（SC/T 9110—2007），各类生物资源受损量可采用式（2.4.6）进行估算：

$$W_i = D_i \times S_i \times T_1 \tag{2.4.6}$$

式中，W_i 为评估区域内第 i 类生物资源受损量；D_i 为评估区域内第 i 类生物资源密度；S_i 为第 i 类生物资源生存的渔业水域面积或体积；T_1 为影响年限。

污染物扩散造成的生物资源受损主要体现为，污染物浓度增加，导致水质恶化，对区域内海洋生物造成的持续性损害。参照我国农业农村部关于《建设项目对海洋生物资源影响评价技术规程》（SC/T 9110—2007），各类生物资源累计损失量可采用式（2.4.7）进行估算：

$$M_i = \sum_{j=1}^{J} D_{ij} \times S_j \times K_{ij} \times T_2 \tag{2.4.7}$$

式中，M_i 为评估区域内第 i 类生物资源累计损失量；D_{ij} 为第 j 类污染物浓度增量区内的第 i 类生物资源密度；S_j 为第 j 类污染物的浓度增量区面积；K_{ij} 为第 j 类污染物浓度增量区内的第 i 类生物资源损失率；T_2 为污染物浓度增量影响的持续周期数。

2. 大连新机场人工岛对海洋生物损失的评估

颜华锟（2015）对大连新机场人工岛布置方案引起的海洋生物损失进行了评估。大连新机场人工岛平面布置方案如图 2.4.5 所示，通过跨海大桥与岸侧后方陆地连接，该方案填海面积 21km²，距岸边约 3km，工程区水深 5～6m，建设永久性护岸 20km。

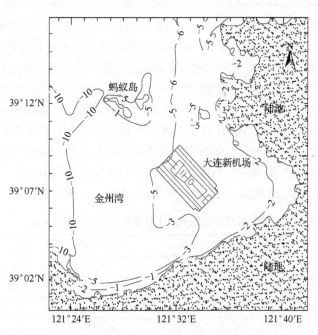

图 2.4.5　大连新机场人工岛平面布置方案（颜华锟，2015）

大连新机场人工岛建设产生悬浮污染物对海洋生物的影响主要分为三类：致死效应、亚致死效应和行为影响，主要表现为直接杀死鱼类个体，降低其生长率及其对疾病的抵抗力，干扰其产卵、降低孵化率和仔鱼成活率，改变其洄游习性，降低其饵料生物的丰度，降低其捕食效率等。海水中悬浮污染物浓度过高可使鱼类的腮腺积聚泥沙微粒，严重损害腮部的滤水和呼吸功能，甚至导致鱼类窒息死亡。即使高浓度悬浮污染物未导致鱼类当即死亡，但其腮部很可能已严重受损，从而将对其以后的生存和繁殖产生负面影响。此外，新机场项目完成后，将长期占据该水域海洋生物的生存空间，导致填海范围内的海洋生物永久性损失。

大连新机场用海面积约 21km^2，占据海域空间将直接造成海洋生物的永久损失，由《建设项目对海洋生物资源影响评价技术规程》（SC/T 9110—2007），该类损失按 20 年计算。施工期产生的悬浮物污染范围约为 125km^2，在施工期内这一影响将持续存在，假定施工期 5 年，工程海域各类海洋生物的分布密度列于表 2.4.6。

表 2.4.6　工程海域海洋生物密度（颜华锟，2015）

生物类别		调查结果（密度）	
底栖生物	小型/（g/m^2）	50.57（湾底）	66.75（湾口）
	大型/（g/m^2）	1.233（湾底）	1.775（湾口）
渔业资源	鱼卵/（粒/m^2）	0.0792	
	仔鱼/（个/m^2）	0.0308	
	游泳生物/（kg/km^2）　鱼类资源	252.12	350.32
	头足类资源	4.65	
	甲壳类资源	85.74	
	其他	7.80	

海洋底栖生物的损失主要计算机场占用水域对其产生的损失。关于渔业资源损失，由于该类生物抵抗悬浮物影响能力较弱，所以除计算机场占用水域对其造成的损失外，还要计算悬浮泥沙扩散导致水质污染的影响。在悬浮污染物浓度小于 10mg/L 区域，游泳生物所受的影响可以忽略。在悬浮污染物浓度 10～100mg/L 的区域，游泳生物损失率取值 1%，鱼卵及仔鱼生物取值 5%。在 100～150mg/L 浓度区域，游泳生物损失率取值 20%，鱼卵及仔鱼生物取值 50%；在 150mg/L 以上浓度属于重度污染，生物损失率取值 100%。若鱼卵生长到仔鱼的成长率按 1% 计，仔鱼生长到成鱼的成长率按 5% 计，每条成鱼平均重量按 0.5kg 计，计算表明，在 20 年中，机场建设导致的海洋生物资源损失累计总量约为 34083t，其中，底栖生物损失约 28781t，渔业资源损失约 5302t，计算结果见表 2.4.7。

表 2.4.7　新机场建设造成的海洋生物损失计算结果（颜华锟，2015）

生物类别		生存空间占用损失	污染物扩散损失	合计	
底栖生物	小型	2.80×10^{7}kg		2.80×10^{7}kg	28781t
	大型	7.46×10^{5}kg		7.46×10^{5}kg	
渔业资源	鱼卵	1.50×10^8 粒	3.55×10^8 粒	5.05×10^8 粒	5302t
	仔鱼	5.82×10^7 个	2.38×10^8 个	1.96×10^8 个	
	游泳生物	1.47×10^{5}kg	1.24×10^{5}kg	2.71×10^{5}kg	

2.4.3　生态环境保护及修复案例

1. 日本大阪关西国际机场

日本大阪关西国际机场人工岛水工建筑物大部分采用斜坡式护岸，专门设计了适宜海藻附着的带槽四角锥，这些槽可以使孢子存留时间更长，便于更多的海藻附着（图 2.4.6）。

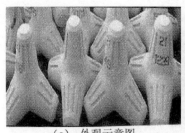
（a）外观示意图

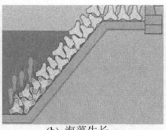
（b）海藻生长

（c）等待下水安装

图 2.4.6　生态型混凝土四脚锥体

通过沿着人工岛护岸放置可附着海藻促进其生长的人工礁及海藻培养基等，促进海藻养殖，吸收海水中的氮和磷，增加海水中的氧气和自净功能，适宜鱼虾栖息产卵。大阪关西国际机场一期工程在总长 11.2km 的护岸共安排了长 8.7km 仿人工礁块体（约 78%），形成人工藻场 23hm^2，二期工程形成人工藻场 44hm^2。已观察到的海藻种类已达 63 种，并有计划性地向水中投放各种鱼苗，取得了良好效果。

2. 中国长江南京以下 12.5m 深水航道工程

长江南京以下 12.5m 深水航道工程中，针对在低水位时有露滩时间的无植被或植被稀疏的高滩段，采用了多种生态护滩结构，同时实施后期栽种植物，修复生态环境。用于生态保护区的土工格栅压护十字块结构如图 2.4.7 所示。采用铺设格栅尺寸为 10cm×10cm 的大网格土工格栅做排底，土工格栅上压护十字块而形成生态护滩排，适用于有原生植物生长的环境。在满足保沙护滩整治要求的同时，达到生态保护的效果。图 2.4.8 为土工格栅压护十字块结构的生态和景观效果。

图 2.4.7　生态保护区的土工格栅压护十字块结构

图 2.4.8　土工格栅压护十字块结构的生态和景观效果

用于生态保护区的十字块格栅排+异型填石网箱堤组合结构如图 2.4.9 所示。工程采用的网箱由高耐久 PE 涂塑合金钢丝制成，外形尺寸为 4m×1m×1m（长×宽×高），沿长度方向平均分为 4 个隔仓。为实现良好的生态保护生态效益，对标准网箱结构进行优化，每个隔仓内采用 2 片 1.1m×0.95m 的镀锌电焊网片形成 V 型拼接，V 型网片内装入 10～30kg 块石。通过间隔排列的网箱填石结构，既满足了整治建筑的阻流改善流场的功能性要求，又留下了充足的植物生长空间，由于异型填石网箱并不占用植物生长空间，几乎保留了全部生态区的植物。异型填石网箱堤用于替代传统抛石堤，既保证了整治效果也产生了显著的生态效果，同时也是个景观工程。

图 2.4.9　十字块格栅排+异型填石网箱堤组合结构的生态和景观效果

用于生态保护区的异型联锁块软体排结构的生态和景观效果如图 2.4.10 所示，该结构将土工布排体+压护结构+水生植物组成生态修复的共生系统，按照有利于形成促淤沟槽的布置要求摆放异型联锁块，生态和景观效果显著。

图 2.4.10　异型联锁块软体排结构的生态和景观效果

参 考 文 献

陈纯, 张春生, 张义丰, 2014. 厦门双鱼岛游艇码头潮流泥沙数学模型试验研究[J]. 水道港口, 35(1): 26-31.

陈新, 2012. 人工岛周围波高分布的数值模拟[D]. 大连: 大连理工大学.

窦国仁, 董风舞, Dou X B, 1995. 潮流和波浪的挟沙能力[J]. 科学通报, 40(5): 443-446.

窦国仁, 赵士清, 黄亦芬, 1987. 河道二维全沙数学模型的研究[J]. 水利水运科学研究(2): 1-12.

龚文平, 李昌宇, 林国尧, 等, 2012. DELFT 3D 在离岸人工岛建设中的应用——以海南岛万宁日月湾人工岛为例[J]. 海洋工程, 30(3): 35-44.

韩卫东, 张玮, 陈祯, 等, 2015. 环抱式港池水体交换效果影响因素研究[J]. 科学技术与工程, 15(9): 258-265.

季荣耀, 徐群, 莫思平, 等, 2012. 港珠澳大桥人工岛对水沙动力环境的影响[J]. 水科学进展, 23(6): 829-836.

李汉英, 张红玉, 王霞, 等, 2019. 海洋工程对砂质海岸演变的影响——以海南万宁日月湾人工岛为例[J]. 海洋环境科学, 38(4): 575-581.

李孟国, 李文丹, 杨树森, 等, 2011. 港珠澳大桥建设对水沙环境影响数学模型研究-II. 模型的应用[J]. 水运工程, 10: 1-8.

李文丹, 李孟国, 杨树森, 等, 2011. 港珠澳大桥建设对水沙环境影响数学模型研究-I. 模型的建立和验证[J]. 水运工程, 8: 1-8.

李洋, 2016. 不规则波作用下人工岛群中外围人工岛掩护效果的研究[D]. 大连: 大连理工大学.

石萍, 曹玲珑, 莫文渊, 等, 2015. 人工岛建设对海口湾西海岸岸滩稳定性影响[J]. 热带海洋学报, 34(5): 57-63.

王诺, 陈爽, 杨春霞, 等, 2011. 离岸式海上机场水运交通规划与布置[J]. 中国港湾建设, 1: 74-76.

徐鹏飞, 2012. 民用型区域建设用海规划控制标准研究[D]. 天津: 天津大学.

颜华锟, 2015. 珍稀动物保护视角下海上机场选址优化研究——以大连新建海上机场为例[D]. 大连: 大连海事大学.

杨春, 2011. 基于可持续理念的城市填海区域平面形态规划设计研究[D]. 天津: 天津大学.

张磊, 徐啸, 崔峥, 2011. 漳州开发区"双鱼岛"工程对周边海域水动力影响[C]. 第十五届中国海洋(岸)工程学术讨论会, 894-897.

赵凯, 栾曙光, 张瑞瑾, 2011. 强台风"珍珠"引起的近岸波浪场数值分析[J]. 海洋预报, 28(4): 35-42.

中华人民共和国交通运输部, 2013. 海港总体设计规范: JTS 165—2013[S]. 北京: 人民交通出版社.

中华人民共和国住房和城乡建设部, 2011. 城市用地分类与规划建设用地标准: GB 50137—2011[S]. 北京: 中国建筑工业出版社.

中华人民共和国住房和城乡建设部, 2018. 城市居住区规划设计标准: GB 50180—2018[S]. 北京: 中国建筑工业出版社.

中交第三航务工程勘察设计院有限公司, 2009. 招商局漳州开发区人工岛填海工程工程可行性研究报告[R].

Atkinson G D, Holliday C R, 1977. Tropical cyclone minimum sea level pressure/maximum sustained wind relationship for the western North Pacific[J]. Monthly Weather Review, 105(4): 421-427.

Battjes J A, Janssen J P F M, 1978. Energy loss and set-up due to breaking of random waves[C]. 16th International Conference on Coastal Engineering: 569-587.

Breugem W A, Holthuijsen L H, 2007. Generalized shallow water wave growth from Lake George[J]. Journal of Waterway, Port, Coastal, and Ocean Engineering, 133(3): 173-182.

Chen W J, Kuo C T, 1995. Effects of detached breakwater on shore protection[C]. International Conference on Coastal and Port Engineering in Developing Countries: 246-252.

Dally W R, Pope J, 1986. Detached breakwaters for shore protection[R]. Technical Report CERC 86-1.

Dingemans M W, 1983. Verification of numerical wave propagation model with field measurements, CREDIZ Verification Haringvliet[R]. Delft Hydraulics, The Netherlands.

Graham H E, Nunn D E, 1959. Meteorological considerations pertinent to standard project Hurricane, Atlantic and Gulf coasts of US[R]. National Hurricane Research Report.

Hallermeir R J, 1983. Sand transport limits in coastal structure design[C]. Proceedings of the Coastal Structure: 703-716.

Holthuijsen L H, Booij N, Herbers T H C, 1989. A prediction model for stationary, short-crested waves in shallow water with ambient currents[J]. Coastal Engineering, 13(1): 23-54.

Johnson H K, 1998. On modelling wind-waves in shallow and fetch limited areas using the method of Holthuijsen, Booij and Herbers[J]. Journal of Coastal Research, 14(3): 917-932.

Jonsson I G, 1966. Wave boundary layers and friction factors[C]. Tenth International Conference on Coastal Engineering, Tokyo, Japan.

Komen G J, Hasselmann K, Hasselmann K, 1984. On the existence of a fully developed wind-sea spectrum[J]. Journal of Physical Oceanography, 14(8): 1271-1285.

MacCamy R C, Fuchs R A, 1954. Wave forces on piles: a diffraction theory[J]. Beach Erosion Board Technical Memorandum, 69: 1-17.

Madsen P A, Sørensen O R, Schäffer H A. 1997. Surf zone dynamics simulated by a Boussinesq type model. Part I. Model description and cross-shore motion of regular waves[J]. Coastal Engineering, 32(4): 255-287.

Seiji M, Uda T, Tanaka S, 1987. Statistical study on the effect and stability of detached breakwaters[J]. Coastal Engineering in Japan, 30(1): 131-141.

Suh K, Dalrymple R A, 1987. Offshore breakwaters in laboratory and field[J]. Journal of Waterway Port Coastal and Ocean Engineering, 113(2): 105-121.

Swart D H, 1974. Offshore sediment transport and equilibrium beach profiles[D]. Delft: Delft University of Technology.

第 3 章　人工岛平面形态

　　形态在造型艺术中的含义与物体的形状不同。形状仅是指物体的空间轮廓，而形态则是指物体的多因素特征，它包含了有形的要素和无形的要素。有形的要素主要有物体的形状（形的轮廓）、尺度（形之间的比较差异）、色彩（形的明暗、色相差异）、肌理（表面的质感）等，无形的要素主要是指人对物态的情感、意义、机能构造等心理感受。

　　大型人工岛工程作为城市空间拓展载体的同时，其可识别性的艺术造型也是所在城市的名片和建筑艺术作品。因此，人工岛平面形态可理解为人工岛填海区域在二维平面上呈现的创意图形，并通过功能、规模、形状与组合方式等要素来进行表征。人工岛平面形态设计是一个图形创意的过程，是设计师对客观世界观察、筛选、概括而产生联想、想象的过程。

　　作为一种面向实施的设计行为，人工岛平面形态设计通常需要经过岛形概念方案比选、岛形推荐与最终方案确定三个程序。首先在明确人工岛的功能类型以及合理建设规模的基础上，根据海域自然条件，结合当地的人文环境和滨海岸线景观的需要，勾勒出多个形态各异的人工岛概念方案。然后，通过比选不同人工岛概念方案的经济效益、环境效益和文化元素等，从中选取人工岛平面形态的推荐方案。最后，根据人工岛建成后的环境影响模拟测试和分析，调整和优化平面形态推荐方案，以形成满意的人工岛平面形态最终方案。

3.1　基本平面形态

3.1.1　单独人工岛

1. 平面构成

　　平面构成是现代艺术设计的三大构成之一。在平面构成、立体构成和色彩构成的三大构成中，平面构成主要是将二维基本形态按照一定规律进行组织，形成具有功能意向和形式美的新的形态。面是构成各种可视形态的最基本的形。在平面构成中，面是有长度和宽度，但没有深度的形状。面的形状由形成面的外边缘轮廓线确定，各种不同的线的闭合构成了各种不同形状的图形。

　　面的形状可大体归类为几何形的面和有机形的面两类。几何形的面是指有规律的几何形状，分为几何直线形的面、几何曲线形的面和特殊几何图形。几何直线形的面有三角形、正方形、矩形、平行四边形、菱形、梯形、五边形等。几何直线形的面可给人以强烈的秩序感，在心理上具有理性、简洁、明快、规整、安定、井然有序的感觉。几何曲线形的面有圆形（正圆、椭圆、卵圆等）、弓形（优弧弓、劣弧弓、抛物线弓等）、多弧形（月牙形、谷粒形、太极形、葫芦形等）等。几何曲线形的面比直线形柔软，有数理性和逻辑性的秩序感，给人以优美、自由的感觉。特别是圆形，能表现几何曲线的特征。扁圆形可呈现出一种有变化的曲线形，较正圆形更具有美感，在心理上能产生一种幽雅、魅力、柔软和温暖的感觉。特殊几何图形是指以方形、圆形、三角形等基本几何形状为造型元素的基础上，通过有深刻寓意和宽广视觉变化的创造性行为，重新整合而成的图形。

有机形是造型艺术的术语，是指自然形态中可以再生的、有生长机能的形态。有机形的面（自由直线形面、自由曲线形面）是指用自由直线和自由曲线随意构成的无人为规律的、复杂多样的形状。有机形的面具有运动感，能较充分地体现出作者的个性，通常给人以舒畅、和谐、自然、优雅、活力的感觉，也可以表现为散漫、杂乱、无序的感觉。

2. 单独人工岛形状特征

单独人工岛或独岛式人工岛，一般是指在一定范围的海域中只建造一个人工岛。对距离相隔较远的多个人工岛，人工岛之间的相互影响可以忽略的情形，可将每个人工岛视为单独的人工岛。通过对国内外已经建成和规划建设的人工岛工程的调研，以及相关学者的研究成果（陈天等，2014，2015；李贝利，2012；杨春，2011），可将单独人工岛的外轮廓形状归纳为基本几何形、特殊几何形和有机形三种基本类型（表3.1.1）。

基本几何形的特点是便于施工建设，空间简单便于使用划分，造价成本相对较小，但岸线形态单调、空间景观效果较差。特殊几何形的特点是能从一定程度上增加岸线长度，空间景观效果较基本几何形状有较大的提升。有机形的特点是模拟曲折的自然岸线形态，岸线形态丰富，空间变化灵活，易体现滨水空间景观特点，但造价较高，堤岸等防护设施的布置相对复杂。

表 3.1.1　单独人工岛的平面形状分类及案例

类型	形状	图示	工程案例
基本几何形	方形/矩形	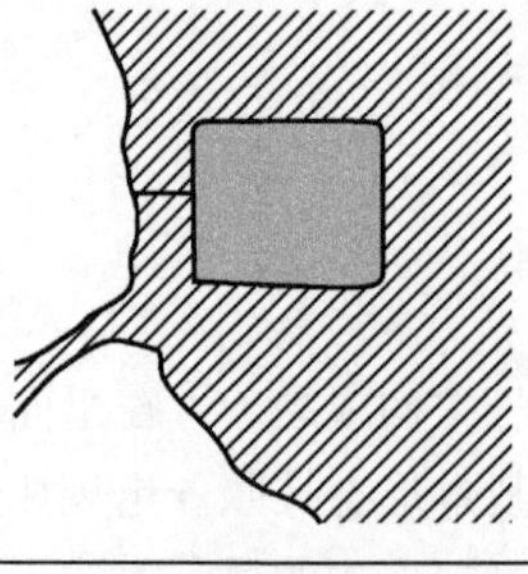	日本川崎奥卡瓦港人工岛（OKAWA） 日本神户机场人工岛 中国大连新机场人工岛
	梯形/多边形	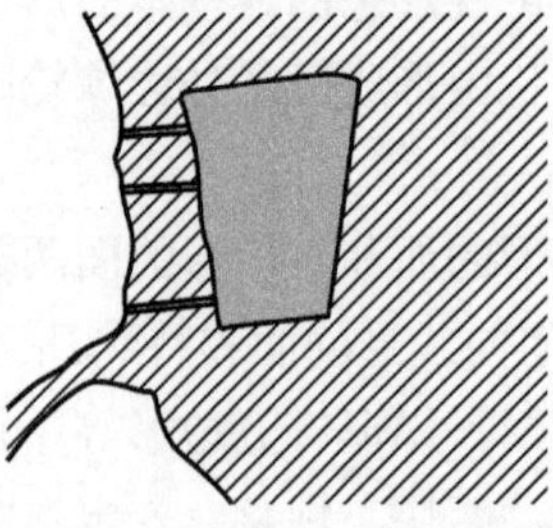	日本神户芦屋浜人工岛 美国加州灵康岛 中国南通洋口港人工岛 中国珠澳口岸人工岛

类型	形状	图示	工程案例
基本几何形	圆形	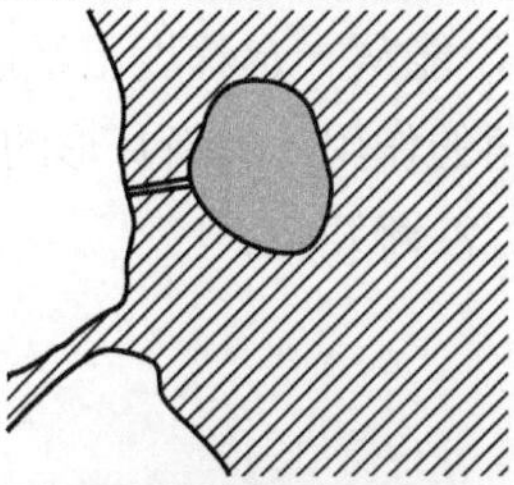	中国漳州双鱼岛 中国南海明珠人工岛
	椭圆形	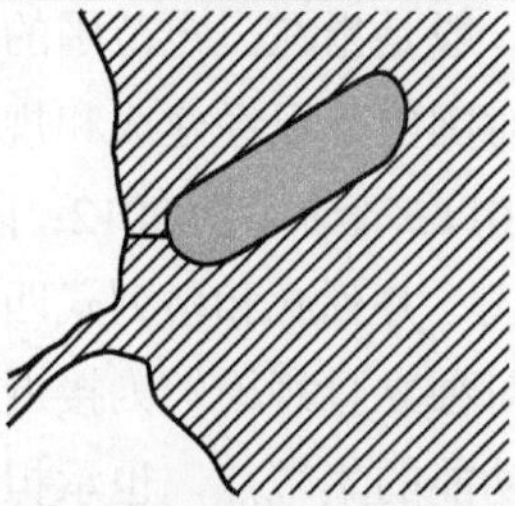	中国海南三亚凤凰岛 中国港珠澳大桥桥隧转换类人工岛 中国冀东油田人工岛
特殊几何形	折线形	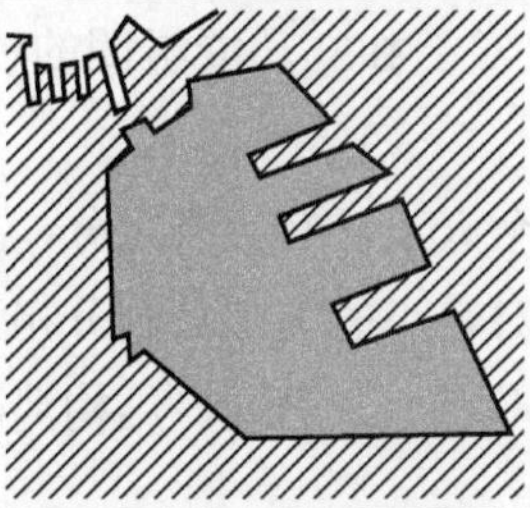	日本神户港岛 日本神户六甲岛
	流线形	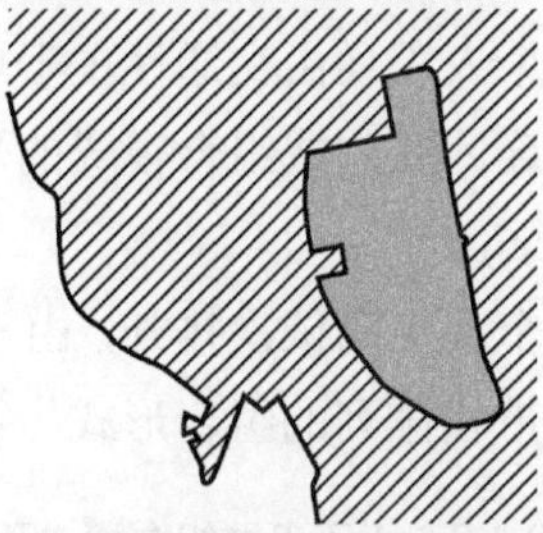	日本名古屋中部国际机场
有机形	仿物形	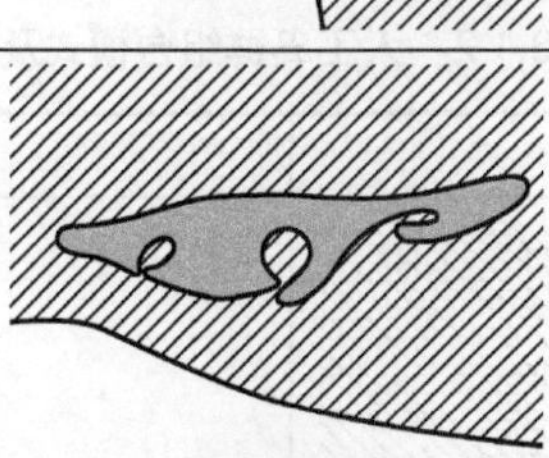	中国海南海口如意岛
	任意形	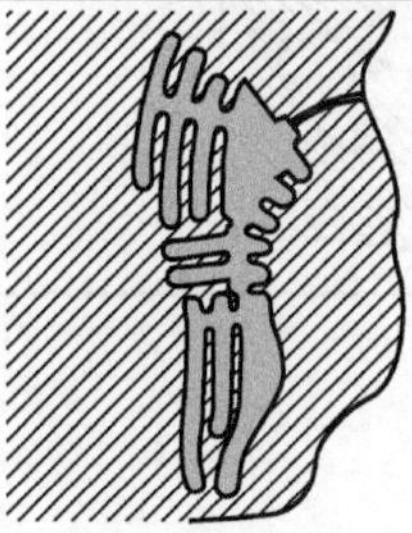	美国佛罗里达布拉夫岛 美国佛罗里达地产岛 美国佛罗里达天堂岛

对于大型的单独人工岛，通过合理构造人工岛的外轮廓，可改善区域的水动力条件，缓解填海对环境的负面影响，提高水体交换的能力。如对于规整平面形状的人工岛，将岛的边角做成圆角，或削成八角形，能从一定程度上缓解水流作用和局部冲淤的程度。另外，有些填海工程有意利用了岬角的作用，如新月形的填海形状通过岬角消能来保护内湾免受波浪影响，还可利用促淤进行沙滩发育。

3.1.2　人工岛群

人工岛群或岛群式人工岛，一般是指在一定范围的海域中建造相互之间距离较近、相互影响较大的多个人工岛。通过对国内外已经建成和规划建设的人工岛群工程的调研，以及相关学者的研究成果（杨春，2011；李贝利，2012；陈天等，2014），可将人工岛群按照其组合特征归纳为散布式、放射式、并列式和串列式四种基本组合模式（表3.1.2）。

散布式组合模式的特点是相对独立且规模较为接近的多个人工岛，自由散布排列或按一定秩序分布。各人工岛不仅是功能的集聚点，也承担着交通转换的职能。散布式组合模式的平面形态布局较为灵活，也便于独立功能组团的设置，但其交通导向性不强，组织复杂。

放射式组合模式的特点是多个人工岛有主次之分，主体人工岛规模较大，是填海主体功能的核心聚集区。周边多个相对较小的人工岛则分担独立职能，呈放射状居于主体人工岛周围。放射式组合模式的平面形态主次分明，结构清晰，便于产业功能的灵活注入，可实现土地集约高效地使用。

并列式组合模式的特点是多个人工岛由交通性主干单元对各人工岛进行连接，较小的人工岛有选择地与主体人工岛相连。并列式组合模式的平面形态结构清晰，主次分明，交通导向性明显，但空间灵活性较弱。

串列式组合模式的特点是多个人工岛依次排开，由一条或多条交通设施（桥梁、隧道）进行串接，使填海单元主要呈现带状排列的组合形式。

表 3.1.2　人工岛群组合模式及案例

组合模式	图示	工程案例
散布式		阿联酋迪拜世界岛

组合模式	图示	工程案例
放射式	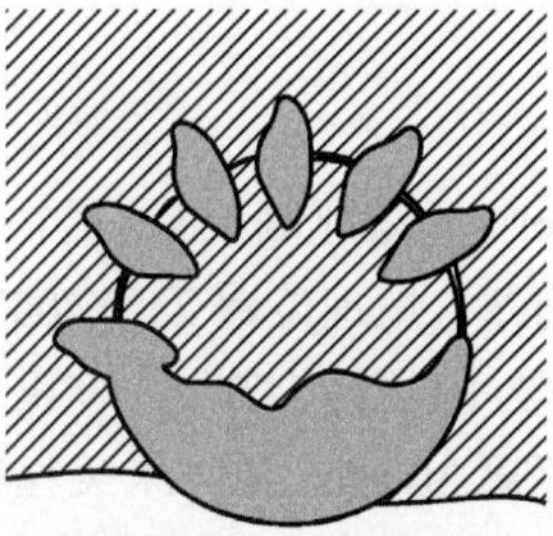	巴林杜拉特岛（巴林海上人造乐园） 巴林安瓦吉人工岛群
并列式	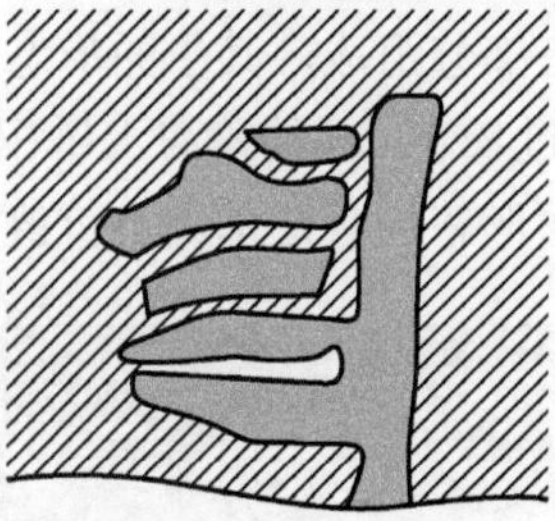	美国北迈阿密人工岛群 巴拿马海洋珊瑚岛（并列式）
串列式	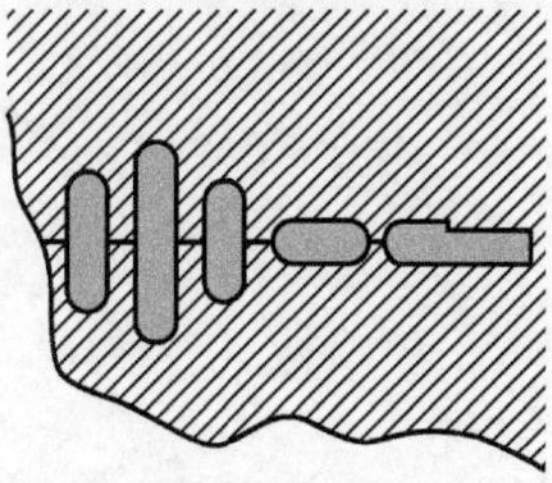	卡塔尔珍珠岛 日本神户芦屋市沿岸人工岛群 美国迈阿密威尼斯群岛 中国海南儋州海花岛（创意形、仿物形）

　　人工岛群在水体交换方面要优于整体型的单独人工岛。在填海面积与单独人工岛相近的情况下，人工岛群的组合方式可通过优化人工岛之间水道的水动力条件，改善填海区内部的水环境质量。其中散布式和放射式组合模式能够形成多条内部水道，可满足多方向设置水体进出口的要求；串列式组合模式可形成顺岸方向的水道。

　　人工岛群在实现防灾减灾的效果方面要优于整体型的单独人工岛。人工岛群的空间组合可实现在人工岛群之间构建有效的"缓冲区"（buffer zone），当灾害性海浪进入填海区域时，以模拟自然的方式所构建的人工岛群的屏障体系，可使得后方人工岛受到前方人工岛很好的掩护，提高后方人工岛及原有海岸的安全性。

3.2　生活型人工岛案例

　　旅游度假类人工岛、城市功能综合类人工岛、居住社区类人工岛等以生活类功能为主，因其平面形态有相近的特征，本节将这些类型的人工岛统称为生活型人工岛。

3.2.1　旅游度假类人工岛

1. 迪拜朱美拉棕榈岛

迪拜朱美拉棕榈岛位于阿联酋迪拜海岸 Jebel Ali 港北侧 15km 处，是迪拜兴建的三个棕榈岛中最小的，也是最早开始建设的一个棕榈岛。地理位置 25°07'05″ N、55°08'01″ E。图 3.2.1 为朱美拉棕榈岛规划示意图，岛体顺岸方向长约 5.3km，伸出迪拜海岸 5km，造陆面积 5.6km²，新增岸线总长度 56km，离岸距离 300m。迪拜朱美拉棕榈岛由一个长约 2.0km、宽约 550m 的棕榈树干形状人工岛、17 个延伸出来的棕榈树叶形的人工小岛和长约 11.5km、宽约 200m 的外围环形防浪人工岛三部分组成，其平面形态可归类为人工岛群的并列式+串列式的组合模式。岛与陆地之间通过长 300m 的跨海大桥相连，从空中俯瞰仿佛一棵巨大的棕榈树漂浮在海面上，优美的平面形态极具艺术观赏价值。

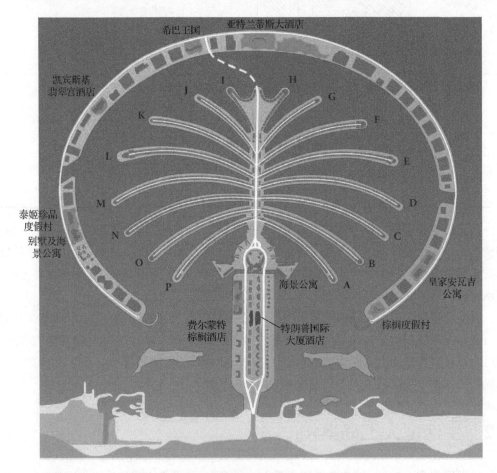

图 3.2.1　迪拜朱美拉棕榈岛规划示意图

朱美拉棕榈岛的功能定位为世界上最具标志性的居住及旅游度假岛，规划容量为居民和工作人员 12 万人，游客接待能力 2 万人次/d；计划建造 1.2 万栋私人住宅和 1 万多所公寓，100 多个豪华酒店以及港口、水主题公园、餐馆、购物中心和潜水场所等设施。棕榈树是迪拜文化的一种象征，棕榈群岛因其独特的平面形态给人带来视觉震撼的同时也传达了迪拜的城市文化，因此，它成为迪拜向世界彰显其城市形象与特色的载体。棕榈树叶的带状平面形态在承载了城市文化的同时，开辟了尽可能长的可利用的海滩区域。新建用地基本都是以高档居住及休闲度假功能为主，这种形态丰富灵活的生活岸线为滨水景观塑造提供了空间，使滨海价值得以提升，做到了用地形态与用地功能的良好结合。

棕榈群岛开发商为棕榈岛集团（Nakheel Properties），于 2001 年开始兴建，主要原材料是海砂和岩石，采砂船会通过全球定位系统（global positioning system，GPS）定位的方式喷砂塑出岛屿形状，砂土持续堆积，岛屿便渐渐浮出水面，图 3.2.2 为棕榈树叶形的人工小岛断面示意图。主体工程于 2007 年完成，共用石料 900 万 t，回填砂 1.05 亿 m^3。图 3.2.3 为朱美拉棕榈岛卫星图片。

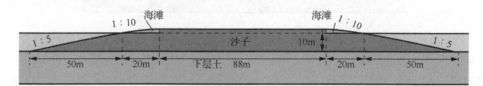

图 3.2.2　棕榈树叶形的人工小岛断面示意图

图 3.2.3　朱美拉棕榈岛卫星图片

2. 迪拜世界岛

迪拜世界岛距朱美拉棕榈岛约 8km，地理位置 25°13′16″N、55°10′04″E。世界岛离岸距离约 4km，填海区域平均水深 15m。世界岛最初的设计方案是七大洲方案，最终方案为由 300 个人工小岛按照世界各大洲形状组成一个微缩版的地球。图 3.2.4 为迪拜世界岛的人工岛群规划示意图。所有小岛由总长超过 25km 的几段椭圆形（卵形）防波堤保护起来。

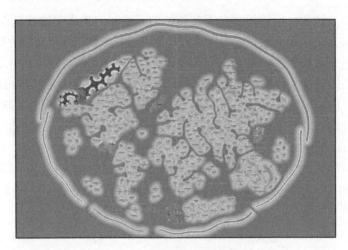

图 3.2.4　迪拜世界岛规划示意图

迪拜世界岛的岛群组合为散布式组合模式。顺岸方向长 9km、离岸方向长 7km，占用水域面积约 63km^2，造陆面积约 5.57km^2，新增岸线总长度约 232km，离岸距离 4000m。每个岛的面积大小从 14000～42000m^2 不等，各岛之间相隔 50～100m 的水域。世界岛的功能为集住宅、商业和娱乐为一体的旅游度假岛，规划居住者和游客总和约为 25 万人/a，分为私人住宅、豪华住宅、梦幻乐园和公共岛 4 种类型。以群岛中心位置的冰岛为交通枢纽，设计修建 5 条航道、4 个运输中心和 2000 多个泊位，供游客搭乘小艇来往于各岛之间。图 3.2.5 为迪拜世界岛卫星图片。

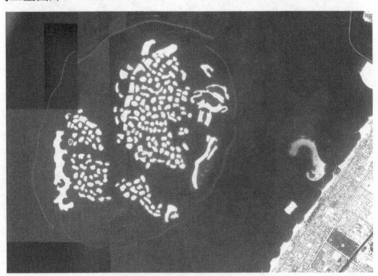

图 3.2.5　迪拜世界岛卫星图片

迪拜世界岛开发商也是棕榈岛集团，于 2003 年开工建设。整个 300 个人工小岛的填海工程共用石料 3200 万 m^3，回填海砂 3 亿 m^3。然而截至 2015 年年底只开发完成了黎巴嫩岛（38941m^2）和格陵兰岛区域的 Upernavik 岛。其中黎巴嫩岛（图 3.2.6）为皇家海滩俱乐部举行私人聚会和公司活动的场所，设有表演活动场所、直升机场、度假别墅和游泳池等各种配套设施。

图 3.2.6　黎巴嫩岛

3. 卡塔尔珍珠岛

卡塔尔珍珠岛坐落在卡塔尔首都多哈的珍珠浅滩上，地理位置 25°22′14″N、51°32′37″E。卡塔尔珍珠岛由 1 个珍珠形主体人工岛与 9 个钻石形人工岛组成，图 3.2.7 为卡塔尔珍珠岛的效果图。整个岛群顺岸方向长 2.35km，离岸方向长 5.0km，造陆面积约 4km²，新增岸线总长度 35km，离岸距离 350m。岛和陆地之间通过跨海大桥相连。

卡塔尔珍珠岛平面形态为串列式组合模式，是集商业、旅游、度假为一体的人工岛屿。规划 4 万人居住，建设 4800 个住宅单元、437 座联排别墅、3 座豪华酒店、9.3 万 m² 零售与商业，以及 750 个游艇泊位。

卡塔尔珍珠岛的海岸线形态丰富，很好地符合了宜居、宜游的要求。主体人工岛的三个大尺度凹入的内湾，将开敞的水面引入岛屿的内部，环水而建的建筑群体空间形成效果强烈的围合界面与天际轮廓线。直径约 1000m 的圆弧形内湾 A 区为休闲区，主要有购物街、餐厅等，中心岛的设置更加突出了建筑群体的向心性。直径约 750m 的圆弧形内湾 B 区为居住区及综合办公区（CBD），直径约 650m 的弧形内湾 C 区为休闲居住区，有高端酒店、购物商场等。9 个钻石形人工岛为高端居住区，分布在长 2km、宽 600m 的水域中。每个钻石形人工岛长 190m、宽 230m，都配有游艇码头与沙滩。图 3.2.8 为卡塔尔珍珠岛卫星图片。

图 3.2.7　卡塔尔珍珠岛效果图

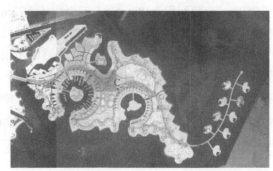

图 3.2.8　卡塔尔珍珠岛卫星图片

4. 巴林杜拉特岛

巴林杜拉特岛（巴林海上圣地）位于巴林的南端，地理位置 25°50′19″N、50°36′05″E。巴林杜拉特岛由 1 个连岸的大新月形人工半岛、5 个离岸的鱼形人工岛、6 个离岸的环状珊瑚形人工岛、1 个位于连岸的大新月形人工半岛中心的离岸小新月形人工岛共 13 个人工岛组成（图 3.2.9）。整个岛群顺岸方向长 4.5km、离岸方向长 3.5km，造陆面积约 3.18km²（扣除连岸的大新月形人工半岛后的造陆面积约 2.38km²），新增岸线总长度 45.7km（扣除连岸的大新月岛人工半岛后的岸线约 39.2km），离岸距离 200m。陆岛之间有 12 座桥梁相连接。

巴林杜拉特岛平面形态为放射式组合模式，是集商业、旅游、度假为一体的人工岛屿，规划 6 万人居住，游客接待能力 4500 人次/d。独特新颖的岸线形状提升了游客与投资商的吸引力。连岸的大新月形人工半岛与 5 个鱼形人工岛的鱼腹部组成一个圆环，其直径约 2.3km。离岸的小新月形人工岛（不规则形酒店岛）位于该圆环的中心（距连岸的大新月形人工半岛约 220m），图 3.2.10 为离岸的小新月形人工岛的效果图。该小新月形人工岛长约 500m，造陆面积 0.1km²，岸线长约 3.0km，以学校、清真寺、市政机构、购物商店、餐厅等公共设施为主。连岸的大新月形人工半岛，造陆面积 0.8km²，人工岸线长 6.5km，规划建设商店、咖啡馆、休闲设施、五星级酒店和公寓等。

图 3.2.9 巴林杜拉特岛规划示意图   图 3.2.10 离岸的小新月形人工岛效果图

每个鱼形人工岛［图 3.2.11（a）］长 900m、鱼腹处宽 320m，鱼形人工岛之间的水道宽 260m，造陆面积 0.18km²，人工岸线长 2.2km。岛上共有 52~90 幢别墅，每幢别墅均有私人停车位并预留私人游艇泊位。每个鱼形人工岛尾部为综合休闲区，以公共沙滩为主。

每个环状珊瑚形人工岛［图 3.2.11（b）］所占水面积为长约 800m、宽约 800m，环状珊瑚形人工岛之间的水道宽 160m，环状珊瑚形人工岛与鱼形人工岛之间的水道宽 120m。环状珊瑚形人工岛的弧长约 1.9km，环宽约 120m，造陆面积约 0.23km²，人工岸线长约 4.2km。岛上建有 172 幢别墅，岛的外侧配有游艇码头，内侧为休闲沙滩（约 1.5km 长的海滩）。

|（a）鱼形人工岛|（b）环状珊瑚形人工岛|

图 3.2.11　鱼形和环状珊瑚形人工岛效果图

杜拉特岛于 2004 年启动填海工程，至 2010 年陆域全部形成，随后开始岛上的开发建设。图 3.2.12 为巴林杜拉特岛卫星图片。

图 3.2.12　巴林杜拉特岛卫星图片

5. 中国福建漳州双鱼岛

福建漳州双鱼岛位于漳州开发区大磐浅滩范围内，地理位置 24°22′42″N、118°04′06″E，离岸距离约 500m，填海区海底高程-4～-1m。双鱼岛顺岸与离岸方向尺度均为 1.68km，形成陆域面积 1.81km^2，新增外岸线长度 7.6km，离岸距离 500m。通过全长 1010km、宽 37m 的大桥与漳州开发区相连。

双鱼岛的平面形态近似圆形（半径 840m），结合招商局 1872 年成立时的第一面局棋 "双鱼旗" 与当地特色海洋动物——中华白海豚，并将太极等传统文化元素融会于其中，形成了两座缠绕在一起的海豚形状的 "双鱼岛" 平面形态，是集成中国文化、招商局历史与地域环境特色为一体的创意图形，两座海豚中间布置一条人工水道（图 3.2.13）。

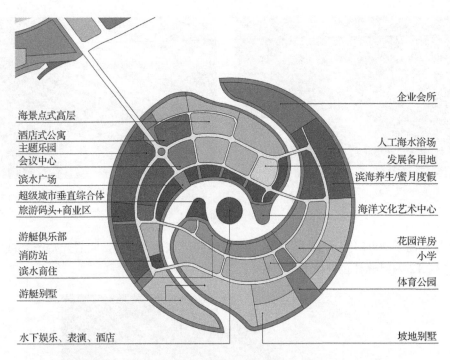

企业会所

海景点式高层
酒店式公寓
主题乐园
会议中心
滨水广场
超级城市垂直综合体
旅游码头+商业区

人工海水浴场
发展备用地
滨海养生/蜜月度假

海洋文化艺术中心

游艇俱乐部
消防站
滨水商住

花园洋房
小学

游艇别墅

体育公园

水下娱乐、表演、酒店

坡地别墅

图 3.2.13　漳州双鱼岛规划示意图

　　漳州双鱼岛功能定位为集旅游度假、特色文化艺术休闲活动、居住为一体的生态型岛屿。基于主体定位分为 6 大功能区：主题游乐度假区、游艇风情区、会议会展商务区、内湾艺术文化区、滨海休闲度假区、滨海特色居住区。规划可容纳人口规模约 2.0 万人（常住人口约 1.6 万人，流动人口约 4 千人），图 3.2.14 为漳州双鱼岛卫星图片。

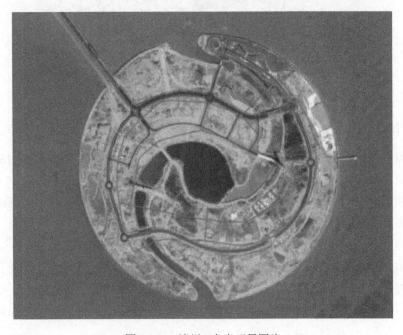

图 3.2.14　漳州双鱼岛卫星图片

6. 中国海南儋州海花岛

海南儋州海花岛位于海南省儋州市排浦港与洋浦港之间的海湾区域，南起排浦镇，北至白马井镇，地理位置 19°39′49″N、109°10′41″E，填海区海底高程-5m。海花岛由三个人工岛组成，其平面形态为盛开在海中的三朵花（1 号岛形似五瓣真花，其余不规则的两个岛则形似溅起的浪花），如图 3.2.15 所示。人工岛顺岸方向长约 6.8km，离岸方向长约 2.3km，造陆面积 7.76km²，新增岸线长度 39.4km，离岸距离 400m。通过三座桥梁与陆地相连接。

图 3.2.15　儋州海花岛规划示意图

海花岛的功能定位为休闲、旅游、度假、生活的旅游综合体，规划建设风情酒店区、文化街、七星级酒店、湿地公园、影视基地、康乐园、温泉城、海上乐园、沙滩泳场、游艇会等配套设施。人口容量原规划为 11.68 万人，后调整为 9 万人以下。

海花岛 1 号岛即中间形似花朵的岛屿，造陆面积 3.75km²，用地布局主要满足旅游度假、休闲运动、商务会议、健康养生等需求。图 3.2.16 为海花岛 1 号岛调整后的土地使用规划示意图（2019 年 12 月），新规划方案强化了生态保护和修复，将 1 号岛最大花瓣区域的 58 座酒店用地调整为公园。

海花岛 2 号岛位于 1 号岛北边，填海面积 2.48km²。2 号岛由一个主岛和两个散落的小岛组成，主岛婉转曲折，形成十几个大大小小的港湾。海花岛 3 号岛位于 1 号岛南边，填海面积 1.53km²。3 号岛是三个岛屿中相对面积较小的岛屿，有跨海大桥与 1 号岛和陆地相连。2 号岛和 3 号岛以住宅为主。图 3.2.17 为儋州海花岛卫星图片。

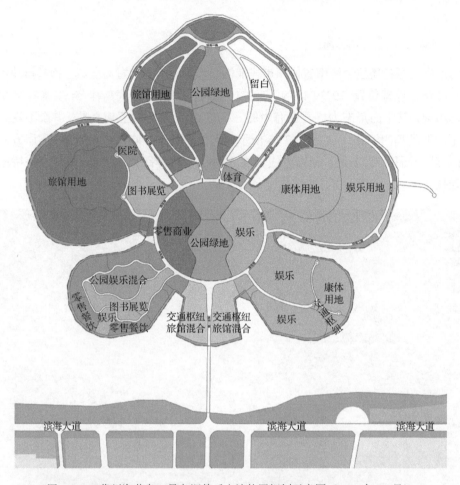

图 3.2.16 儋州海花岛 1 号岛调整后土地使用规划示意图（2019 年 12 月）

图 3.2.17 儋州海花岛卫星图片

7. 中国海口南海明珠人工岛

海口南海明珠人工岛位于海南省海口市海口湾西侧海域,地理位置20°3′41″N、110°13′31″E,填海区平均海底高程-6.9m。人工岛外轮廓为直径约2.41km的圆形,填海陆域平面形态为具有海航集团特征的"海马"形状。人工岛顺岸与离岸方向长均为2.41km,规划区用海总面积约4.59km²,形成陆域面积2.65km²,新增岸线长度约7.7km,离岸距离2000m。通过建设长约2.9km、宽24m的大桥与陆地滨海路相连。

南海明珠人工岛的功能定位是集25万t级邮轮母港、国际游艇会、水上运动基地、娱乐服务区等为一体的高端旅游度假区。规划日均接待游客量为1.3万人次,提供服务岗位2.6万个(根据经验取值,游客人数与服务人数的比例为1∶2),即游客及服务人员总和为3.9万人(海口市规划局,2015a)。

南海明珠人工岛土地利用规划示意图和效果图如图3.2.18和图3.2.19所示。人工岛空间结构划分为邮轮综合服务、主题游乐、商务休闲、康体度假区和游艇及水上活动五个区。全长7.7km的人工岛岸线分为港口码头岸线约2.1km,包括邮轮母港码头岸线、游艇及水上飞机码头岸线;生态休闲岸线约4.9km,主要位于人工岛南部外海岸线;公共娱乐岸线总长约0.7m,主要分布在北部内海岸线最西侧及中部。

南海明珠人工岛工程2009年10月开工建设,一期工程填海形成陆地面积约0.346km²,二期工程在一期陆域工程基础上继续填海完成南海明珠人工岛的全部陆域形成。图3.2.20为南海明珠人工岛陆域形成实景。

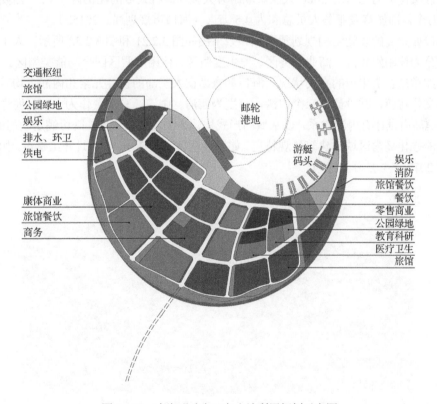

图3.2.18 南海明珠人工岛土地利用规划示意图

图 3.2.19　南海明珠人工岛效果图

图 3.2.20　南海明珠人工岛陆域形成实景

8. 中国海口如意岛

海口如意岛工程位于海南省海口市东部铺前湾、南渡江出海口东北侧的白沙浅滩，地理位置 20°06′40″N、110°26′30″E，填海区海底高程-5m。如意岛平面形态为富有中国传统文化韵味的如意形，东西方向最长 7.9km，南北方向最宽处约 1.8km，最窄处约 0.4km。人工岛规划区用海总面积 7.16km^2，形成建设用地面积 6.12km^2，新增岸线长度约 20.5km，离岸距离 4.4km。通过建设长约 5.67km、宽 27.5m 的大桥与陆地滨海路相连，主桥采用了新颖独特的风帆形斜拉桥，以展现海南作为国际旅游岛的地域特点。

海口如意岛的功能定位是以度假康体、休闲娱乐为核心，集文化交流、高端消费、时尚创意于一体的低碳、环保型高端旅游度假区。规划旅游观光接待能力为日均 1 万人次，旅游度假接待能力为日均 5000 人次。取游客人数与服务人数的比例为 1∶2，需要服务岗位 3.0 万个，即游客及服务人员总和为 4.5 万人（海口市规划局，2015b）。

海口如意岛的功能结构规划示意图和效果图如图 3.2.21 和图 3.2.22 所示。人工岛空间结构划分为休闲娱乐区、商业服务区、养生度假区、休闲度假区四个功能类型区。表 3.2.1 列出了如意岛各类用地的布局状况。海口如意岛在人工岛的设计元素和内涵上均着重考虑了海洋文化特色，共设计了三个内湾，分别为西湾、中湾、东湾，作为人工岛海洋文化功能布局。岛内设计有内湖水系，以水城的形式构建人工岛建筑形态，既可满足功能的需求，同时又能强化岛内区域的建筑景观特色。如意岛主体工程 2014 年 1 月开工建设，如意岛跨海大桥 2017 年 2 月开工建设。

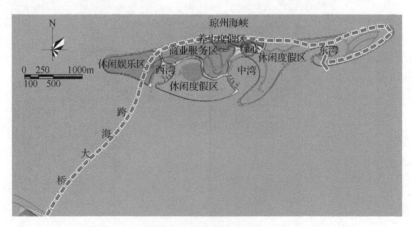

图 3.2.21　如意岛功能结构规划示意图

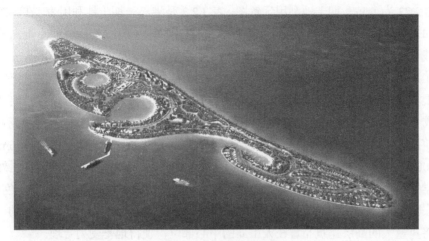

图 3.2.22　如意岛效果图

表 3.2.1　如意岛用地布局（海口市规划局，2015b）

用地状况	建设用地面积/hm²	占总建设用地比例/%
公共管理与公共服务用地	6.04	0.99
商业服务业设施用地	425.41	69.51
道路与交通设施用地	88.61	14.48
公用设施用地	10.06	1.64
绿地与广场用地	81.88	13.38
总和	612	100

3.2.2　城市功能综合类人工岛

1. 日本神户港岛

日本神户港岛位于神户市以南水深约 10m 的海面上，地理位置 34°39′52″N、135°13′07″E。港岛的平面形态呈折线形，顺岸方向长约 3km，离岸方向长约 4.17km，总面积 8.26km²，新增岸线长度 18.7km，离岸距离 250m。因兼有海港和城市两方面的功能，故正式命名为"港岛"（port island），代表着世界上第一个"海上文化都市"。港岛通过长 317m、宽 14m 的拱桥和海底隧道与神户市区相连。

神户港岛一期工程顺岸方向长约 3km，离岸方向长约 2.1km，面积为 4.36km²。一期工程 1966 年开工建设，于 1981 年建成，历时 15 年。为制定"港岛"的土地利用规划和整个城市的综合规划，神户市于 1970 年成立的"基本规划设计委员会"提出"港岛"规划的指导思想：建成一个富有国际色彩的国际文化交流城市；提供现代化的城市住宅和良好的城市绿化环境；拥有最现代化的港口设施；合理考虑市中心建筑密集区的公用事业及其发展问题；在交通系统、公用事业等方面的规划设计中采用最先进的科学技术（洪明栋，1985）。

　　图 3.2.23 为港岛一期土地利用示意图，表 3.2.2 是港岛一期土地利用表。在岛的东西两翼是港口功能区，码头占地 1.95km^2，仓库、货栈及停车场等用地 0.86km^2。港岛一期工程码头岸线 7577m，建有 12 个集装箱码头和 15 个杂货码头，码头前水深 10～12m。

　　人工岛中部的 2km^2 多的土地（约占 29%的土地）用于建设城市功能区，定位于国际化的海上文化都市。全岛从南到北有南公园、中公园和北公园，并用绿化带"港岛林荫大道"连成一个绿化网。港岛北半部是住宅区，港岛南半部设有中小学、幼托以及商业区。这里有建筑面积 29182m^2 的神户国际交流会馆（即国际会议大厦），建筑面积 11376m^2、展览面积 6000m^2 的神户国际展览馆，建筑面积 11769m^2 的港岛体育中心游泳馆。此外还有青少年科学馆、港岛度假游乐中心等。这些公共建筑的造型各不相同，布局合理，色彩协调，远远看去是一个比较完整的建筑群体。港岛规划中考虑 "港岛" 是人工填出来的，在建筑布局中将重量大的高层建筑布置在人工岛的中心部位，使得地基受力合理。

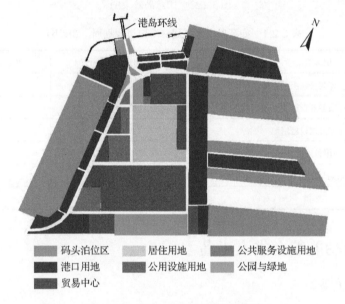

图 3.2.23　港岛一期土地利用示意图

表 3.2.2　港岛一期土地利用表（林志群，1987）

土地性质	用地面积/hm^2	比例/%
码头泊位区	116	33.5
港口用地	87	20.0
国际性设施用地	32	7.3
社团居住用地	23	5.3
公共服务设施用地	7	1.6
金融贸易中心	21	4.8
生产服务用地	5	1.2

土地性质	用地面积/hm²	比例/%
公园与绿地	24	5.5
市政公用设施用地	8	1.8
道路及堤坝用地	83	19.0
总和	436	100

神户港岛二期工程位于一期工程的南端（顺岸方向长约 3km，离岸方向长约 2.07km），面积 3.90km²。二期工程是在一期工程建成 10 年之后的 1992 年开工建设，2003 年完成，历时 11 年。港岛二期工程的功能定位为工业区、准工业区和商业区。为配合国际化、信息化新时代的需要，配备了相应的港湾设施及城市设施。图 3.2.24 为神户港岛整体（一期、二期）土地利用图，图 3.2.25 为神户港岛卫星图片。人工岛外围为港口和工业用地，内部规划有少量商业办公和居住用地，形成小型的城市功能区域，通过轨道交通便捷地与城市

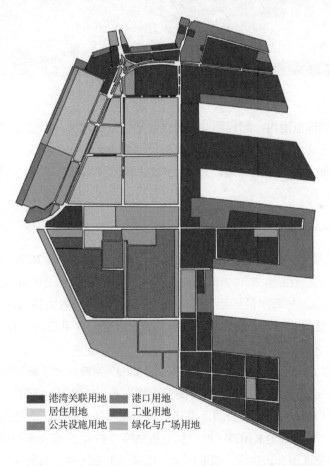

图 3.2.24　神户港岛整体（一期、二期）土地利用示意图

图 3.2.25　神户港岛卫星图片

主城区联系。在局部范围内，配套商业服务区、居住区等功能，不仅能够实现土地的有效利用，还可以通过高层建筑集群，形成丰富的滨海城市天际线。建设与后方陆域景观系统相呼应的开放空间系统、绿地廊道，并且在绿地廊道的尽端建设与海岸线相结合的公园、广场等景观节点。

2. 日本神户六甲岛

　　日本神户六甲岛位于神户市区东侧的海面上，地理位置 34°41′20″N、135°16′13″E。神户六甲岛平面形态呈折线形，顺岸方向长约 3.3km，离岸方向长约 2.0km，总面积约 5.8km^2，新增岸线约 12.4km。与海岸最近距离约 400m，通过两座跨海大桥与陆地连接。在神户港岛建设成功经验的基础上，神户市于 1972 年开始建造六甲岛，1992 年 9 月完工，历时 20 年。

　　图 3.2.26 为神户六甲岛土地利用示意图，图 3.2.27 为神户六甲岛卫星图片。六甲岛的中央是高层商业办公区（包含办公大厦、商业购物中心、艺术馆、博物馆等），中央区域往外是多层及低层居住区、学校及公园，再往外是物流园区及码头区。物流园区分布有大阪关西国际机场航空货物基地 KACT（神户航空货物终点站）、冷藏仓库等物流关联设施。通过 40m 宽的绿地廊道围合居住区、商业区等，以减少工业区对于其他区域的干扰。南侧中部尽端为神户国际大学滨海广场。

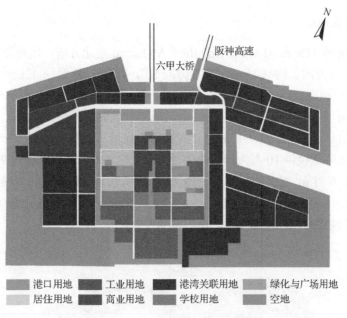

图 3.2.26 神户六甲岛土地利用示意图

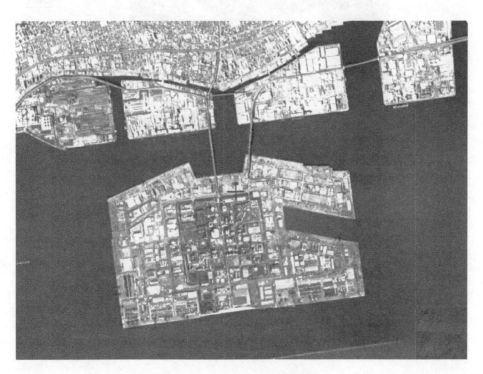

图 3.2.27 神户六甲岛卫星图片

3. 巴林迪亚新城

巴林迪亚新城（Diyar Al Muharraq）位于 Muharraq 正北方向，地理位置 26°18′59″N、50°38′12″E。顺岸方向长约 3.25km，离岸方向长约 4.0km，总面积 12km²，新增岸线总长度 35.6km，离岸距离 800m，通过海堤道路与陆地连接。

巴林迪亚新城由大小不同的 7 个人工岛构成一个放射式的组合模式，功能定位于超大规模的城市综合体。图 3.2.28 为巴林迪亚新城平面规划示意图，图 3.2.29 为巴林迪亚新城卫星图片。岛上除建设供 10 万人居住的 3 万套以上住宅外，还规划建设 9 万 m² 以上的临街商店和展厅，6 万 m² 以上的写字楼，20 万 m² 以上的五星级酒店和度假村，25 万 m² 以上的大型商场和休闲娱乐场所（包含占地面积 10 万 m² 的巴林龙城）。该项目是巴林延续到 2030 年发展规划的重点建设项目，由巴林迪亚公司开发建设。

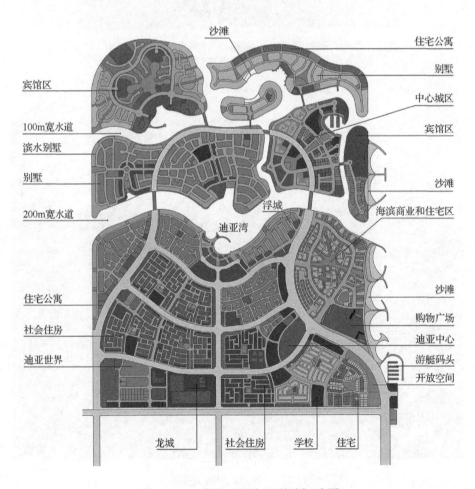

图 3.2.28　巴林迪亚新城平面规划示意图

图 3.2.29　巴林迪亚新城卫星图片

3.2.3　居住社区类人工岛

1. 巴林安瓦吉人工岛群

巴林安瓦吉人工岛群（Amwaj Islands）位于 Muharraq 东北方向水深较浅的海域，地理位置 26°17′32″N、50°39′53″E。人工岛顺岸方向长 2.65km，离岸方向长 2.0km；填海面积约 2.8km^2，新增岸线总长约 16.5km；离岸距离 500m，通过海堤道路与陆地相连。在人工岛的向海侧距离人工岛约 250m 处，由西向东建造了长 4.7km 的宽顶礁式防波堤用于防止海浪和冲刷。宽顶礁式防波堤共设计了 11 段，每段长 300m，相隔 75m。巴林安瓦吉人工岛群项目 2002 年启动，2003 年完成一期填海工程。

巴林安瓦吉人工岛群由一个主体人工岛和 3 个小人工岛构成一个放射式的组合模式，图 3.2.30 为巴林安瓦吉人工岛群平面布置图，图 3.2.31 为巴林安瓦吉人工岛群卫星图片。安瓦吉人工岛群上主要以高端住宅和别墅为主，配套商务区、宾馆和商场，以及直径 240m 的圆形游艇港。阿尔马尔萨浮城（Al Marsa Floating City）是安瓦吉人工岛群一个具有特色的水岸住宅开发项目，所有的房子都围绕着水道，房子的间距约 70m。一期水岸工程的面积 0.26km^2，有 274 栋水景房，配套旅馆、酒店式公寓、商场、饭店、游艇俱乐部等。

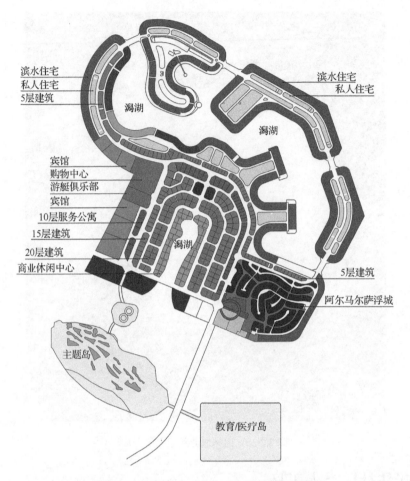

滨水住宅
私人住宅
5层建筑

潟湖

滨水住宅
私人住宅

潟湖

宾馆
购物中心
游艇俱乐部
宾馆
10层服务公寓
15层建筑
20层建筑
商业休闲中心

潟湖

5层建筑

阿尔马尔萨浮城

主题岛

教育/医疗岛

图 3.2.30 巴林安瓦吉人工岛群平面布置图

图 3.2.31 巴林安瓦吉人工岛群卫星图片

2. 美国佛罗里达州沿岸人工岛群

美国佛罗里达州东海岸的迈阿密沿岸和西海岸的坦帕沿岸是填海工程集中的地区，填海区域多数用于居住，或散布或集中于海湾之内，形成了形态各异的填海空间。

威尼斯群岛（图 3.2.32）位于迈阿密市区与迈阿密海滩之间的比斯坎湾内，地理位置 25°47′27″N、80°9′40″W，陆域面积约 0.78km²，海岸线总长约 13.2km。跨海大桥将该人工岛群串联，并与市区和迈阿密海滩相连。每个岛均为长圆形，从西到东依次是：比斯坎岛（Biscayne Island）、圣马可岛（San Marco Island）、圣马力诺岛（San Marino Island）、迪丽都岛（Di Lido Island）、RIVO 奥拓岛（Rivo Alto Island）。除比斯坎岛上有社区服务设施之外，其他 4 个岛上均为高档低层别墅。每个岛内形成环状道路，环状道路外侧的别墅均临海，有独立的游艇码头。

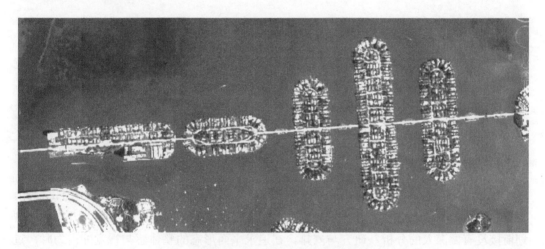

图 3.2.32 美国迈阿密威尼斯群岛

地产岛（Estate Island）位于美国佛罗里达州皮尼拉斯县的清水湾海滩与克利尔沃特之间的海湾内（图 3.2.33），地理位置 27°58′48″N、82°48′59″W，陆域面积约 1.89km²，海岸线总长度约 36.5km。该人工岛通过跨海大桥与清水湾海滩相连，整个岛群由长条有机形状的多个小岛采用并列式组合模式，填海平面紧密结合建筑排布，使得每个填海单元成为"两侧临海住宅、中间交通骨架"的带状形态。岛与岛之间由水道分隔，水道内可行驶游艇。整个岛群由一条南北向尽端式主路相连，主路的西侧是社区服务设施，东侧为度假别墅。每个建筑单体直接临水，均设置了独立的游艇码头，使得滨水景观环境十分优美。

天堂岛（Paradise Island）位于美国佛罗里达州金银岛市（Treasure Island）与圣彼得斯堡市之间的海湾内（图 3.2.34），地理位置 27°46′02″N、82°45′48″W。整个岛群的平面形态类似于地产岛，也是由长条有机形状的多个小岛采用并列式的组合模式，主干交通连接多条带状支路，伸向不同方向。水道的楔入保证了建筑空间临水的需要，使得整个平面形态丰富灵活，特色突出。

图 3.2.33　美国克利尔沃特地产岛　　　　　　　图 3.2.34　美国天堂岛

3.2.4　漳州双鱼岛概念性方案比选

漳州双鱼岛平面形态的概念性设计过程中邀请了国内外五家知名设计公司进行方案竞标。各设计公司围绕凸现本土文化和海洋环境特征，整合功能、人文、产业和基础设施各项要素，建设现代化生态岛的理念，提出了在平面构图的形态上各具特色的五个方案，分别命名为海洋之星、五洲天下、玉玲珑、大观和乾螺洲（韩春生，2013）。

1.　海洋之星方案

"海洋之星"整体创意鲜明，体现"自然本底"特征，有一定的视觉冲击力（图 3.2.35）。在规划结构方面，结构层次清晰，突出"一核，双星，五区"。不足之处是与开发区的规划衔接没有做深入的分析、研究与安排，在追求平面形态的整体感与视觉冲击力时，过分强调了统一性，使各组团的规划布局雷同单一且地块划分过小，不利于整体开发。进出岛交通只有一条通道，且无水上对外通道和客运码头等设施，不利于岛屿对外交通和安全疏导。

2.　五洲天下方案

"五洲天下"采用多岛式填海的布局，突出水系特点，以岛为单元安排功能内容（图 3.2.36）。在规划用地布局方面比较合理，将开发量最大的用地布局于岛西部，该处水深较浅，有利于开发建设。在防灾设计理念方面较为重视，东部布置防波堤，有一定的陆域作为支撑，对于岛屿与外部交通联系方面处理较好，与陆地有两条通道，对外道路网组织比较便捷。但在土地利用方面不够经济，岛内水面过多，东部小岛多而零乱，且岛与岛之间联系不够便捷。

图 3.2.35　海洋之星方案（韩春生，2013）

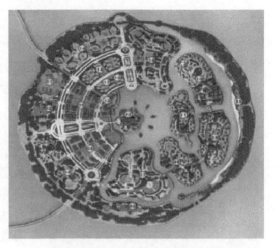

图 3.2.36　五洲天下方案（韩春生，2013）

3. 玉玲珑方案

"玉玲珑"在形态方面结合漳州市市花"水仙花"，具有较好的创意与地域特色（图 3.2.37）。总体布局设计与用地的功能布局有机结合，具有较强的操作性，尤其是规划方案延长了岸线，增加了岸线资源。不足之处在于岛内水域面积比例过大，土地利用不够经济；且中部岛与外环分隔过于简单，与湖周边地块联系较薄弱，交通系统组织不强。

4. 大观方案

"大观"规划结构清晰，总体布局整体感强（图 3.2.38）。岛屿防浪等安排比较合理，同时对水体交换有较多的考虑。对外交通组织规划方面，两座桥将岛屿与岛西岸紧密联系，便于安全疏导。西部港湾设计有创意，丰富了内海域的空间感，与高尔夫球场沙滩形成围合的空间，更好地整合了西部湾区资源，与南太武黄金海岸形成互动。不足之处是整体规划布局过密，功能过多，开发强度较高，不利于人工岛的合理利用。

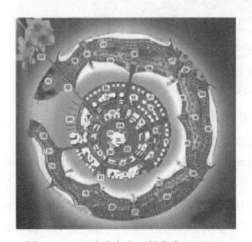

图 3.2.37　玉玲珑方案（韩春生，2013）

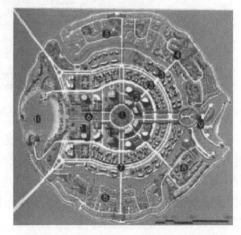

图 3.2.38　大观方案（韩春生，2013）

5. 乾螺洲方案

"乾螺洲"形态设计有创意,形象演绎有想象空间,结合了中国传统文化精髓之"太极"图与代表蓝色海洋的生物"海螺"(图 3.2.39)。土地规划利用方面很好地照顾到了项目的

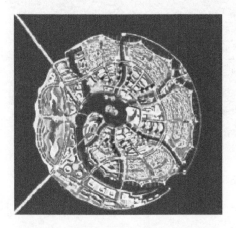

图 3.2.39　乾螺洲方案(韩春生,2013)

开发效益,总体布局打破了人工岛圆形边界的束缚,采用比较自由、浪漫的布局形式,较好地处理了各功能用地的分区与有机联系。同时,在景观组织方面,融合了地域特色,内外水域岸线的处理别具特色,使水系成为一个内容丰富、形式多样的有机整体。不足之处是总体布局方面稍显零乱,且空间布局密度太均衡,未充分体现疏密有致,应进行适当的整合,使空间、景观营造更为自然优美。

经过对上述五个方案的规划创意及构想、规划定位、规划总体功能布局等方面的分析和比较,乾螺洲规划方案最终定为中标方案。之后经过细化设计最终敲定概念性规划设计的优化方案:双海豚方案(图 3.2.40)。双海豚方案在形态方面取意于当地特色海洋动物"中华白海豚",又赋予了太极的图形。其外围轮廓设计成圆形,顺畅的流线形岛壁可降低对海洋水动力条件的影响,以期减少对人工岛西侧大磐湾沙滩的影响。

图 3.2.40　双海豚方案鸟瞰图(韩春生,2013)

在空间结构上,双海豚方案呈现"一线连四点、四点带三片"的空间格局,见图 3.2.41。内湾水道通过步行公共走廊将四个旅游景点连接起来,带动周边度假区的发展,可提升度假区周边的地产价值。以环形道路骨架为界,靠内湾部分为多层、小高层,外围控制为低层,达到全岛观景的目标,沿放射状支路布置点状高层,强化向心的空间结构。在滨水开放空间的设计中,结合人工岛内外护岸,留出了较多的开放滨水空地。该方案的另一特点是轴线的特点明显,所有的水路、道路、视觉通廊均指向海豚嘴及最中间的表演水面。这种近乎天然的空间把握方法,把复杂的城市空间简单化,表现出良好的图面效果。

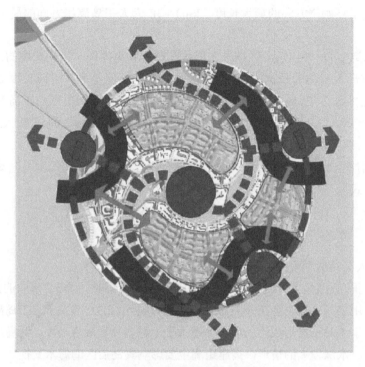

图 3.2.41　双海豚方案规划结构图（韩春生，2013）

3.2.5　生活型人工岛案例解析

1. 人工岛平面形态特征指数

首先定义如下相关平面构图的人工岛形状指数 C_S、人工岛长宽比指数 λ 和人工岛离岸指数 χ，以方便分析和比较人工岛平面形态的特点。

人工岛形状指数 C_S 是指任意形状的人工岛的周长与相同面积的圆形人工岛的周长的比值（以圆形为参照几何形状），其计算公式为

$$C_S = \frac{\varGamma}{2\sqrt{\pi A}} \tag{3.2.1}$$

式中，$\varGamma$ 为人工岛岸线总长度（km）；A 为人工岛造陆总面积（km²）。

形状指数 C_S 可反映出填海区域对亲水岸线长度的营造程度。由定义可知，圆形人工岛的形状指数 C_S=1。在面积相等的平面图形中圆形的周长是最小的，因而所有的非圆形状的形状指数 C_S 均大于 1，如正方形人工岛的 C_S=1.13，长边为短边 2 倍的矩形人工岛的 C_S=1.20。在人工岛面积相同的情形下，C_S 的值越大表明人工岛的平面形状越复杂，该人工岛的新增人工岸线越长。

人工岛长宽比指数 λ 是指任意形状的人工岛在顺岸方向的最大长度与离岸方向的最大长度（平面进深）的比值，其计算公式为

$$\lambda = \frac{B}{W} \tag{3.2.2}$$

式中，B 为人工岛顺岸方向的最大长度（km）；W 为人工岛离岸方向的最大长度/平面进深（km）。

长宽比指数 λ 可反映出填海区域平面形状在顺岸和离岸两个方向长度的比例关系。圆形人工岛和方形人工岛的长宽比指数 $\lambda=1$，顺岸方向长度是离岸方向长度 2 倍的矩形人工岛的长宽比指数 $\lambda=2$，离岸方向长度是顺岸方向长度 2 倍的矩形人工岛的长宽比指数 $\lambda=0.5$。根据定义，λ 的值越大于 2 或越小于 1/2（$\lambda \leqslant 0.5$，$\lambda \geqslant 2.0$）表明人工岛的平面形状越细长。

人工岛离岸指数 χ 是指任意形状的人工岛在顺岸方向的最大长度与其离岸距离的比值，其计算公式为

$$\chi = \frac{B}{D_p} \tag{3.2.3}$$

式中，D_p 为人工岛离岸距离（km）。

若波浪是正向入射，人工岛在顺岸方向的最大长度 B 等同于 2.3.2 节中的投影长度 B_p，则离岸指数可用来判别是否会在人工岛后形成连岛坝。由 2.3.2 节关于人工岛离岸距离的内容可知，χ 小于 1 时不易形成连岛坝，χ 越大于 1 越容易形成连岛坝。对岛后区岸线已几乎全部人工化、水深较大的情形，离岸距离主要影响其岛后区的海水交换。

综合 Dally 等（1986）与 Suh 等（1987）关于判断连岛坝形成的研究成果，单个人工岛在波峰线上的投影长度 B_p 小于离岸距离 D_p 时（$B_p/D_p<1$）不易形成连岛坝，但仍有可能在其岛后形成突出体或对岸线冲淤产生影响。按照 $B_p/D_p<1$ 的条件，意味着对顺岸方向长度很大的人工岛，其与海岸的距离要足够的远，但过远的离岸距离也会带来一些其他的问题，因此需要综合分析来确定合适的离岸距离。

生活型人工岛案例采用上述定义的人工岛平面形态特征指数的形状指数 C_S、长宽比指数 λ 和离岸指数 χ 列于表 3.2.3。

表 3.2.3　生活型人工岛案例平面形态特征指数

名称	功能	平面形态	形状指数 C_S	长宽比指数 λ	离岸指数 χ
朱美拉棕榈岛	旅游度假类，居民和工作人员 12 万人，游客接待能力 2 万人次/d	岛群（并列式+串列式）	6.68	1.06	17.76
世界岛	旅游度假类，居民和游客总和约为 25 万人/a	岛群（散布式）	27.73	1.29	2.25
珍珠岛	旅游度假类，4 万人	岛群（串列式）	4.94	0.47	6.71
杜拉特岛	旅游度假类，6.3 万人，游客 4500 人次/d	岛群（放射式）	7.23	1.29	22.50
漳州双鱼岛	旅游度假类，2 万人（常住人口为 1.6 万人，流动人口约 4000 人）	独岛（圆形+中间水道）	1.59	1.00	3.36

续表

名称	功能	平面形态	形状指数 C_S	长宽比指数 λ	离岸指数 χ
海南儋州海花岛	旅游度假类， 9万人	岛群（串列式）	3.99	2.96	17.00
海口南海明珠人工岛	旅游度假类， 3.9万人（日均游客1.3万人次，就业岗位2.6万个）	独岛式（圆形）	1.33	1.00	1.21
海口如意岛	旅游度假类， 4.5万人（日均游客1.5万人次，就业岗位3万个）	独岛式（有机形）	2.34	4.39	1.80
神户港岛	城市功能综合类， 生活、生产混合型	独岛式（折线形）	1.84	0.72	12.00
神户六甲岛	城市功能综合类， 生活、生产混合型	独岛式（折线形）	1.45	1.65	8.25
迪亚新城	城市功能综合类， 生活型	岛群（放射式）	2.90	0.81	4.06
安瓦吉人工岛群	居住社区类， 高档居住、社区服务	岛群（放射式）	2.78	1.33	5.30

由表3.2.3可见，旅游度假类人工岛案例中的形状指数C_S变化范围较大，在1.33~27.73。人工岛群的形状指数C_S要比单独人工岛大很多，迪拜世界岛群采用散布式组合模式，其C_S达到27.73；迪拜朱美拉棕榈岛采用并列+串列组合模式，C_S为6.68。卡塔尔珍珠岛采用串列式组合模式，C_S为4.94。海南儋州海花岛采用串列式组合模式，其C_S为3.99。采用独岛式的旅游度假类人工岛的形状指数C_S相对较小，其中海口如意岛的C_S最大为2.34。旅游度假类人工岛案例的长宽比指数λ大都在0.47~1.29（儋州海花岛和海口如意岛除外），即大部分旅游度假类人工岛顺岸方向长约为离岸方向进深的0.5~1.5倍。儋州海花岛的λ为2.96，其顺岸方向长约6.8km，约为离岸方向宽度（平面进深）的3倍。海口如意岛的λ最大为4.39，其顺岸方向长4.4km，大于离岸方向长（平面进深）的4倍。旅游度假类人工岛案例的离岸指数χ都是大于1的，其中迪拜朱美拉棕榈岛的χ最大，为17.76，该人工岛顺岸方向长5.3km，离岸距离仅有300m。海口如意岛的χ最小，为1.80，该人工岛顺岸方向长为7.9km，离岸距离达到4400m。

城市功能综合类人工岛案例的形状指数C_S在1.45~2.90，其中巴林迪亚新城的C_S最大，为2.90；长宽比指数λ在0.72~1.65，其中神户港岛的λ最小，为0.72；离岸指数χ在4.06~12.00，其中神户港岛的χ最大，为12.00。神户港岛的离岸距离较近，主要是该人工岛的人流与物流量较大，需要考虑与陆地的交通便利。

2. 生活型人工岛平面形态特点

旅游度假类人工岛的重要特色是追求空间景观的可识别性，其平面形态应优先考虑特殊几何形或有机形的外轮廓图案。迪拜的世界岛、棕榈岛等因为其独特的平面形态传达了特有的城市文化元素，增强了滨海空间的可识别性，给人带来视觉震撼的同时也提升了土地开发价值；通过特色水上运动、海洋主题公园、民俗文化项目等以丰富游客的休闲度假活动。

旅游度假类人工岛的重要功能是提供公众更多亲近大海的机会，其平面形态设计可通过平面自由任意曲线的岸线布局以丰富岸线形态与增加岸线长度，便于公众看海、触海等多种亲海活动的展开。迪拜棕榈岛采用棕榈树几何形状的创意，将别墅区采用指状布局伸向大海，巧妙地延长了观海岸线的长度，使每栋别墅都能拥有良好的海景视线。对于独岛形式，可以适当增加岛形平面的里出外进，在岛屿内部设置内湾与大海相联通，增加海岸线长度。在人工岛的背浪侧可设计一定的凹形区域，可为在岛后建设亲水设施等提供较为有利的条件。

神户港岛和神户六甲岛等城市功能综合类人工岛，由于要布置港口功能，大都采用了独岛、折线形的平面形态。该类人工岛滨海空间一般为港区、休闲公园、广场等。巴林迪亚新城等城市功能综合类人工岛，主要功能为生活型，采用了群岛组合，这样能获得更多的滨海空间，岸线形态为多种曲线的组合。

国外居住社区类人工岛案例大都通过内湾、曲折岸线、仿自然岛屿形状等方式增加亲水岸线的长度，最大限度利用海景资源。该类人工岛的单体可分为小进深和大进深两种类型。小进深人工岛中间为道路，两侧布置临水的别墅建筑，建筑为线形布局，整体亲水性良好。大进深的人工岛一侧建筑临水，另一侧不临水，不临水一侧建筑采用网格状布局。岛群组合方式的居住社区类人工岛，在岛与岛之间预留游艇可以通航的水道，可使几乎所有的别墅均有亲水界面。

3.3　生产型人工岛案例

机场类人工岛、港口类人工岛、桥隧转换类人工岛、工业类人工岛等主要是生产类功能人工岛，因其规划有相关专业性的规范要求，其平面形态有相近的特征，本节中将这些类型的人工岛统称为生产型人工岛。

3.3.1　机场、港口类人工岛

1. 日本大阪关西国际机场人工岛

日本大阪关西国际机场人工岛位于日本大阪湾东南的海面上，地理位置 34°25′50″N、135°13′58″E。人工岛离岸距离 4.5km，水深约 18m。图 3.3.1 为大阪关西国际机场人工岛平面示意图，由两个矩形人工岛组成（顺岸方向长约 5.3km，离岸方向长约 2.7km），面积 10.56km^2，护岸总长度约 24.4km。陆岛联系的公路与铁路两用大桥全长 3.75km。图 3.3.2 为大阪关西国际机场平面布置图，主要设施有酒店、航空广场、控制塔、消防设施、油轮泊位、渡轮码头等。

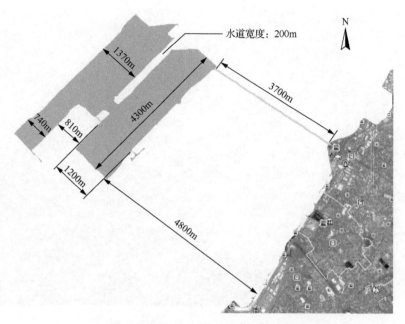

图 3.3.1　大阪关西国际机场人工岛平面示意图（谷歌地图测距）

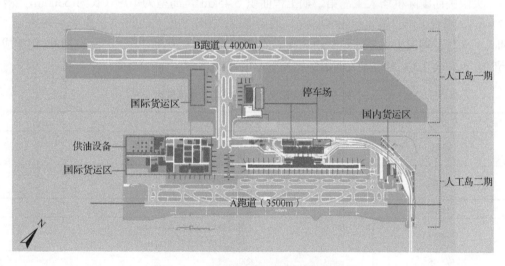

图 3.3.2　大阪关西国际机场平面布置图

大阪关西国际机场人工岛第一期工程（图 3.3.3）面积 5.11km^2，岛型为矩形（长约 4300m，宽约 1200m），建设了第一条 3500m 的跑道，四周斜坡式护岸长度 11.2km，平均水深 18m，工程填方量 1.78 亿 m^3。1987 年开始建设，于 1994 年建成，历时 7 年。

图 3.3.3　大阪关西国际机场一期工程

大阪关西国际机场人工岛第二期工程面积 5.45km²，岛型为矩形（长约 5300m，宽约 1270m），建设了第二条 4000m 的跑道，四周斜坡式护岸长度 13.2km，平均水深 19.5m。二期人工岛与一期人工岛之间距离约 200m，建造海堤相连。1999 年开始建设，2007 年建成，历时 8 年。表 3.3.1 为大阪关西国际机场基本情况表。

表 3.3.1　大阪关西国际机场基本情况表

类别	规模
面积	一期面积 5.11km² 二期面积 5.45km²
跑道	A 跑道长 3500m、宽 60m B 跑道长 4000m、宽 60m
停机坪	91 个
航站楼	1 号航站楼（4 层）303444m² 2 号航站楼（2 层）67111m²
停车场	6505 个
客运量	3191.378 万人次/a（2019 年数据）
货运量	77.170 万 t（2019 年数据）

2. 日本名古屋中部国际机场人工岛

日本名古屋中部国际机场（Chubu Centrair International Airport）人工岛位于日本第 4 大城市名古屋，地理位置 34°51′33″N、136°48′43″E。机场人工岛的平面造型为英文字母 D 字造型（顺岸方向长约 4.3km，离岸方向最长处约 1.8km），建有 1 条长 3500m 的跑道。内侧护岸采用流线形，以利于海湾内水流畅通（图 3.3.4）。人工岛总面积 5.8km²，其中机场用地 4.7km²，其他开发用地 1.1km²。护岸长度 11.8km，离岸距离 1km。

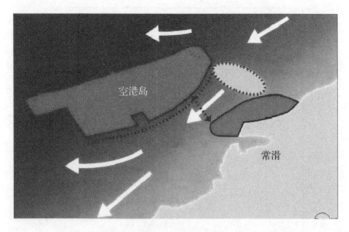

图 3.3.4　日本名古屋中部国际机场人工岛示意图

名古屋中部国际机场的选址始于 1988 年，最后定址于爱知县常滑市伊势湾（Ise Bay）海域。2000 年 8 月人工岛开工建设，2001 年 3 月～2003 年 2 月完成填海造地，2005 年 2 月机场建成。图 3.3.5 为日本名古屋中部国际机场人工岛实景。

图 3.3.5　日本名古屋中部国际机场实景

3. 中国澳门国际机场人工岛

澳门国际机场是我国第一个海上人工岛机场，位于澳门氹仔岛东侧，地理位置 22°09′42″N、113°34′40″E。机场人工岛用于飞行跑道区，最近的离岸距离 200m，填海区海底高程-4.5～-2.0m。图 3.3.6 为澳门国际机场人工岛平面示意图。机场人工岛的平面形态为矩形，顺岸方向长 3590m，离岸方向长 400m，总造陆面积 1.15km^2，护岸总长度 7770m。机场航站区在氹仔岛陆上填海区，人工岛依靠南北两条联络桥与航站区连接。联络桥总长 2534m，桥宽 44m 和 60m 两种。图 3.3.7 为澳门国际机场人工岛实景。

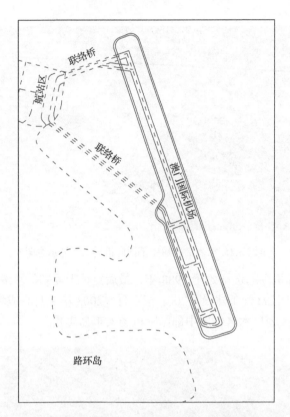

图 3.3.6　澳门国际机场人工岛平面示意图（刘翼熊等，1994）

图 3.3.7　澳门国际机场人工岛实景

4. 中国大连新机场人工岛

大连新机场人工岛（大连在建的海上新机场为离岸式人工岛）位于辽宁省大连市金州湾内，地理位置 39°07′15″N、121°36′47″E。人工岛距岸边约 3km，填海区海底高程−6.0～−5.0m。人工岛平面形态为准矩形（长 6243m，宽 3500m），陆域形成面积 20.87km^2。人工岛永久护岸长度为 19.3km，其中斜坡式护岸 18.6km，直立式护岸 614m，衔接段 87m。图 3.3.8 为大连新机场人工岛示意图。

大连新机场人工岛呈准矩形布置，四个角点处采用折线变化赋予平面形态"鼎"字形的寓意。借用中华形象文字"鼎"象征坚实、浑厚、牢固之意。大连新机场一期建设两条飞机跑道，设计通过能力年均 3500 万人次。图 3.3.9 大连新机场人工岛卫星图片。

图 3.3.8　大连新机场人工岛示意图　　　　图 3.3.9　大连新机场人工岛卫星图片

5. 中国南通港洋口港区人工岛

南通港洋口港区人工岛位于江苏省南通市如东县海滨辐射沙洲的西太阳沙中部，地理位置 32°32′50″N、121°25′35″E。洋口港区人工岛是国内首座外海无遮掩人工岛，西距小洋口港约 32km，东南距吕泗港约 50km，距离最近的陆域海岸线约 13km。洋口港区人工岛位于辐射沙洲中的一条主要潮汐通道附近，该潮汐通道中有一水深 20～30m 的深槽，深水区面积 10km^2 以上。

图 3.3.10 是南通港洋口港区人工岛平面示意图，人工岛平面形态呈矩形（长 3km，宽 1km），长轴沿东西向布置，造陆总面积 3km^2，岛壁结构总长度为 7.6km（四面岛壁）。规划建设 37 个泊位，中北侧码头区布置 5 万～10 万 t 级以上泊位 22 个；南侧码头区布置 2 万～5 万 t 级泊位 15 个。岛上建有原油、成品油、液化天然气接收站、液体化工品中转及仓储区等，通过黄海大桥将人工岛与陆地连接。南通港洋口港区于 2006 年 10 月开工建设，2008 年 12 月 28 日初步实现通航。图 3.3.11 为南通港洋口港区人工岛的卫星图片。

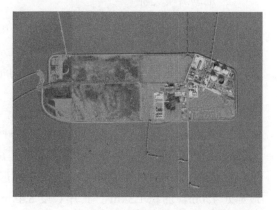

图 3.3.10　南通港洋口港区人工岛平面示意图　　　图 3.3.11　南通港洋口港区人工岛卫星图片

洋口港区的黄海大桥（陆岛通道）工程全长 12.6km，由三部分组成，第一段是连接陆地临港工业区（如东县东北角长沙镇境内）长 1.1km 的接岸引堤（顶面内侧宽 39m），第二段是长 10km 的跨海大桥（桥面净宽 11m），第三段是长 1.5km 的接岛引桥。

3.3.2　桥隧转换类人工岛

1. 东京湾跨海高速

东京湾跨海高速位于日本东京湾中部，连接神奈川县的川崎市与千叶县的木更津市。东京湾跨海高速全长 15.1km，由川崎侧的盾构海底隧道、木更津侧的海上大桥以及中间的桥隧转换人工岛三个部分组成。川崎侧的海底隧道长 9.5km，木更津侧的海上大桥长 4.4km。海底隧道中间以及川崎侧入口分别建有一座通风换气塔。东京湾跨海高速工程 1989 年 5 月正式开工建设，于 1997 年 12 月建成通车。

海湾中间的桥隧转换人工岛名为木更津人工岛，人工岛平面形态呈矩形（图 3.3.12）。人工岛长 750m，最宽处 100m，造陆面积约 6 万 m^2，永久护岸长度约 1.6km。图 3.3.13 为木更津人工岛全景，岛上建有服务区，内设展览馆、观光区、餐厅等，非常适合在此停车欣赏东京湾的美景。

图 3.3.12　东京湾跨海高速人工岛平面示意图　　　　图 3.3.13　木更津人工岛全景

2. 厄勒海峡大桥

厄勒海峡大桥是连接丹麦首都哥本哈根和瑞典的工业重镇马尔默的跨海大桥。大桥全长 16km，由桥梁、人工岛和海底隧道构成。从瑞典的马尔默出发，经过海峡中的一座人工岛，靠近哥本哈根的一段是铁路与公路合用的海底隧道。该大桥工程于 1995 年动工，2000 年7 月正式通车。

海峡东侧（瑞典）跨海大桥全长 7845m，上为 4 车道高速公路，下为对开火车道，中间是跨度 490m、高度 55m 的斜拉索桥。海峡西侧（丹麦）海底隧道长 4050m、宽 38.8m、高 8.6m，位于海底 10m 以下，由 5 条管道组成，分别是两条火车道、两条双车道公路和一条疏散通道。海峡中间桥隧转换人工岛平面形态呈有机形（图 3.3.14），人工岛长 4055m，最宽处 450m，面积 1.3km²，护岸长度 8.4km。图 3.3.15 为厄勒海峡大桥人工岛全景。

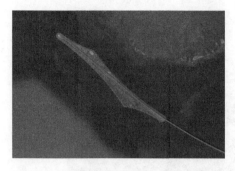 

图 3.3.14　厄勒海峡大桥人工岛平面示意图　　　图 3.3.15　厄勒海峡大桥人工岛全景

3. 港珠澳大桥

港珠澳大桥位于伶仃洋湾口海域，东岸起点位于香港机场，向西经大澳，跨越伶仃洋，最后分成 Y 字形，一端连接珠海，一端连接澳门。港珠澳大桥全长约 49.9km，主体工程采用桥隧组合方式，其中海底隧道长 6648 m（沉管段总长 5664m，共分 33 节）。港珠澳大桥工程 2009 年底开工建设，2018 年 10 月 23 日通车。

港珠澳大桥整体工程共建设三个人工岛。海底沉管隧道两端出口与桥梁相接处各建设一个桥隧转换人工岛（东人工岛和西人工岛），两岛间平面距离约为 5.6km。桥隧转换人工岛的基本功能是通过填海筑岛形成稳定陆域，实现海上桥梁与隧道的顺畅衔接，满足岛上建筑物的布置需要，并提供基本掩护功能。珠海侧建设珠澳口岸人工岛，其基本功能是出入香港、澳门、珠海三地的货物以及过境旅客的边防、海关以及检疫等的查验口岸。

1）东西桥隧转换人工岛

东人工岛靠近香港侧，西侧与隧道衔接，东侧与桥衔接，填海区海底高程-10.0m。东人工岛平面布置如图 3.3.16 所示，人工岛平面形态呈牡蛎形，寓意珠海横琴岛盛产牡蛎。从人工岛挡浪墙外边线计算岛长 625m，横向宽 115～215m。造陆面积 9.8 万 m²，永久护岸长度约 1.3km。图 3.3.17 为港珠澳大桥东人工岛实景，由高空俯瞰而下，灰白色的建筑与碧海蓝天自然融为一体，蔚为壮观。岛上主体建筑高 4 层，在建筑功能方面，东岛是集交通、管理、服务、救援和观光功能为一体的综合运营中心，且开放游客观景览胜功能。

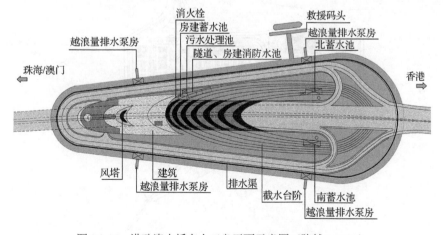

图 3.3.16　港珠澳大桥东人工岛平面示意图（陈越，2013）

图 3.3.17　港珠澳大桥东人工岛实景

西人工岛靠近珠海侧，东侧与隧道衔接，西侧与青州航道桥的引桥衔接，填海区海底高程-8.0m。人工岛平面形态选取与东人工岛相同的牡蛎形，从人工岛挡浪墙外边线计算岛长 625m，横向宽 100~183m，造陆面积 10.3 万 m²，永久护岸长度约 1.4km。岛上主体建筑高 3 层，建筑功能主要以桥梁的养护服务及办公为主。

2）珠澳口岸人工岛

珠澳口岸人工岛位于珠海拱北湾南侧近岸海域，距离澳门 1km，离岸距离约 1100m，填海区海底高程-3.0m。图 3.3.18 为珠澳口岸人工岛平面示意图，人工岛平面状态为特殊几何形，桥头部位采用曲线形。人工岛南北向长 1930m，东西向宽 930~960m，填海造地总面积 2.09km²，护岸总长 6.08km。人工岛与珠海连接部分为透空式栈桥。

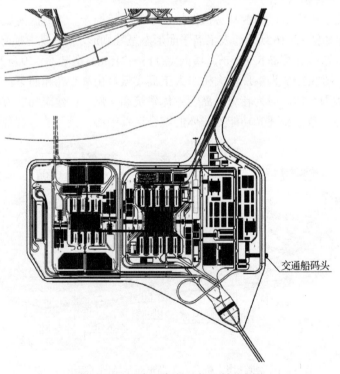

交通船码头

图 3.3.18　珠澳口岸人工岛平面示意图

珠澳口岸人工岛分大桥管理区、珠海口岸、澳门口岸三个功能区，其中珠海口岸面积107.3 万 m²，澳门口岸面积 71.6 万 m²，大桥管理区面积 29.9 万 m²。人工岛为集交通、管理、服务、救援和观光功能为一体的综合运营中心，并在海景较美的地方设置观景平台。珠澳口岸人工岛于 2009 年 12 月动工，2013 年 11 月人工岛填海工程完成。人工岛陆域标高为 4.8m，挡浪墙标高为 6.3m，按 100 年一遇设防标准设计。图 3.3.19 为珠澳口岸人工岛实景。

图 3.3.19　珠澳口岸人工岛实景

3.3.3　工业类人工岛

1. 新加坡裕廊岛

裕廊岛（Jurong Island）在新加坡裕廊工业区西南，地理位置 1°16′0″N、103°41′45″E。裕廊岛是由近岸的西拉耶岛（Pulau Seraya）、亚逸查湾岛（Pulau Ayer Chawan）、梅里茂岛（Pulau Merlimau）、亚逸美宝岛（Pulau Ayer Merbau）、沙克拉岛（Pulau Sakra）、北塞岛（Pulau Pesek）和小北塞岛（Pulau Pesek Kecil）七个岛屿，通过填海造陆使其连成整体的一个岛屿，由最初面积 10km² 形成现在的土地面积约 32km²。图 3.3.20 为裕廊岛填海造陆规划平面示意图，填海工程于 2009 年 9 月完成。现阶段的裕廊岛平面形态呈有机形，顺岸方向最长 9.0km，离岸方向最宽 5.7km，岸线长度约 40km，离岸距离约 1km。

裕廊岛是新加坡的炼油和石化产业中心，裕廊岛上设有完善的公路网，并有公路桥梁连通新加坡本岛以及达马劳岛。岛上建有 20 多个码头，方便输入原料和输出成品。裕廊岛西拉雅发电厂（Seraya Power Station）运作 9 台 250MW 的柴油发电机及两台 2290MW 的燃气发电机，为新加坡全岛供应约 30% 的电力。新加坡裕廊岛是国际上一张环境幽雅、绿地葱郁、天蓝水清的花园式化工园区的名片。裕廊岛成功的重要因素就是制定了科学合理的开发规划，并严格按规划实施开发，图 3.3.21 为裕廊岛石化产业布置示意图。

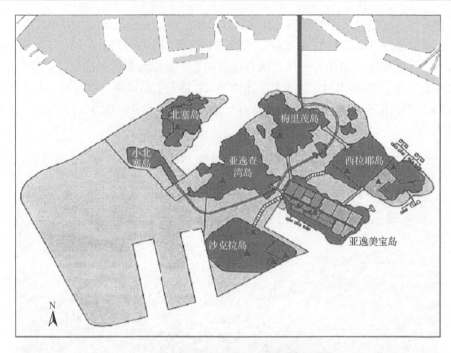

图 3.3.20　裕廊岛填海造陆规划平面示意图

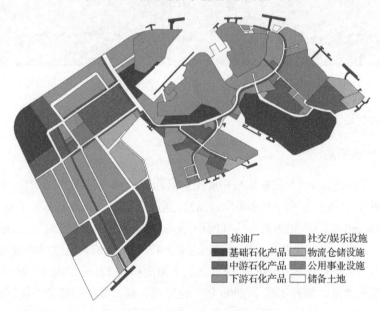

炼油厂	社交/娱乐设施
基础石化产品	物流仓储设施
中游石化产品	公用事业设施
下游石化产品	储备土地

图 3.3.21　裕廊岛石化产业布置示意图

2014 年 9 月，新加坡在裕廊岛建成了东南亚第一个地下储油库，该储油库位于海床以下距离地表 150m 处，共有 5 个单独的储油空间，可以储存 147 万 m^3 的液态碳氢化合物。这是新加坡开发地下空间、优化土地利用的一项大型工程。

2. 冀东油田人工岛

冀东油田自 2007 年开始相继建设了 5 座油田人工岛。其中冀东油田 1～3 号人工岛位于河北省唐山市南部海域，曹妃甸新区西侧浅滩，各岛水深差异较大，所在区域的滩面高程-5～0m。图 3.3.22 为建成的 1 号、2 号、3 号人工岛的位置示意图。冀东油田 1 号、2 号、3 号人工岛均采用长椭圆形，岛体四边采用平顺圆弧相接，人工岛长边走向尽可能与涨落潮主向平行，以顺应海域潮流的走向。

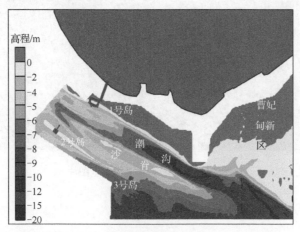

图 3.3.22　人工岛位置示意图（汪生杰等，2012）

图 3.3.23 为长椭圆形的 1 号人工岛的平面布置图，工程区域滩面高程-2.8～0.5m，离岸 1.6km。人工岛顺岸方向长约 700m，离岸方向长约 400m，陆域形成面积 27.5 万 m²，人工岛永久护岸长 2020m，离岸距离 1620m。岛南侧布置工作船码头 1 座，码头前沿总长195.2m，总宽 30.0m。码头与人工岛采用长 106.9m、宽 14m 的引桥连接。连接岛体与后方陆域的路堤长 1657m，考虑各类管线、道路、挡浪墙等布置需要，连岛路堤堤顶宽度为 19.0m。除与路堤相连的角点外，人工岛其余 3 个角点沿长边方向布置 3 条长 150～200m 的护岛潜堤。图 3.3.24 为 1 号人工岛的卫星图片。

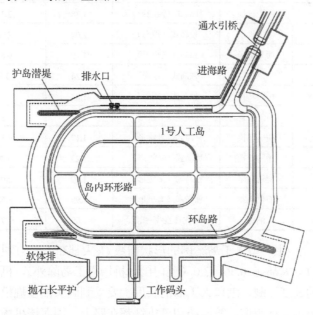

图 3.3.23　1 号人工岛平面布置图（汪生杰等，2012）

图 3.3.24　1 号人工岛的卫星图片

3.3.4　生产型人工岛案例解析

1. 人工岛平面形态特征指数

采用与生活型人工岛平面形态特征指数相同的定义，生产型人工岛案例的形状指数 C_S、长宽比指数 λ 和离岸指数 χ 列于表 3.3.2。

表 3.3.2　生产型人工岛案例平面形态特征指数

名称	功能	平面形态	形状指数 C_S	长宽比指数 λ	离岸指数 χ
大阪关西国际机场	海上机场	岛群（2 个矩形）	2.12	1.96	1.18
名古屋中部国际机场	海上机场	独岛式（流线形）	1.38	2.39	4.3
澳门国际机场	海上机场	独岛式（矩形）	2.04	8.98	18.0
大连新机场	海上机场	独岛式（矩形）	1.19	0.56	1.17
南通港洋口港	港口	独岛式（矩形）	1.24	3.0	0.23
东京湾跨海高速人工岛	桥隧转换	独岛式（矩形）	1.84	0.13	
厄勒海峡大桥人工岛	桥隧转换	独岛式（有机形）	2.08	0.11	
港珠澳大桥东人工岛	桥隧转换	独岛式（牡蛎形）	1.17	0.34	
港珠澳大桥西人工岛	桥隧转换	独岛式（牡蛎形）	1.23	0.29	
珠澳口岸人工岛	交通口岸	独岛式（多边形）	1.19	2.01	1.75
裕廊岛	石化工业	独岛式（有机形）	1.99	1.58	9.0
冀东油田 1 号人工岛	油田	独岛式（直线+弧线）	1.09	1.75	0.43

由表 3.3.2 可见，生产型人工岛案例的形状指数 C_S 大都在 1～2。机场、港口类人工岛案例的长宽比指数 λ 大都在 0.56～3.0（澳门国际机场人工岛除外），机场人工岛的长度主要受到飞行跑道的长度控制，港口人工岛的长度主要受到码头泊位规模的控制。澳门国际机场人工岛仅是提供飞行跑道，航站楼和停机坪都在路上，因而该机场人工岛顺岸方向长度为 3.59km，离岸方向宽度（平面进深）仅有 400m。其平面形状细长，长宽比指数 λ 达

到 8.98。大连新机场人工岛的机场跑道是垂直岸线布置，其 λ 为 0.56。机场、港口类人工岛案例的离岸指数 χ 约在 0.23～4.3（澳门国际机场人工岛除外）。大连新机场人工岛的机场跑道垂直岸线布置，其离岸指数 χ 为 1.17。南通港洋口港人工岛离岸距离达到 13km，主要受码头泊位水深的控制，其离岸指数 χ 最小，为 0.23。

桥隧转换类人工岛因其要考虑景观效果，其平面形态具有旅游度假类人工岛的可识别性和文化特征等。该类人工岛因主体交通走向的需求，其平面形状大都比较细长，长宽比指数 λ 约在 0.1～0.7。桥隧转换类人工岛案例受主体交通方案控制，其离岸距离都比较远。

新加坡裕廊岛要考虑城市的产业布局和当地的自然条件，其平面形态为复杂几何图形，形状指数 C_S=1.99，长宽比指数 λ=1.58，离岸距离主要取决于当地的地貌条件和陆岛交通联系，其离岸指数 χ=9.0。冀东油田 1 号人工岛主要考虑地下油藏勘探开采的需要，其平面形态为简单的矩形，形状指数 C_S=1.09，长宽比指数 λ=1.75，离岸距离主要取决于油田资源地理位置，其离岸指数 χ=0.43。

2. 生产型人工岛平面形态特点

生产型人工岛多为独岛式，其平面形态多设计成基本几何形的外轮廓，以方便用地划分、产业设施布局和缩短岛壁的护岸长度。机场、港口类人工岛案例除日本大阪关西国际机场为两个人工岛外，都是独岛式。除日本名古屋中部国际机场采用流线形外，其他平面形态大都是矩形。日本名古屋中部国际机场采用流线形很有特色，同时兼顾了水道内的水流畅通和良好的景观效果。

机场人工岛属于空运交通枢纽，有人流密集和流动性强的特点，在规划布局上可考虑设置供中转旅客服务的酒店等服务设施，如日本大阪关西国际机场等。具有潜在高污染和高危险性的炼油和石化产业等为主体的工业类人工岛，在规划布局上应采取生产与居住分离的布局，如土地面积约 32km^2 的新加坡裕廊岛化工园区，居住区及其配套服务设施都在岛外陆地上。

3.4 道路交通组织

人工岛填海区域的交通功能涉及观光、休闲、娱乐、工作、生活、运输等目的出行。根据海上人工岛的出行结构和出行方式，其道路可以划分为陆岛交通层次、岛内交通层次、局部交通层次三个等级。

陆岛交通层次（主干道路）是保证填海区域对外交通的联系，满足人流、物流进出岛需求的交通层，承担填海区域主要的交通流量及进出岛交通的功能。如南海明珠人工岛和如意岛的陆岛交通方式都采用跨海桥梁修建方案。南海明珠人工岛跨海大桥全长 2343m，其中桥梁总长 2107m，路基总长 236m，主桥为（60+3×100+60）m 矮塔混凝土梁斜拉桥，人工岛填海区域路网主干路的道路红线 17～35m。如意岛跨海大桥全长 5121m，采用设计速度 80km/h、双向四车道路基全宽 24.5m 的高速公路标准修建，人工岛填海区域路网主干路的道路红线 30～36m。

岛内交通层次（次干道路）是保证填海区域各个功能区之间的联系，满足岛内区域人流、物流需求的交通层，承担填海区域各个功能区之间的交通功能。如以临港工业开发为主导的填海项目，需要对工业区和港口区之间的人流和物流集输和转运的快速路等进行交通组织。

局部交通层次（支路道路、游览性道路）是保证填海区域各个功能区内部的联系，满足岛内局部区域人流、物流需求的交通层，承担填海区域局部的交通功能。如以岛内旅游开发为主导的填海项目，需要对旅游度假区域的慢行交通系统（包括步行道、自行车道等）、缆车、观光巴士等进行系统的交通组织；以居住和商业开发为主导的填海区域，需要对居住区或商业区进行单独的交通组织，力求塑造一个安静、安全的居住空间和快捷、舒适的商业空间。

3.4.1 路网平面形态

人工岛填海区域路网与后方陆域道路的连接取决于填海区域与后方陆地的位置和功能联系程度：离岸较近的人工岛（近岸式），岛内交通与后方陆地交通的联系虽然紧密，但比较自由，不必延续后方陆域的路网；离岸较远的人工岛（离岸式），岛内交通与后方陆地交通联系不密切，岛内路网布置几乎不受后方陆地交通的影响。人工岛填海区域的路网大体可以分为环状路网模式和尽端路网模式两种。对于规模较大、形态复杂的填海项目，可以采取环状路和尽端路相结合的路网模式，加强整个用地的交通联系。

1. 环状路网模式

对于平面形态比较规整的人工岛，可以采用环状的路网作为交通骨架。环状路网根据道路等级和性质分为三层：外环，即联系填海区域和后方陆地的环状路网；中环，即联系填海区域内部各区域的路网，由填海区域主干道构成；内环，即组织填海区域局部区域的道路，由次级道路组成。两种常见的环状路网形态如表 3.4.1 所示。

表 3.4.1 填海区域环状路网形态（翟媛媛，2013）

	近岸式	离岸式
图例		
说明	由对应岸线的滨海路、陆岛交通、岛内主干路形成一个滨海外环，将陆岛联系起来； 岛内形成中环干路网组织岛内交通； 岛内局部道路形成内环路	由一条陆岛交通联系，无法形成外环； 岛内形成中环路网组织岛内交通； 岛内次级或局部道路形成内环路

2. 尽端路网模式

对于平面形态比较特殊、不易于形成环状路网的人工岛，可以采取尽端路网模式，由一条或多条陆岛之间的道路作为道路骨架。如中东地区的很多以滨海旅游、高档社区为主导的开发项目，其有机形的平面形态大多采取尽端路网模式。

尽端路网模式的优点是道路等级明确、道路交叉点少、道路指向性明显、安全舒适、对环境的影响小等。尽端路网的缺点是道路整体联系不足、路径单一，过重的交通压力极易造成拥堵。尽端路网模式根据填海区形态不同有不同的形态变化，三种常见的尽端路网形态如表 3.4.2 所示。

表 3.4.2　填海区域尽端路网形态（翟媛媛，2013）

	并列式	放射式	散布式
图例	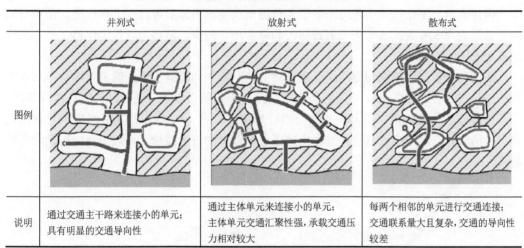		
说明	通过交通主干路来连接小的单元；具有明显的交通导向性	通过主体单元来连接小的单元；主体单元交通汇聚性强，承载交通压力相对较大	每两个相邻的单元进行交通连接；交通联系量大且复杂，交通的导向性较差

迪拜朱美拉棕榈岛采用典型的并列式尽端路网模式，如图 3.4.1 所示。通过尽端式的交通组织，将大量的低层海岸住宅和点式高层公寓联系起来，结合其私家码头、滨水花园等配套，实现了良好的亲水效果。

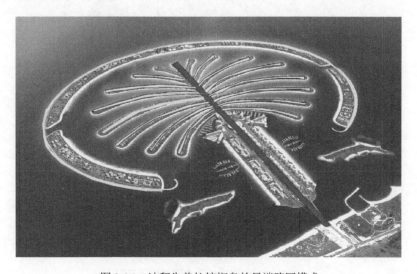

图 3.4.1　迪拜朱美拉棕榈岛的尽端路网模式

3. 漳州双鱼岛路网规划

漳州双鱼岛路网规划的工作日交通需求预测分为居住人员交通需求、工作日就业人员交通需求与吸引人员交通需求。

（1）据控规目标，岛内居住人口 18780 人，按 65%出行预测，居住人员进出岛需求为 24414 人次。

（2）按就业面积核算，工作日进岛内就业人员 17114 人，按 100%出行预测，工作日就业人员进出岛需求 34228 人次。

（3）商务吸引人员 1522 人，按 100%出行预测，进出岛需求 3044 人次；会议、度假吸引人员 4620 人，按 75%出行预测，进出岛需求 6930 人次；旅游商业吸引人员 15380 人，按 100%出行预测，吸引人员进出岛需求 30760 人次。

居住人员、工作日就业人员与吸引人员进出岛需求累加后可得：工作日进、出岛双向出行总量为 99376 人次/d 考虑节假日居民和就业出行减少，游客出行是工作日 2 倍，出行总量 105718 人次/d。

依据工作日交通需求预测结果，双鱼岛的路网规划为覆盖主要交通走廊的一条双 6 车道的进出岛干道、一条双 4 车道的岛内外环路、一条单 2 车道（逆时针）的岛内内环路、多条延伸至各地块功能区的岛内支路与慢行廊道，如图 3.4.2 所示。其路网规划具有结构简单、清晰，有利于交通管理，基本指定了各个地块的进出路径，可减少岛内车辆绕行等特点。

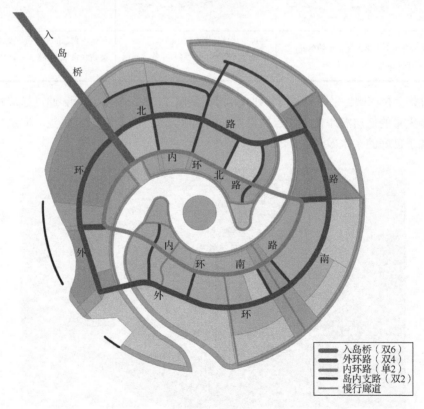

图 3.4.2　漳州双鱼岛路网规划示意图

3.4.2　陆岛交通方式

陆岛交通是指海上离岸人工岛与后方陆地滨海区之间的交通联系。陆岛交通方式主要有海上桥梁、水上交通、海底隧道等方式。人工岛的总体布置应特别注意人工岛的对外高效衔接，包括公路桥梁、轨道交通、轮渡码头等，以获得合理的总体方案。陆岛交通联系最普遍的方式是采用海上桥梁，人员和物料通过公路或轨道交通进出人工岛。大型的海上人工岛可能需要考虑多种交通连接方式同时应用以缓解交通压力，例如日本神户人工岛早期连接市区的是横跨两地的神户大桥，后来其交通量趋于饱和状态，又修建了连接人工岛与市区的海底隧道。轮渡具有容易建造、造价较低，且对海水交换和海洋生态影响较小等特点，但轮渡受气象等自然条件的影响较大，且人员物资的转运等待时间长、运输效率较低。当人工岛距陆地较远，又无大量人员和大宗物资的陆运需求时，常可采用水上交通方式。

1. 海上桥梁

人工岛与大陆之间的专用海上桥梁称为连桥，一般在人工岛距离岸边较近时采用。连桥的优点有：为滨海城市塑造标志景观，可以眺望优美的滨海景观；使陆岛间距离大大缩短，交通方式直接；建设周期比海底隧道快，造价也相对要低。

连桥的通过能力要根据陆岛之间交通要求和岛上开发需求，确定为城市的交通性道路或生活性道路来进行设计，岛上的供水、供电、供气要求，大都也需从陆岸通过连桥向岛输送。连桥的结构设计除按桥梁设计标准外，要特别注意海洋环境的特点和海上船舶航行的要求，应保证具有足够的桥净空高度。若连桥下方没有通航要求，可选用梁式桥与拱桥等，若连桥下方有通航要求时，可考虑采用斜拉桥与悬索桥等。如连接日本港岛与市区的神户大桥（图 3.4.3）是一座双层桥面中承式拱桥，桥长 319m［桥跨(51+217+51)m］；上下两层桥面宽约 14m，可并行 4 辆汽车；人行道设在下层两侧各为 3m。

图 3.4.3　神户大桥将人工岛和市区连为一体

　　图 3.4.4 为神户大桥的结构示意图，神户大桥（工期为 1968 年 9 月～1970 年 3 月）位于神户港岛与新港第 4 码头之间的宽度为 200m 的水道上。大桥在选择其规模及构造形式时主要考虑了下列条件：为保证水道一天内通过多达 2700 只小型船舶的安全，水道内不设桥墩。水道中部 160m 区间内梁下净空在最低水位的 26m 以上。为应付港口人工岛完工后汽车日通过量 54000 辆，设置为双向 8 车道。

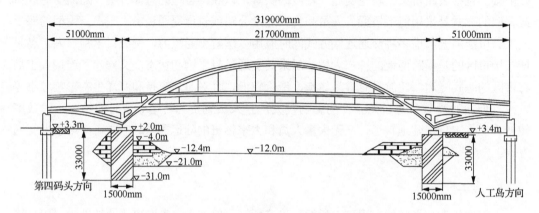

图 3.4.4　神户大桥结构示意图（刘瀛洲，1986）

　　漳州双鱼岛的陆岛交通大桥的设计定位为景观桥梁工程，在景观桥梁设计中需要反映出城市特色、体现地域文化、展示时代风貌。要使桥梁自身成为地标性建筑，还需在外观上与周边环境有明显的区分，其结构也需要有足够的体量才能表现出标志特征。

　　漳州双鱼岛大桥在综合考虑了周边环境、使用功能、经济技术和社会效益等多方面因素后确定采用独塔双索面斜拉桥形式。为与双鱼岛形状相呼应，该桥桥塔采用抽象化的双鱼造型（索塔采用双鱼门型钢塔），形成"双鱼明珠"的设计主题。其鱼腹式主梁外形与双鱼型索塔相呼应，造型别致，具有较好的景观效果。大桥主桥跨径 204m，跨径布置为(36+2×66+36)m，道路等级为城市次干路、预留双向有轨电车道，设计车速为 40km/h。图 3.4.5 为主桥总体布置图，图 3.4.6 为双鱼岛大桥实景。

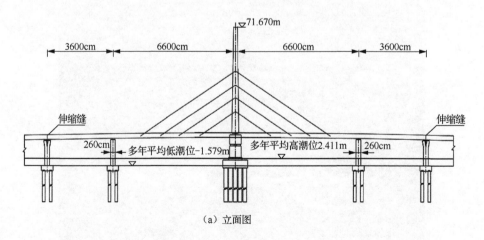

（a）立面图

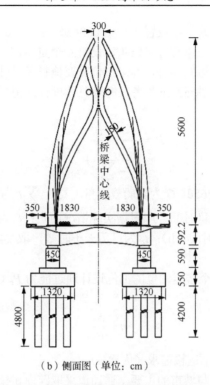

（b）侧面图（单位：cm）

图 3.4.5 主桥桥型布置（陶小兰等，2013）

图 3.4.6 双鱼岛大桥实景

2. 水上交通

大型人工岛项目可考虑水运和陆运交通平行发展的模式，增加填海区域交通的可达性和多样性。如迪拜世界岛的设计者考虑到将来世界岛建成后，每年将会有将近 25 万定居者和游客前往，在群岛中以位于中心的冰岛为交通枢纽，设计修建了 5 条航道、4 个运输中心和 2000 多个泊位，备有 400 艘类似城市中出租车的"计程艇"，人们可以搭乘小艇来往于各岛之间。

离岸式海上机场位于远离岸线的海域，会形成旅客和物资进出港的交通体系趋于脆弱的弱点，因此，建立水上运输通道是离岸式海上机场交通安全与通畅的重要保障。据初步统计，世界上目前已建成的离岸式海上机场大都在采用跨海桥梁方式作为旅客运输的主要通道的同时，设置了多个码头，作为物资供应、紧急救援等方面的海上通道。如日本大阪关西国际机场在燃油供应方式上，设置 1 个 10000t 级、3 个 2000t 级共 4 个油品泊位。为满足水上交通的需要，机场还建有客货码头，设有 6 个趸船泊位和 500m 长的靠泊岸线。

人工岛设有水上交通客运码头时，客运泊位需要掩护条件较好的水域。单个客运泊位的泊位设计通过能力 P_t（人次/a）可参考《海港总体设计规范》（JTS 165—2013）的如下公式：

$$P_t = \frac{T\rho}{\dfrac{t_z}{t_d - \sum t} + \dfrac{t_f}{t_d}} G \tag{3.4.1}$$

式中，T 为年日历天数，取 365d；G 为客船载客量（人）；$\sum t$ 为昼夜非生产时间之和（h），包括工间休息、吃饭及交接班时间，应根据实际情况而定；t_z 为所有旅客下船所需要的时间（h）；t_f 为装卸辅助作业时间（h）；t_d 为日历天小时数，取 24h；ρ 为泊位利用率，参考停靠班轮，可取 66%。

应用式（3.4.1）得到单个客运泊位的泊位设计通过能力 P_t（人次/a），需要配置的客运泊位的个数 n 可按下式计算：

$$n = \frac{S}{P_t} \tag{3.4.2}$$

式中，S 为人工岛每年的水上运输需求（人次/a）。

大连在建的海上新机场与城市的主要交通通道采取跨海桥梁与陆域相连方式，以公路和城市轻轨为主，同时建立水运通道作为辅助运输方式。大连海上新机场水运交通码头设置规划方案列于表 3.4.3（王诺等，2011），其规划要点如下：

（1）油品码头。大连新机场所处水域的水深为 5~6m，可选择船型为 1000~5000t 级，由设计规范估算每个油品泊位的设计通过能力为 30 万~60 万 t，考虑到应有一定的富裕量，需要建设 1000~5000t 级油品泊位 3 个，预留泊位 1 个。

（2）客船和滚装码头。大连机场日平均客流量为 3 万~5 万人，机场内相关工作人员约有 5000 人，人工岛上其他企事业单位工作人员约 10000 人。以旅客平均在机场停留时间为 3h 计算，预计在某一时刻机场内旅客及人工岛上其他需紧急疏散人员约有 20000 人。如果计划在 1d 内疏散完毕，每艘船平均运送能力为 50~100 人，往返时间约 1h，则需要建设 2 个 1000t 级滚装泊位和 2 个客运泊位。滚装码头主要为应急时使用，应考虑设置能够分别满足高、低水位的固定坡道。

（3）杂货码头。考虑到紧急情况发生时海上机场抢运保障物资的储备性通道，可设置 2 个 1000t 级泊位，装卸工艺采用轮胎吊。

（4）工作船码头。考虑到海上消防以及环境监测、海事巡逻等用途，需设置 8 个小型泊位。

表 3.4.3 大连新机场水运交通码头设置规划方案（王诺等，2011）

码头类型	规模/吨级	泊位数量/个	备注
油品码头	1000~5000	3	远期预留 1 个
滚装码头	1000	2	设固定双坡道
客船码头	500	2	兼顾旅游
杂货码头	1000	2	兼顾施工船舶
工作船码头	200~500	8	应分开布置

3. 海底隧道

海底隧道是在不妨碍船舶航运的条件下，建造在海底之下供人员及车辆通行的结构物。与桥梁方案相比，海底隧道具有不占规划用地、全天候运营、不妨碍航行、抗地震能力好、对生态环境的影响较小等优点，在岛陆之间不宜架设连桥时可采用海底隧道的方案，在隧道内铺设公路、铁路和其他设施。海底隧道两端用倾斜引车道分别与岛、陆连接，引车道坡度应满足公路、铁路要求。

神户大桥作为神户市与港岛一期的第一条连接线，投入运行后随着港口集装箱运输量的不断增大，其交通量很快就趋于饱和状态。伴随着港岛二期工程的实施，作为神户市与港岛的第二条连接线，港岛隧道于 1985 年开始规划设计。曾就桥梁、盾构隧道和沉管隧道三种方案进行过论证，最终选定了沉管隧道方案，因沉管隧道建在海床较浅的位置上，对隧道与地面道路连接的斜道来说，其建设施工是较容易实施的。

港岛隧道连接港口人工岛与陆地上的第六突堤，全长约 1.6km，其中约有 580m 是在水深 12m 的海底被埋没。图 3.4.7 港岛隧道平面位置示意图。港岛隧道的建设采用了沉管法，由 6 节沉管构件所构成（图 3.4.8 和图 3.4.9）。港岛隧道 1992 年工程开工，1999 年 7 月 30 日通车。

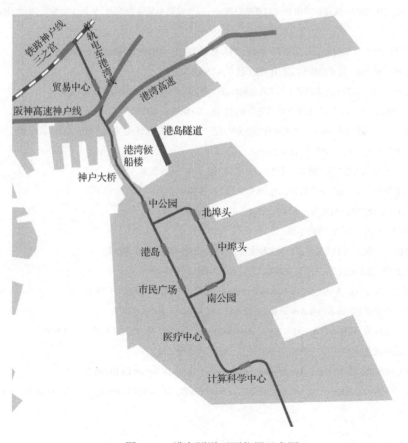

图 3.4.7　港岛隧道平面位置示意图

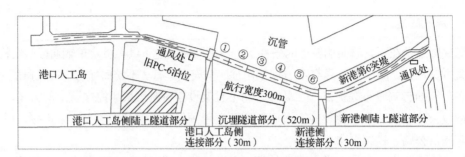

图 3.4.8　沉管隧道设计平面图（佚名，1999）

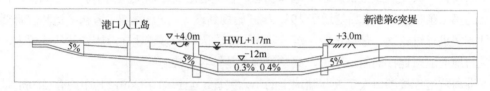

图 3.4.9　沉管隧道设计纵断面图（佚名，1999）

参 考 文 献

陈天, 贾梦圆, 臧鑫宇, 2015. 滨海城市用海规划策略研究——以天津滨海新区为例[J]. 天津大学学报(社会科学版), 17(5): 391-398.

陈天, 王琳, 李贝利, 2014. 生活型人工岛式填海区形态分析与规划策略[J]. 天津建设科技, 24(6): 74-77.

陈越, 2013. 港珠澳大桥岛隧工程建造技术综述[J]. 施工技术, 42(9): 1-5.

海口市规划局, 2015a. 海口市西海岸南海明珠人工岛控制性详细规划简介[Z]. 海口市规划局, 海口.

海口市规划局, 2015b. 海口市如意岛控制性详细规划简介[Z]. 海口市规划局, 海口.

韩春生, 2013. 建构厦门湾南岸新天地——漳州招商局经济技术开发区人工岛项目概念规划方案解读[J]. 福建建筑(3): 12-14.

洪明栋, 1985. 日本神户人工岛[J]. 建筑学报(8): 51-56.

李贝利, 2012. 生活型人工岛式填海区城市空间规划设计研究[D]. 天津: 天津大学.

林志群, 1987. 日本神户"人工岛"开发的启示[J]. 城市规划(2): 63-64.

刘翼熊, 唐羿生, 1994. 澳门国际机场人工岛地基处理[J]. 港口工程(3): 54-64.

刘瀛洲, 1986. 神户大桥[J]. 国外桥梁(1): 7-20.

陶小兰, 李涛, 姚建军, 2013. 漳州开发区双鱼岛大桥主桥设计[J]. 公路交通技术(2): 48-52.

汪生杰, 胡殿才, 2012. 冀东油田人工岛设计关键技术[J]. 水运工程(12): 194-199.

王诺, 陈爽, 杨春霞, 等, 2011. 离岸式海上机场水运交通规划与布置[J]. 中国港湾建设(1): 74-76.

杨春, 2011. 基于可持续理念的城市填海区域平面形态规划设计研究[D]. 天津: 天津大学.

佚名, 1999. 神户港岛隧道: 连接港口人工岛与市中心的海底隧道[J]. 杨庆校, 译. 造船工业建设(2): 10-20.

翟媛媛, 2013. 填海用地空间规划的生态设计方法研究[D]. 大连: 大连理工大学.

Dally W R, Pope J, 1986. Detached breakwaters for shore protection[R]. Technical Report CERC 86-1.

Suh K, Dalrymple R A, 1987. Offshore breakwaters in laboratory and field[J]. Journal of Waterway Port Coastal and Ocean Engineering, 113(2): 105-121.

第4章　人工岛景观

景观通常是指由地貌和土地覆盖物（水体、植被和人工创造的景物等）等构成的视觉图案，是人的眼睛（视点）从一个角度看到延伸着的立体景物和景色。从景观生态学的视角，大体可分为自然景观和人文景观。自然景观是指未受直接的人类活动影响或受这种影响程度很小的自然综合体；人文景观是指人们为满足社会经济需要所创造的景观，如特色建筑、主题公园、城市雕塑、文化古迹等。

滨海环境景观通常由视觉景观空间、滨海亲水空间、滨海交通空间等要素组成。其中视觉景观空间包括滨海天际线、滨海景观视廊等，这是滨海环境景观空间的整体视觉要素。滨海亲水空间包括水体空间和临水空间，是滨海环境景观空间的核心地段，也是使用价值的最大体现地段。滨海交通空间是滨海区内的景观通道及其与外围各类空间的交通联系，合理的交通组织，可引导人们便捷有序地到达各观景点，实现各景观空间的可达性。

4.1　天际线景观

天际线（又称天际轮廓线）实际上经常被我们定义为城市整体结构的人为天际，是指从远处第一眼所看到的城市整体的外轮廓线。城市的天际线是一座城市的象征，是城市个性的浓缩。优美而独特的天际轮廓线是城市特色的重要组成部分和识别城市的标志之一，同时也是城市外部形象的重要体现。优美的天际轮廓线应具有整体协调性、美观性与可识别性。整体协调性是指天际线起伏有致、标识醒目、韵律感强，美观性表现为蜿蜒多变、层次丰富、氛围宜人，可识别则要求特征鲜明、符号突出、视线通透。

海岸天际线作为滨海城市的重要标志之一，其突出特征是宽阔、开敞的海面形成了水平方向上十分明显的视觉边界，即天际轮廓线的明显底界线。海面与构成天际线的建筑物等人文景观，以及背景山体等自然景观形成了动与静、软质与硬质的对比，强化了城市轮廓的变化，展现了多角度、全方位观赏的丰富形态和鲜明层次感。

4.1.1　视线分析

视线分析是指通过视线控制原理对所关注的目标物进行观测，并用视觉感知原理对建筑物高度控制进行定量分析的方法。视线分析常用于分析整体层面上最重要的景观和建筑节点，如重要的山体、标志性建筑等的视线通达性，然后分别确定各视廊的视高、视线、视域等的通达性，通过计算得出高度控制的数据，从而确保重要节点之间的视觉通畅。

1. 视觉感知原理

视觉是人感知外部环境和获取周围的环境信息最主要的知觉器官。人们通过视觉观察获取客观事物的光学信息，辨别外界物体外形、明暗和颜色等特性，并可通过视觉对自身所处的位置进行定位。

视野是指人的头部和眼部不动时，眼睛观看正前方时所能看见的空间范围。人的水平、垂直视野均有一定的生理范围，图4.1.1为水平视野和垂直视野范围的示意图。一般认为水平方向上，双眼重叠的水平视野为120°，重叠区域观察的景物是最清晰的。垂直方向上，单眼上方的视野约至60°，下方的视野略超过70°。

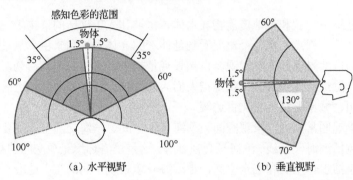

（a）水平视野　　　　　　　（b）垂直视野

图4.1.1　水平视野和垂直视野范围示意图

视线是指视点（观察者眼睛所在的位置）与目标物任何部位的假想和人为设定的连线，视角是通过视点的任意两条视线之间的夹角。人在观察不同距离的景观时，由于视点、视线和视角的不同，会产生不同的感受。视线分析中的视角确定和控制范围的划分，都是基于人的视觉感知的原理。

以通过视点且垂直画面的视线为轴，视点为顶点，视线的集合构成了一个类似锥体的视觉区域，这种线形的假想空间区域，被形象地称为视域（也称视锥）。观察者头部不转动，目光向前的可见视域内，并非所有的物体都是清晰可辨的，只有在大约60°的视锥范围内，所见到的物体才是清晰正常的，而四周的景物形象相对模糊。为此，一般认为人的正常视域在一个由视点引出的视角约为60°的视锥空间范围。人们在观察建筑时大都是由远及近，先看建筑与环境的关系，而后是建筑轮廓、建筑主体再到建筑细部。若设 H 为建筑在视平线以上的高度，L 为视点到所观察建筑的水平距离，θ 为视点到目标物（建筑）制高点的视线与视平线之间的夹角（仰角），则 θ 与 H/L 的关系及对应的视觉感受列于表4.1.1。一般来说，能够看清楚景物细部的视角为仰角45°，欣赏景物最为清晰且较为舒适的视角是仰角27°。如果要在视野范围内，包括景物背景在内的风景全貌的最佳观赏视角为仰角11°～18°（丁宇晨，2013）。

表4.1.1　θ 与 H/L 的关系及观察者的视觉感受变化（丁宇晨，2013）

θ	H/L	观察部位与视觉感受
>45°	>1	观察建筑容易产生透视变形，而且产生压抑感
45°	1	适宜观察建筑细部和局部（细部观赏）
27°	1/2	适宜观察建筑主体（整体观赏）
18°	1/3	适宜观察建筑总体（全貌观赏）
14°	1/4	适宜观察建筑轮廓
11°	1/5	适宜观察建筑与环境的关系
<11°	<1/5	视野范围内目标分散，干扰因素多，只能观察建筑物的大体气势

　　基于视线分析的空间控制实际上是通过视线分析确定不同层次和定位的建筑物之间的遮挡关系。将视点前方的控制建筑称为遮挡建筑，遮挡建筑后方的目标物称为背景建筑，如图 4.1.2 所示。定义建筑遮蔽系数 α 为

$$\alpha = \frac{l}{L} \cdot \frac{H}{h} \qquad (4.1.1)$$

式中，l 为视点至遮挡建筑的水平距离；L 为视点至背景建筑的水平距离；h 为遮挡建筑相对视点的高度；H 为背景建筑相对视点的高度。

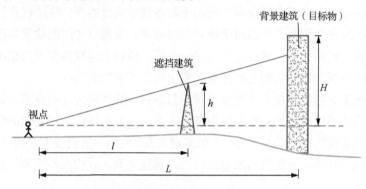

图 4.1.2　遮蔽影响示意图（彭麒晓，2015）

　　遮蔽系数是在高度上评价背景建筑被遮挡建筑遮蔽程度的参数，当遮蔽系数取不同的值时，人的视觉感受见表 4.1.2。由式（4.1.1），我们可以在确定满足要求的遮蔽系数后，计算出遮挡建筑相对视点的高度控制指标，在实际应用中还应根据视点高度和具体的地形标高进一步换算成该点的高程。

表 4.1.2　遮蔽系数取值与人的视觉感受变化（彭麒晓，2015）

遮蔽系数取值	视觉感受
$\alpha<1$	背景建筑被遮挡建筑完全屏蔽，即遮挡建筑吞食背景建筑
$\alpha=1$	背景建筑恰好完全被遮挡，属于一个临界状态
$1<\alpha<2$	背景建筑上半部分可进入人眼视线，但是遮挡建筑依然占大部分
$\alpha=2$	背景建筑恰好占空间的上半部分，遮挡建筑占有空间的下半部分，表现为背景建筑在半开敞中吸收遮挡建筑
$\alpha>2$	背景建筑占据空间的大部分，遮挡建筑占据空间的很小部分

　　这种遮蔽模型只是提供了视觉景观控制的基本原理，在现实中应视具体情况采取有针对性的分析方法。当前城市景观的视觉控制中运用较多的方法可以大致归为两类，视面分析和视廊分析。

2. 视面分析

　　视面是一种面状的视线集合（视点与多条连续视线所构成的面），同样是为了便于分析而假想出来的面。如果这些视线是同样指向目标物的，那么也就意味着如果视点和目标物之间的遮蔽物在这个面以下我们就可以看到景观目标。视面分析方法强调视点与目标物相互关系的变化，更适用于动态式景观的控制。

视面分析模型有多种类型。若将视点和目标物（景观点）分别简化为点与线，根据视点是否固定和目标物是否连续，可将视面分析简化为点到线的眺望、线到点的眺望、线到线的眺望三种类型。

点到线的眺望是指固定视点在观察连续的目标物（如连绵的山体形成视野较广的线性景观），其视面为固定视点与线性景观之间的无数条视线构成的面。如在城市里观赏周边连绵的山体，视线与山脊线构成了一个很宽的不规则的视面。

线到点的眺望是指移动视点（当人在运动，视点因移动由点成线）在观察固定的景观点，其视面为连续视点与固定景观点之间的无数条视线构成的面。连续视点同景观点的远近、高低关系始终在变化，主要运用于现有观景道路与景观点之间的建设高度控制。通常的做法是将观察者的路径与景观点之间构建一个面，原则上建筑高度不得超出这个面。将这个面上的高度数据与地形数据进行计算，得出可建设的控制高度。

线到线的眺望是指移动视点在观察连续的目标物，其视面为连续视点与连续目标物之间的无数条视线构成的面，如观察者行走在公路上看远处的群山。线到线的眺望由于视点和目标物都是动态变化的，可由一条曲线上的某点出发，向另一条曲线上寻找距离最近的点，两点之间用直线段相连，直到找出所有对应点，通过无数的线构成不规则的曲面。

3. 视廊分析

廊道由形成廊道的空间界面和其内部的景观要素构成。构成其空间界面的种类与性质不同，会产生不同的视觉效果。景观视廊（简称视廊）是指人处于某一位置观看某一景点的过程中，视线由人眼到景点所经过的整个廊道空间。如果该视廊里没有遮蔽物的存在，则被称作视线通廊。视廊分析方法主要运用在眺望有一定高度和标志性的固定景观点和通向景观点的指向性通道空间，通过留出一个空间范围来保证视线的通达，使人与景观点保持良好的视觉联系，避免优美的景观受到遮挡。

建立视线通廊可使视点与目标物之间（或目标物与目标物之间）建立良好的对视关系，（通过限制视点与目标物之间超过视线要求高度的建设）以实现视点与目标物之间的良好视觉沟通。可以利用自然存在的开敞空间，如两个自然高点之间或沿河道、宽敞的水面形成视线通廊；也可以通过人工建设的开敞空间，如城市中的广场、绿地等形成视线通廊。

滨海临水空间的沿岸步道、海滨林带等形成的线形纽带，连接滨海临水空间的各部分，组织成外部形态上的连续空间。首先要对滨海环境中重要的观景点、观景范围、观景方向以及干扰视线的建筑或其他设施的现状等进行景观视线分析。根据分析结果确定主要的景观区与联系景观区的主要视线通廊，并规定出视线通廊范围内建筑或其他人文景观的高度、宽度、走向等，作为组织景观的依据。滨海临水空间景观视廊控制的要点如下：

（1）临水空间预留足够宽度的开敞地段，强化流动水体对视觉的延伸性。可通过控制建筑与水体边缘的距离，合理规划水岸植物的高度与密度，并且考虑岸堤形态与水体的和谐，从而保证水体空间视觉的连续。

（2）滨海临水街区的建筑布局、建筑规模和形体设计应预留通向水域空间的视觉廊道。靠近水域的建筑底层可采取底层架空或局部架空，为离海边较远的人们提供观海视线通廊，同时也能形成半开放的活动空间。也可对建筑的布局进行调整，在不破坏景观视廊的前提下，获得更大的观景面。

（3）合理利用滨海临水区地形，增加空间的视觉延续感。许多滨海地区的后方陆域常常是丘陵形态的地形，可以利用地形的制高点设置主题雕塑、观景点等，不仅能有效地统一整个滨海空间，且可供市民、游人在高处多角度鸟瞰滨海城市景观和海景。

（4）滨海道路是重要的连续观景点，沿道路向海侧应杜绝封闭式的建筑或围墙，能够使行人、司机在滨海道路行进时感知海面的存在。滨海区景观廊道的植物配置中，可采用间断性的变化，有利于形成序列和留出足够的观水视线通廊。在组团式植物配置时留出人的可达空间，保证游人近距离观赏和背景透视。

4.1.2　天际线美学主体要素

1. 天际线的构成

人的观赏位置、视角或是行走速度不同，眼中的天际线会随之发生变化。依据人们对离自己远近不同景物的不同视觉感受，可将城市天际线按离观赏点远近分为前景天际线、中景天际线和背景天际线。

前景天际线是指距离观赏点最近的建筑群体形成的天际线。该层面宜设置高度较低和体量较小的建筑群体，在不对景观视廊造成遮挡的前提下，也可考虑修建一些体量较大的商业建筑，但是形体和高度不能过于突兀，要与周边协调。同时，前景天际线层面的建筑物轮廓不能过多遮挡后面的中景天际线、背景天际线和山体等自然要素，要有适当比例的错开，才能在视觉上形成丰富的层次感。

中景天际线是指距离观赏点较前景天际线更远一些的建筑群体形成的天际线，该层面的天际线往往由城市中的高层建筑集聚而成，如高层写字楼、办公楼等，也可以是出挑的电视塔、观光塔等标志性建筑物。中景天际线离观赏点距离适中，建筑的色彩、风格也能看清，在天际线形态上会格外引人注目。要减少建筑物对景观视廊的遮挡，使人们透过高楼依然能看到城市中的背景山体起伏或是其他美好的景物。

背景天际线是指距离天际线观赏点最远的建筑群体和自然景观形成的天际线。当城市周边有低矮山体的时候，该层面的建筑高度应作为与背景山体间高度变化的缓冲和过渡。同时，背景天际线层面上的建筑群体应当尽量与山体轮廓等自然环境协调，将自然景观融入城市，塑造具有地域特色的城市景观。

2. 天际线美学主体要素

天际线景观与自然要素、城市建设要素、人文要素等多种要素相关，目前对天际线美学的评价仍没有统一的评价标准。彭麒晓（2015）采用将实际天际线的各主体要素和公众调查相结合的方法，以香港中环天际线为例，探讨了天际线景观评价因子的一种量化描述。香港中环高低起伏的建筑群体顺应着背景山脊线的形态，建筑轮廓与山体轮廓相互映衬，形成具有起伏变化的城市天际线（图4.1.3），是城市景观和自然景观完美融合的典范。

图 4.1.3　香港中环天际线

1）专家打分法确定评价因子

首先通过综合分析，初步挑选出轮廓线节奏、景观层次、建筑起伏程度、建筑立面造型、建筑屋顶造型、建筑色彩、建筑材质 7 个影响天际线整体美学的因子。采用专家打分法（调查问卷、向专家及相关行业者征询意见等），从中筛选出对天际线整体美学影响显著的因子。调查问卷中各指标按照重要程度划分为 5 等——重要、较重要、一般、较不重要、不重要，对应分值为 9、7、5、3、1。用所有专家对某项指标打分的数学期望值（算术平均值）M_j 来反映专家认为该指标的"重要度"，标准差 σ_j 来反映专家意见的离散程度。σ_j 越大，说明专家意见离散程度大，反之说明意见统一。

设 X_{ij} 是第 i 个专家对第 j 个因子的打分，共有 n 个专家。可应用式（4.1.2）和式（4.1.3）计算第 j 个因子评分的期望 M_j 和标准差 σ_j：

$$M_j = \frac{1}{n}\sum_{i=1}^{n} X_{ij} \tag{4.1.2}$$

$$\sigma_j = \left[\frac{\sum_{i=1}^{n}(X_{ij}-M_j)^2}{n-1}\right]^{\frac{1}{2}} \tag{4.1.3}$$

表 4.1.3 为各因子的专家打分统计分析结果。可以看出，各因子的标准差在 0.53～0.71，说明专家的意见差异较小，意见较为统一，重要度 M_j 的值是可靠的。将重要度 M_j>5.0 的因子保留，最终筛选出轮廓线节奏、景观层次、建筑起伏程度和建筑屋顶造型 4 个评价因子。

表 4.1.3　因子筛选专家打分统计表（彭麒晓，2015）

序号	评价因子	重要度	标准差
1	轮廓线节奏	8.15	0.57
2	景观层次	6.98	0.59
3	建筑起伏程度	8.73	0.53
4	建筑立面造型	4.64	0.63
5	建筑屋顶造型	5.24	0.61
6	建筑色彩	4.95	0.71
7	建筑材质	3.84	0.57

2）因子权重分配

因子权重是指该评价因子对整体评价的影响程度。依据统计出的各因子的重要度 M_j，

可采用单因子的 M_j 占所有因子的重要度总和的比例来体现它的权重。将总权重设为 1，则四个因子的权重分配见表 4.1.4。

表 4.1.4　因子权重分配表（彭麒晓，2015）

评价因子	权重值
轮廓线节奏	0.28
建筑起伏程度	0.30
建筑屋顶造型	0.18
景观层次	0.24

3）轮廓线节奏指数

城市天际线由高低错落的建筑群体组合而成，美观的天际线波动起伏、富有韵律节奏，而平淡、无变化的天际轮廓线让人感到乏味。因此整体天际线的节奏感是评价的内容之一，可用轮廓线节奏指数作为描述轮廓线节奏的特征指数。

轮廓线节奏指数的计算方法为：把沿着天际线相邻建筑高度相差不超过 30m 的轮廓认为是平缓轮廓，反之为波动轮廓。以这个为标准将城市天际线分段，天际轮廓线的节奏感可用天际线波动区段占整个天际线的比例来衡量，轮廓线节奏指数的定量计算公式为

$$I_{\text{Rhy}} = (L_{\text{sec}} / L_{\text{total}}) \times 100\% \tag{4.1.4}$$

式中，I_{Rhy} 为天际轮廓线节奏指数（百分数）；L_{sec} 是轮廓波动区段长度；L_{total} 为整个天际轮廓线总长度。

如图 4.1.4 所示，绘制出香港中环天际轮廓线后，天际线整体上分为 13 个轮廓线波动段和 14 个轮廓线平坦段，波动段主要体现在国际金融中心（416m）、中银大厦（315m）、广场大厦（374m）、宏利保险中心大厦（约 200m）等处，这些建筑与周围建筑高度相差较大，经计算，香港中环天际轮廓线上的轮廓线节奏指数为 56.4%。

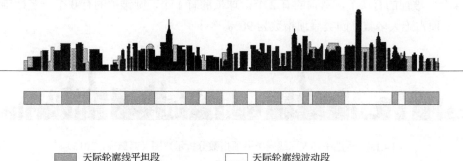

　　　　天际轮廓线平坦段　　　　　　　　　天际轮廓线波动段

图 4.1.4　香港中环天际轮廓线节奏指数分析示意图（彭麒晓，2015）

4）建筑起伏程度指数

当从远处观看城市天际线时，建筑集簇在一起，建筑的色彩和风格的影响较弱，此时影响人的视觉感受最大的是建筑群体的高低起伏程度，可用单元建筑高度差来表示天际线建筑高度的变化。按水平距离每 100m 为一个单元，所有单元（共 N 个单元）内最高建筑和最矮建筑（裙房除外）的差值的平均值即为这段天际线的单元建筑高度差 ΔH，定量计算公式为

$$\Delta H = \frac{1}{N}\sum_{i=1}^{N}(H_{i,\max}-H_{i,\min}) \tag{4.1.5}$$

式中，ΔH 为单元建筑高度差；N 为总单元数；$H_{i,\max}$ 为第 i 单元内的最高建筑高度；$H_{i,\min}$ 为第 i 单元内最矮建筑的高度。

图 4.1.5 中 $\Delta H_i = H_{i,\max}-H_{i,\min}$，即第 i 个单元内的建筑高度差。经计算，香港中环天际轮廓线上的单元建筑高度差为 42.8m，即天际线立面上平均 100m 的水平距离上建筑高度变化为 42.8m。

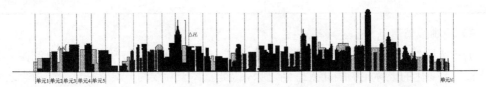

图 4.1.5　香港中环天际轮廓线单元建筑高度差分析示意图（彭麒晓，2015）

5）建筑屋顶造型指数

建筑屋顶造型为构成天际轮廓线的重要元素，少数造型独特的建筑顶部可以丰富整个天际轮廓线的层次性，但城市大立面的大多数建筑顶部需要统一和协调，如果异形顶部过多，则轮廓线会较为杂乱和无序。可采用同类屋顶占屋顶总数的比例作为描述建筑屋顶形式变化的特征值，定量计算公式如下：

$$I_{\mathrm{Roof}} = (M_{\mathrm{same}}/M_{\mathrm{total}})\times100\% \tag{4.1.6}$$

式中，I_{Roof} 为同类屋顶指数（百分数）；M_{same} 为最多同类屋顶造型数量；M_{total} 为天际线中所有屋顶数量。

如图 4.1.6 所示，经计算，香港中环天际轮廓线上的建筑顶部为平顶的有 272 个，尖顶的有 4 个，坡顶的有 7 个，弯顶的有 2 个，球顶的有 1 个，圆锥顶的有 0 个，多棱锥顶有 1 个，平顶占绝大多数，同类屋顶指数为 90%。

图 4.1.6　香港中环天际线同类屋顶指数分析示意图（彭麒晓，2015）

6）景观层次指数

层次丰富的城市整体景观不仅可以欣赏到建筑群高低错落的轮廓线，还可以欣赏前景、中景、背景建筑群之间的相互错动以及群体组合关系，这种不同距离群体之间错动和叠加大大增加了视觉景观的层次感。景观层次丰富度的定量计算公式为

$$I_{\mathrm{Rich}} = (1-A_{\mathrm{fore}}/A_{\mathrm{total}})\times100\% \tag{4.1.7}$$

式中，I_{Rich} 为天际线层次丰富度指数（百分数）；A_{fore} 为前景建筑立面面积之和；A_{total} 为整个建筑群大立面的面积总和。

如图 4.1.7 所示，经计算，香港中环地区的层次丰富度为 41%，前景的高层建筑对背后的景物遮掩较大，景观层次效果一般。

图 4.1.7　香港中环天际线层次丰富度指数分析示意图（彭麒晓，2015）

7）建立天际线评价体系

天际线景观评价因子的上述量化描述可归结为两个步骤：一是通过专家打分法筛选出轮廓线节奏、景观层次、建筑起伏程度、建筑屋顶造型四个评价因子及确定各评价因子所对应的权重；二是通过建立量化评价因子的计算方法得出各评价因子的特征指数值。接下来需要建立天际线评价体系，检验所选取评价因子的合理性和量化评价因子的特征指数值所对应的最优区间。可选取若干国际上知名城市的天际线进行试评价，得出相关因子权重和景观评价等级。试评价过程可分为如下三个步骤：①选取若干典型城市，根据研究重点绘制出各天际轮廓线，并按照四个评价因子计算出各城市天际线相应评价因子的特征指数值；②制作问卷进行公众调查，让参与者给每个城市天际线的四个因子分别打分，回收问卷并统计；③对比分析各天际线的因子评分均值和因子特征指数值，得出各因子特征指数值的最优区间作为评价标准参考值。

彭麒晓（2015）选取了香港、上海、悉尼、杭州、芝加哥 5 个典型天际线作为试评价的对象，通过上述试评价得出：轮廓线节奏指数在 35% 以上，即起伏区段占总天际线长度的 2/5 左右，其天际轮廓线的节奏感较强。单元建筑高度差在 35m 以上，即天际线立面上平均每 100m 的水平距离，建筑垂直高度要有 35m 以上的变化，建筑的高低起伏感才较强。建筑屋顶造型指数对整体天际线美感的影响较弱，该指数在 50%~90% 的区间内，可避免屋顶形式过多而显得杂乱无序。景观层次指数越高则表明可以看到的层次越多，该指数在 40% 以上，景观层次是较为丰富的。

4.1.3　天际线设计原理

1. 人工岛填海区的天际线特点

人工岛填海区的天际线设计的原则与一般的滨海城市天际线设计相同。填海区的天际线的特殊性在于填海区在广阔的大海之中，因此填海区的天际线包含了两个层面的界线：海面与建筑物之间的界线，建筑物与背景天空或背景城市建筑之间的界线。

通常四周被海水包围的人工岛（四面环海的人工岛），有一侧邻近陆地滨海城市，因而人工岛填海区的天际轮廓线形状与所在观景点的位置有很大的关系（不同的视点观看的效果差别较大）。在城市滨海区的海边观看前方人工岛的天际线，其背景天际线是一望无际的蓝天（海天一色），其天际线主要是人工岛上的建筑所构成。若在人工岛向海侧的海面上观看人工岛的天际线，其天际线是由人工岛的天际线和其远处的滨海城市的背景天际线共同构成。由于距离较远，相应的视野也很大，远方城市海岸线上的景物在深度上可以分不同层次展现出来。漳州双鱼岛规划在一条鱼形的头部建造一个最高层的建筑构成天际线的中心和焦点（图4.1.8），不同视角下的天际线构图见图4.1.9。

图4.1.8　漳州双鱼岛的效果图

（a）西立面天际线构图

（b）东立面天际线构图

（c）南立面天际线构图

（d）北立面天际线构图

图 4.1.9　不同视角下的漳州双鱼岛天际线构图

人工岛填海区的背景天际线大体上可以分为自然型背景和城市型背景两种风格。自然型背景是指填海区后方的陆域空间仍保持着自然风格的背景景观，背景天际轮廓线主要为山体轮廓，如神户六甲岛、漳州双鱼岛等。城市型背景是指填海区后方的陆域空间已形成城市风格的背景景观，背景天际线的轮廓主要为建筑轮廓，如迪拜棕榈岛、美国迈阿密沿岸人工岛群等。人工岛填海区的背景天际线一般在工程建设前已经形成了具体的轮廓，反映了后方陆域空间的肌理和形象，设计上的可控性较小。因此人工岛填海区的天际线设计主要是前景层面和中景层面。

2. 滨海区建筑与水体的组合模式

1）建筑与水体相贴

建筑与水体相贴，即建筑与水体的形态保持一致，通过距离很近的步道等与海水相连接。该模式的优点是滨水建筑亲水性好，缺点是滨水空间单调、不舒适，公众基本无法进入。该模式主要用在度假酒店、别墅等私密性较强的建筑区域。迪拜朱美拉棕榈岛的索利斯饭店紧挨着塔玛尼码头酒店，其北侧客房建筑紧贴岸线，该岸线空间极为狭窄压抑，仅作为机动车尽端路使用。棕榈岛的度假别墅位于"树枝"部分，沿树枝状岸线平行布置，岸线均为人工沙滩，为别墅使用者私有（图 4.1.10）。

图 4.1.10　建筑与水体相贴案例（迪拜朱美拉棕榈岛）

2）建筑与水体分离

建筑与水体分离，即建筑与水体之间保留一定宽度的开敞空间供公众使用。该模式的优点是保持了滨海空间的公共性、连续性与舒适性，经过对建筑、景观的设计处理，可使滨海界面完整。该模式主要用在人工岛的公共区域，这种模式在保护滨海空间的公共性和连续性方面是最优的。大阪海游馆人工岛，公共建筑后退岸线距离较大，使前方形成连续性开敞空间供人们使用，是该人工岛极具特色的区域和标志。

在滨海建筑与水体分离的模式中，确定建筑后退岸线的距离至关重要，关系滨海界面的完整性和滨海开敞空间的舒适性。如果建筑后退岸线距离过小，则建筑与岸线之间的空间会很压抑；如果建筑后退岸线距离过大，则建筑与岸线之间的空间会很空旷，舒适度差，人们站在建筑旁边很难感受到大海的存在。建筑后退岸线距离主要是控制临水一侧的建筑与水边空间的距离，以保证滨水空间开敞，形成亲切的近水空间。一种控制方法是根据该岸线段的功能、建筑的功能与建筑高度等适当调整建筑后退岸线的距离，在某些节点区域结合视线廊道、开敞空间走廊等，对建筑做特殊处理，形成标志性节点空间，从而形成开阔、舒缓、张弛有度的滨海空间形态。

3. 前景天际线

前景天际线主要由人工岛护岸及护岸前沿区域上的滨水建筑构成，特点是纵向上尺度较小、横向上尺度较大，以水平构图为主，即主要在水平方向控制人工岛填海陆域的天际线变化。需要把握好滨水建筑与水体的组合模式（海面与建筑物之间的关系），以及滨水建筑本身的控制。

（1）护岸前沿区。在人工岛岸线的前沿区域设置滨海绿带、景观大道等线性景观走廊可以串联起流动的滨海风景，也保证了前景天际线的连续性和动态性。在护岸的前沿区域设置面状开放空间，如滨水广场等。开放空间应体现当地自然和文化元素，应能够为人们创造开阔的视野，缓冲滨海高层建筑群对天际线产生的压迫感。对人工岛护岸因高度起伏不大导致天际线单调的问题，可通过增强局部区域搭配颜色的鲜明性，增加部分竖向元素（如景观小品等）来打破护岸单一的横向线条。

（2）滨水建筑物。人工岛护岸上前景层次的滨水建筑物形体应能展现连续、完整、形态优雅的建筑界面，需要注重建筑尺度和周围景观环境的宜人尺度（不宜修建过高的建筑，一是阻碍后方建筑的视野，二是影响远处观察时护岸的整体美观性和层次性）。关注建筑物的尺度和通透度，保持前景天际线的连续性，即在建筑形体特点、立面形式、色彩风格等多方面的统一。

良好的临水建筑高度控制能保证滨水环境的视野空间开敞丰富，具有美感。可从两个方面考虑：①前后建筑之间的高度关系，一般都强调临水建筑以低层为主，随着建筑位置后退，建筑层数逐渐增加，并且考虑建筑间的穿插交错以致不遮挡视线。这种控制的目的是为较多的居住者提供观赏水景的条件，同时又可以丰富天际线的景观层次，目前已是滨水区控制的共性原则。②建筑与周围环境的关系，主要考虑建筑群形成的轮廓线与环境背景的烘托效果，以构成优美的韵律变化，突出环境特点。

4. 中景天际线

中景天际线主要由人工岛护岸（岛壁）后方的滨水建筑群构成，特点是纵向和横向上尺度都较大,是填海区天际轮廓线的主要控制要素。可通过构建天际线中心和焦点来控制天际线的构图效果,对填海区中景层面的建筑与背景的关系进行把握等。

（1）天际线中心和焦点。人工岛填海区凸出的岸线由于近大远小,容易形成天际线构图的中心和焦点。因此,在凸出的岸线上设置标志性建筑物是填海区天际线构图的常用方式。但要注意控制体量,尺度应当适宜和亲切,避免对滨水景观造成压迫感,也防止过量遮挡后面的景观。如迪拜朱美拉棕榈岛,在岛的端部建造亚特兰蒂斯酒店构建天际线中心和焦点。图 4.1.11 是在海面上观看人工岛的天际线（海侧向陆）,图 4.1.12 是在岛上观看人工岛的天际线（陆侧向海）。

图 4.1.11　朱美拉棕榈岛——海侧向陆观看　　图 4.1.12　朱美拉棕榈岛亚特兰蒂斯酒店——陆侧
　　　　　　人工岛的天际线　　　　　　　　　　　　　　向海观看人工岛的天际线

（2）层次感塑造。前低后高是滨海天际线设计的一般规律,若二者错位会给人造成整体空间上的错乱感。中景层面的天际线设计对塑造天际线的层次感至关重要,因此要把握好与前景层面和背景之间的视觉关系,使其在前景和背景之间形成一个具有良好层次感的过渡。中景层次的建筑群体形态应力求形成高低错落的天际轮廓线,突出韵律感,避免缺乏重点与变化。可考虑以建筑实体的高宽低窄,建筑间隙的间距的大小交错相结合,形成生动的不规则节奏变化。滨海高层建筑对天际轮廓形象有重要的影响。为避免高层建筑群之间的相互干扰,可采用高低错落的高度。如采用相仿的高度,则应注意保持适当间距,采用松散构图。图 4.1.13 是日本神户港岛的天际线（陆侧向海）。

图 4.1.13　日本神户港岛的天际线（陆侧向海）

4.2　临水空间景观

临水空间是指从滨水建筑界面到水面之间的带状空间，是滨海亲水空间的重要组成要素。填海区域的岸线具有高度人工化特征，可从岸线平面形态、护岸感观、沿岸步道等方面来打造出具有岸线形态丰富、空间变化灵活、视觉感受强烈等特点的仿自然形态临水空间景观。

4.2.1　岸线平面形态

填海区岸线作为水域和陆域交界的边界和融合点，可依据其不同的使用功能（如公共海水浴场岸线、公共服务区岸线、度假酒店和别墅住宅社区岸线、生产岸线等），进行填海区岸线的平面形态设计。

1. 直线型（平直型）岸线形态

直线型平面形态的岸线（岛壁）的优点是便于施工建设，造价成本相对较小，空间简单便于使用划分，缺点是空间变化单调，景观易显僵硬和平淡。目前主要用于城市功能综合类人工岛的生产岸线，如布置工厂、仓库及工业码头等，较小部分岸线用于布置大学与科研院所、公园等生活、办公服务类空间。

为改变空间变化单调的不足，可将较长的直线段岸线处理成为突堤式和凹入式的折线型岸线形态。突堤式岸线使人有一种置身水中的自然感受的特点，在该岸线突出部分可放大主要建筑临海界面的步行空间成为小广场或跌落式亲海平台。凹入式岸线给人一种向心、围水的亲水感受的特点，在该岸线凹入的部分陆域地上布置标志性建筑，可形成视觉焦点。可通过阶梯护岸、亲水平台等在空间上的高低起伏和层次变化，来创造与水关系密切的亲水活动空间和变化的景观。城市功能综合类人工岛可利用凹入式岸线建造商港，如神户六甲岛（图 4.2.1）。

图 4.2.1　日本神户六甲岛

2. 弧线型（曲线型）岸线形态

弧线型岸线可分为凸弧形岸线和凹弧形岸线，弧线型岸线空间变化丰富，能提供较好的空间景观效果，也能从一定程度上增加岸线长度。在维持护岸整体方向不变的前提下，可将平直段护岸设计成由几段弧线自然顺接的弧线型护岸，形成连续、多变、丰富、灵活的滨水空间。

凸弧形岸线深入大海，形成犹如置身于海中的开阔心理感受。根据该类岸线区域面积大小的不同，可以布置标志性建筑或标志性建筑组群，作为天际线起伏变化的活跃点，如卡塔尔珍珠岛弧线型外岸线（图 4.2.2）。

凹弧形岸线可形成内向型围合的内湾空间，可建设环水建筑群以形成一种向心力和围合感，使天际线构图具有深远的视觉效果和空间感，突出滨水景观，表达一种对观察者的吸引和欢迎的情感。建筑组群布局时应根据内湾空间的大小，靠近岸边建筑以低层建筑为主，形成围合的界面；造型独特的高层建筑点式布置，形成起伏明显的天际线。设置若干条两岸相对望的轴线，还可在轴线的交点处设置小岛，布置标志性低层建筑，作为视觉中心。图 4.2.3 为卡塔尔珍珠岛的凹入式人工内湾景观，同时利用内湾岸线布置游艇码头。

图 4.2.2　卡塔尔珍珠岛弧线型外岸线　　　　图 4.2.3　卡塔尔珍珠岛凹弧形内湾岸线

4.2.2　护岸感观

护岸作为水陆交界处的建筑物，在承担防护功能的同时，也是人与水接触的支撑点。护岸感观是指护岸的表面形态作用于人的感官时在大脑中的直接反映，可触动人的感觉神经对护岸景观效果做出判断和理解。护岸表面形态生动是景观护岸设计上的重要关注点。

1. 水际线

水际线是护岸与水体的交界线，即人们站在护岸前沿所看到的水体边界线。水无常形，因此水际线的形成和轮廓线都是由护岸实体所决定的。水际线作为水陆分界线，无论对亲水活动，还是对护岸的整体景观性都是极其重要的。传统的护岸设计中，往往忽略了对水际线的处理，而直接将岸壁表面设计成平整光滑的墙面，所形成的水际线为一条清晰的直线（图 4.2.4），导致水际线单调，在亲水和景观环境上都缺乏魅力。

模糊护岸单调清晰的岸线使其形态富于变化是水际线处理的手法之一。可依据亲水区域的水体环境、护岸的类型及材质和所进行的亲水活动来确定模糊水际线的方式。直线段岸线采用景观与亲水型结构，如结合滨海步行道的设计，采用平面形态丰富的圆形沉箱护岸结构（图 4.2.5）。在进行护岸的护面与护底设计时，在满足护底稳定性功能的前提下，尽量兼顾景观效果，如可抛填天然石材或采用镂空块体来模糊水际线（图 4.2.6）。

图 4.2.4　水际线单调的景观护岸

图 4.2.5　圆形沉箱结构景观护岸(威海滨海公园)

图 4.2.6　镂空块体模糊水际线

2. 材料质感

材料的质感是指人们通过感官对材料特征产生的感觉和对材料做出的综合的印象,包含材料质地、材料肌理、材料色彩等。自然质感是指材料本质具有的质感,人工质感是指通过一定的加工手段和处理方法而获得的质感。材料的质地通常是指材料的物质类别特征,如石料、混凝土等。将不同质地的材料组合在一起,会形成不同质感的对比,使景观要素丰富、视觉效果变得生动。在护岸的设计和选材过程中,要善于使用对比的关系和手法,强调所用主材的视觉地位,增强护岸景观的协调性。

材料的肌理通常是指材料表面的几何细部特征(表面的组织纹理结构),即各种纵横交错、高低不平的纹理变化等。无论滨海护岸采用现浇混凝土还是块材构筑,都应让人在视觉上很容易分辨出材料的个体形状,护岸的质感才能得以体现。

基于材料肌理与视觉关系的原理,当观察距离较远时,观察者若是无法分辨材料个体,护岸整体会给人一种带状大平面的视觉印象,显得单调而呆板。块材为主材的护岸,为提升护岸的整体景观效果，可通过加大块材的个体尺寸来改变材料肌理与视觉关系。实践表明，在定制块材尺寸比较小的情况下，加大或加深块材之间的接缝也可在较远的观察距离分辨清楚单个块材。

混凝土材料本身的肌理效果并不好，无论是混凝土块还是现浇混凝土，如将其大面积用在护岸上，整个护岸的外观将变得单调和呆板，在整个滨水景观中显得非常生硬。常用解决方法是丰富单个混凝土预制构件的形态、加大混凝土块之间的缝隙或增加镶面等，使整个坡面产生较强的肌理效果，如图 4.2.7 所示的预制混凝土 8 字块斜坡护岸和图 4.2.8 所示的六面棱体斜坡护岸。

图 4.2.7　预制混凝土 8 字块斜坡护岸实例　　　　图 4.2.8　预制混凝土六面棱体斜坡护岸实例

石材作为天然护岸材料，其外形、肌理和色彩都是人工材料无法比拟的，特别是石材的散乱特质，常给人一种外观形态自然的印象，使人产生亲近自然的意愿。图 4.2.9 为大连旅顺世界和平公园的斜坡式护岸采用的剁斧石砌筑面层，用以增强护岸的质感。

图 4.2.9　大连旅顺世界和平公园的自然面块石护岸

近年来，部分护岸使用人造石材或对混凝土进行仿石面处理。尤其是后者，在混凝土凝结后采用琢面和琴凿的方法进行处理，能在一定程度上接近天然石材。这种处理方法不仅能够表现出混凝土骨材所具有的特殊形态，还可以改变混凝土单一呆板的外观，取得较好的质感效果。

4.2.3　沿岸步道

沿岸步道一般是指贴着水边呈线性展开、空间狭长的非机动车道路,具有"精、幽、隐"的感觉,较为适合漫步游览等休闲活动。沿岸步道空间是以沿岸步道为主体,由步道两侧的水体、植物、场地、构筑物、景观小品及景观配套服务设施所共同构成,为人们提供亲水、散步等游憩活动并兼具一定的文化性与生态性的滨水线性空间(余帆,2014)。为此,沿岸步道的设计应利用好沿岸地段舒适的环境,为人们创造多功能、多层次的游憩、娱乐、活动空间。

步道的舒适度是指人与步道的尺度对比及空间感受是否舒适,其设计需要考虑流畅度、宽度、坡度和材质等因素。根据设计规范和经验,可供二人并肩舒适行走的步行宽度应大于 1.8m,一般不少于 1.5m(人与轮椅相向通过),至少应满足 1.2m 的宽度。步道最大坡度 4%,以小于 2.5%为适。步道流畅度是指步道入口以及步行空间内有无障碍物的遮挡,如若有障碍物,人需绕行甚至完全不能通过,步行活动被终止,流畅度低,其舒适度也随之降低;铺装材质既要保证人安全不滑倒,也要满足人行走时脚底的舒适度。滨海步行道旁的建筑宜为低层建筑且离水单侧布置。

1. 色彩运用

色彩作为重要的视觉造型要素和表现手段,能将情绪赋予风景,可以强烈地诉诸情感而作用于人的心理。色彩可以加强滨海景观造型的表现力,丰富滨海景观空间形态的效果。此外,色彩还具有时代特点,对整体景观有着加强表现力的作用。多以直面、曲面出现的护岸具有较大的视觉范围,其常见色彩的心理倾向及表现材料如表 4.2.1 所示。

表 4.2.1　护岸常用色彩的心理倾向及表现材料(郭嫣嫣,2013)

色彩	心理倾向	表现材料
橙	非常温暖、扩张、华丽、强烈、愉快	土、石、植物
黄	温暖、扩张、干燥、华丽、柔和、轻巧	石材、土、草
灰	冷静、沉稳、沉重、收敛、坚固	混凝土、碎石
绿	湿润、柔润	草等地被植物
蓝绿	凉爽、湿润、爽快、有品格	水、地被植物
蓝灰	收缩、坚固、凉爽、沉重	青石、混凝土
紫	迟钝、软弱	灌木、地被植物

天然石材的种类繁多,不同品种石材的光面与毛面由于反光与阴影等而其色彩的明度和彩度会发生变化,但色彩纯度和饱和度普遍较低,需根据整体景观基调谨慎选择石材的色彩。

景观面积对色彩设计有较大的影响。如规模比较大的景观宜采用明度高、彩度低的色彩,明亮的暖色可使环境景观有明快的感觉。对比色调的配色是由互补色组成,由于互相排斥或者互相吸引都会产生强烈的紧张感,因此需根据整体色调谨慎选择对比色调。另可使用彩色砖、彩色预制构件和人工颜料来加强护岸的色彩效果,渲染景观氛围。

滨水步道两侧植物的视觉综合观感可从植物的丰富色彩变化、观赏特性（花、果、季相变化等）、良好长势、合理且多样的配植方式等来体现。滨水步道还应关注具有滨水地区特色的植物选用与配植，如图 4.2.10 所示的木栈道与内侧的绿地景观。

图 4.2.10　木栈道与内侧的绿地景观

植物的生长受当地环境影响较大，应依据植物的生态习性、形态、空间围合的需要、向海景观的优美程度等，确定植物的位置及组合状况。景观植物的色彩随季节不同其变化最大，内湾或背浪侧护岸后面常用的植物中，地被植物的草皮和草花色彩明度和纯度较高，但它们随季节的变化也最大。相对而言，乔木和灌木的色彩明度与纯度普遍较低，利用常年多次开花的灌木与常绿的树冠形成对比的色彩，既可以渲染景观氛围，又可以减弱岸线和水际线的单调呆板，使整个护岸景观生机盎然。

2. 步道地面铺装

人的视锥决定了人在行走中总是注视着眼前的事物，而且为看清行走路线，人们行走时的视轴线向下偏了 10° 左右（视线一般位于俯角 10° 的位置），因而地面铺装是形成滨水区的广场和道路空间底界面的重要部分。人们通过行走在铺装地面上的感触从而感知空间肌理，具有特色的铺装容易给人留下深刻印象。

地面的铺装主要表现在铺装材料的质地、色彩、图案的组合方式及尺寸等方面，不同的铺装具有划分空间、界定区域、增加地面的装饰性及导向等功能。步道铺装应基于滨水步道空间周边地块用地性质、滨水步道各区段功能定位，选择与整体环境气氛相协调的铺装材质、色彩及纹样等。步道地面铺装设计应能很好地契合功能定位，铺装材质、色彩的搭配与环境融合或能凸显环境特色，纹样在视觉观感上极具艺术性，美学欣赏价值高。

铺装的细部主要体现在材料和样式的选择两个方面。铺装材料应多使用当地在不同历史时期常用的乡土材料，如小青砖、卵石、石板、砾石等，常能体现出传统韵味，同时也应结合现代的使用功能进行综合考虑。图 4.2.11 为大连开发区滨海公园的仿卵石滨海台阶。

在与护岸一体的滨海公园等的步道地面铺装中可运用人工配色强化色彩的效果，如漳州开发区南太武黄金海岸彩色混凝土散步道（图 4.2.12）。可加入海洋文化的图形以表达海洋的信息，可融入历史或民俗符号、图案、色彩等，或是运用地方乡土材料，增加其地域性景观特色，提高其地域文化内涵。

图 4.2.11　大连开发区滨海公园　　　　图 4.2.12　漳州开发区南太武黄金海岸彩色混凝土散步道

3. 景观小品及设施

滨水景观小品及设施属于构筑物，多由简单的工程材料组成。滨水步道空间的景观小品主要包括雕塑，设施主要包括座椅、垃圾桶、路灯等。滨水景观小品尤其是景观设施的主要作用是给游人提供在观景活动中所需要的生理、心理等各方面的服务，如栏杆是为了维护安全可以依靠，坐凳是为了休闲可以坐下，垃圾箱是为了便于管理可以投放，指示牌是为了便于引导。滨水景观的状态应为竖长形，设置景观小品时应保持区域间的联系与互动，考虑一定的亲水性和与水的互动。如漳州开发区南太武黄金海岸的滨海步行道的照明灯杆（图 4.2.13），与周围环境的协调和呼应，起着很好的点明主题和烘托气氛的作用。

图 4.2.13　漳州开发区南太武黄金海岸

防护性设施的设置，如护栏、台阶、照明等，材料的选择应反映地方特色为宜。水边护栏常常是人们重要的活动地段，如临海眺望或身体依靠，应注意其牢固性及安全性。由于受波浪影响，有些地段植物不能生长，可适当设置亭廊等硬质景观，为人们提供夏季庇荫的场所。

4. 漳州双鱼岛外岸线绿地景观设计

漳州双鱼岛环绕整个岛的外岸线绿地景观共由三部分组成，分别是城市绿地、沿岸步道与沿岸环形车道、外沿绿化带，形成"一坡、一线、两带"的格局（中交第三航务工程勘察设计院有限公司，2009）。城市绿地自高到低向海侧找坡，供人们在高处观海、聚会活动。该人工岛滨海岸线景观设计项目作为整体规划的重要部分，起着承担人员游憩、构成城市景观、组成岛内交通等多项功能。

图 4.2.14 为漳州双鱼岛外岸线景观设计示意图，沿岸步道由 3m 宽的竖向绿化带和 5m 宽的人行道组成，沿岸环形车道由 7m 宽双向车道组成。适宜设置弯曲道路，以降低车速，形成人车混行的舒适便捷的交通环境。外沿绿化带由低矮的灌木组成。在创造良好的步行环境的情况下，又不遮挡观海。外岸线沿岸步道上方、内岸线隔离带及中央花池宜种植枝叶茂盛、四季常青的乔木；灌木适宜种植大片常青藤本植物，适当点缀些彩色花卉。同时宜选择耐风及适于本土滨海气候生长的植株。

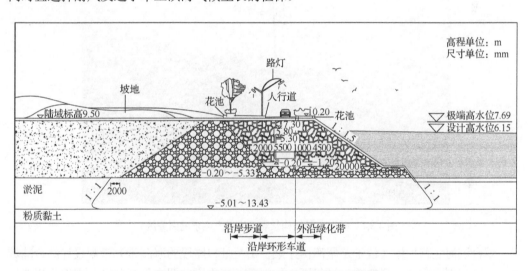

图 4.2.14　漳州双鱼岛外岸线景观设计示意图

4.3　景观与亲水护岸结构

护岸是防御海浪、海潮对岸坡和陆域的侵袭，保障陆域人员和基础设施安全的重要防护性水工结构，同时又是人们与水接触的最亲密支撑点。滨海景观与亲水护岸之所以令人向往，除保护陆域安全之外，还能够在一定程度上满足游人亲水的意愿。护岸的结构型式影响着人们与水体之间的关系，不同结构型式的护岸提供给人们不同的视觉感受和亲水便利性。通常景观护岸结构是指在满足结构稳定的前提下，从美学的角度重点关注人们的视觉感受。亲水护岸结构是指在满足结构稳定的前提下，从近距离与大海接触的角度重点关注人们的亲水便利和安全。优秀的护岸设计应具有集成防护、景观和亲水功能于一体，提升整个临水空间的多样性、层次性和美观性。

4.3.1　直立式景观护岸

直立式景观护岸通常适用于岸坡较陡、水深较深、陆域纵深较小、用地紧张的岸线。直立式景观护岸可选用沉箱结构、消浪方块结构等。直立式景观护岸的堤顶高程与海面的高差通常较大，公众较难以接近海面，其亲水性相对较差。

1. 直立式沉箱结构

常用的直立式沉箱结构主要有方形沉箱与圆形沉箱结构。方形沉箱结构护岸易于建造和施工，但护岸前沿波浪反射较大，水际线是一条单调清晰的直线。圆形沉箱结构护岸受力条件好，护岸前沿波浪反射较小，水际线呈弧线变化可提升景观效果。图 4.3.1 为圆形沉箱结构景观护岸工程实例。

图 4.3.1　圆形沉箱结构景观护岸（大连东港商务区）

烟台滨海北路护岸（位于芝罘湾南岸烟台山至虹口路段的海滨带）景观设计结合陆域滨海景区规划，设计了观浪区、涌泉区、休闲区及亲水区共四个景观分区。观浪区岸壁设计为升浪直立式结构（秦福寿，2005；杨丽民等，2004）。

图 4.3.2 为烟台滨海北路观浪区升浪直立式景观护岸断面图，图 4.3.3 为建成后的升浪直立式景观护岸实景。该护岸结构墙身下半部分为圆柱形，上半部分为半圆台形的混凝土块体，块体上部为混凝土挡浪墙，挡浪墙顶部海侧设计为带鹰嘴的反浪弧。圆台块体顶高 3.0m，顶部直径 0.6m，底部直径 4m，挡浪墙顶高程 4.5m。由于波浪在一定水深条件下，遇直立式岸壁产生立波，且在折角处，波浪汇聚于此产生波能集中，使波浪升高。根据这一原理，在波峰作用时，波浪被突出的半圆块汇集、涌高。上部圆锥体使涌起的水柱扩散形成水墙，最后通过上部圆弧形反浪墙反射抛向空中，构成一幅美丽的水幕墙。该设计不仅减小了海水上岸程度，而且还可以使人们欣赏到波浪升空、翻转、回抛大海的壮观景象。

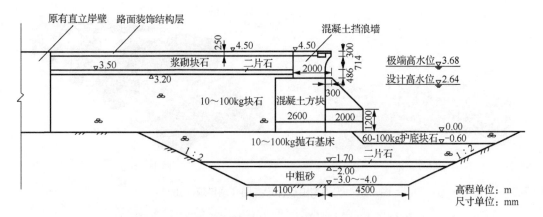

图 4.3.2 烟台滨海北路观浪区升浪直立式景观护岸断面图

图 4.3.3 烟台滨海北路观浪区景观护岸实景

2. 天力消浪块护岸结构

天力消浪块单体由前端为半圆形壁面的下方块体和上方水平板组成，下方块体和上方水平板的侧边都开有凹槽，如图 4.3.4（a）所示。天力消浪块体已应用于高雄、澎湖、马祖、厦门等地（汤伊琼，2007；王美茹等，2000）。

天力消浪块上下交错安放时，由消浪方块组成的墙身可形成椭圆形上下的消能通道［图 4.3.4（b）］，将波浪水体的垂向运动导入天力消浪块椭圆形消波室内，起到消浪和减少墙前反射波的作用，消浪方块的反射系数为 0.4～0.5。由于墙前反射波减小，作用在墙身上的波峰和波谷作用力、波浪爬高和越浪量均减小。同时形状特殊的天力消浪块，可形成弧面与孔道上下左右交替的优美外观，还可设计成与大海协调的色彩，取得消减波浪、减少波浪爬高和越浪量及景观优美的综合效果。

厦门市环岛路前埔段国际会展中心广场前路堤的直立护岸段长约 1500m，采用了天力消浪块体结构方案（图 4.3.5），上部采用的后退式阶梯挡浪墙，其纵横线条与其下消浪方块的优美外观相互协调。消浪方块墙前海底铺设护底块石层。

（a）单体　　　　　　　　　　　　　　　（b）排列效果

图 4.3.4　天力消浪块体示意图（汤伊琼，2007）

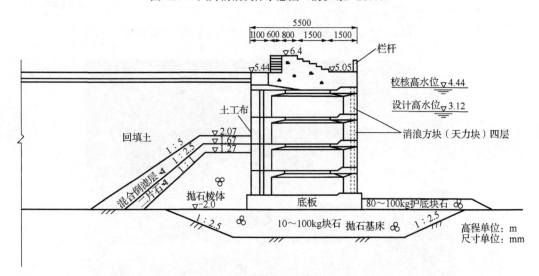

图 4.3.5　厦门市环岛路前埔段天力消浪块体护岸结构方案

厦门市环岛路前埔段天力消浪块体护岸工程区的 50 年一遇的设计波要素，由国家海洋局崇武海洋环境监测站多年的实测波浪资料推算，见表 4.3.1。表中水位以黄海基面起算。消浪方块的设计尺寸按天力消浪块试验及有关技术资料，其长×宽×高为 5.5m×3.0m×1.4m，每块质量约 25t。由于天力消浪块为空心方块，其墙身自重轻，沉降量小，对地基条件也容易满足。

表 4.3.1　厦门市环岛路前埔段天力消浪块体护岸设计波要素（50 年一遇）

海底高程/m	校核高水位 4.44m		校核高水位 3.12m	
	H/m	T/s	H/m	T/s
−2.0	3.86	10.0	3.07	10.0
2.5	4.16	10.0	3.37	10.0

在计算护岸的越浪量时，采用了多向不规则波试验研究得出的计算公式。挡浪墙顶高程为 6.4m，可满足校核高水位时的允许越浪量要求。挡浪墙离地面不足 1.0m，不影响人们在陆上观海，台阶式的挡浪墙又便于人们在台阶上休息观景。

3. 双柱消浪块护岸结构

双柱消浪块是中交第一航务工程勘察设计院有限公司的专利产品（秦福寿，2005；杨丽民等，2004）。该消浪块从平面和立面看均似"工"字，顶板和底板的两长边各开半个椭圆形孔（顶板孔小，底板孔大），由前面大、里面小的两个椭圆柱支撑顶板与底板形成水平的消能通道［图 4.3.6（a）］。当双柱消浪块上下层叠压放置时，可形成垂向和水平向互相连通的消波室，其块体的排列效果见图 4.3.6（b）。

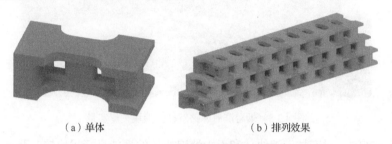

（a）单体　　　　　　　　　　　（b）排列效果

图 4.3.6　双柱消浪块体示意图

双柱消浪块的消波原理是前面的大椭圆形柱容易使岸壁前进入消波室内的波浪产生相位差，减少了波浪的反射。里面的小椭圆形柱容易使进入消波室内的波浪产生水平旋涡和形成垂直向旋涡，大部分波能因涡旋、冲击和摩擦而消减；双柱消浪块上下水平板间均有椭圆形孔洞，且上下层消能室相通，具有消波作用又可减少波浪的上托力。

双柱消浪块直立式岸壁的墙身由双柱消浪块体交错叠砌而成，坐落在抛石基床上。双柱消浪块体结构形状特殊，重量轻，景观效果好。结构尺寸可依据设计条件自由进行选择和调整，对于较长周期的波浪，其反射率比较低。

烟台市滨海北路涌泉广场至亲水区之间长约 300m 的漫步休闲段，考虑游人漫步休闲观海需求，将此段岸壁设计为消浪块体结构岸壁，以增加结构和游人的安全。岸壁结构采用双柱消浪块叠砌而成的墙身，浆砌块石及剁斧石砌筑面层。图 4.3.7 为烟台滨海北路双柱消浪块护岸结构断面图，图 4.3.8 为建成后的双柱消浪块护岸实景。双柱消浪块体形状特殊，外观优美，消波性能好，结合物理模型试验分析，表明双柱块体对长周期波浪，其反射率比其他类型消浪块低，且施工方便。消浪块体海侧可以采用彩色混凝土预制而成，不同色彩的块体交错摆放，从海上看去外观优美大方。

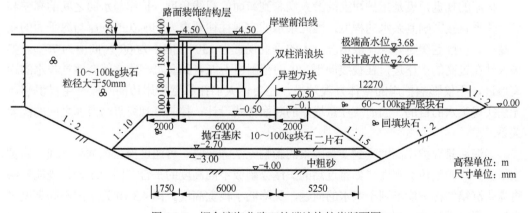

图 4.3.7　烟台滨海北路双柱消浪块护岸断面图

图 4.3.8　烟台滨海北路双柱消浪块护岸实景

汤伊琼（2007）对双柱消浪块体和天力消浪块体的性能进行了比较，两种消浪块体的单块质量及空隙率列于表 4.3.2，双柱消浪块的空隙率略大于天力消浪块。比较结果反映出虽然两种块体的消波原理相近，但双柱消浪块的消能室之间不仅上下连通且水平向也连通，有助于消耗波能，提高消波效果。相关试验表明，水位和周期相同时，两种块体的反射系数均随着周期的增大而增加。但总体上双柱消浪块岸壁墙前的反射波高、反射系数及上水厚度均小于天力消浪块，其消波效果优于天力消浪块。

表 4.3.2　单块质量与空隙率

	双柱消浪块体	天力消浪块体
单块质量/t	29.43	24.5
空隙率/%	52.08	51.6

4.3.2　多级平台式护岸和多级台地式护岸

1. 多级平台式护岸

护岸的视觉角度是指护岸上的游人观看到海面的视线角度。护岸与水面之间的高差和连接关系直接影响到亲水的程度，因此亲水的实现往往要求人们所在的护岸与海平面的高差越小、坡度越缓越好。一般情况，人的垂直视野为 130°（向上为 60°，向下为 70°）。如果人站在过高的护岸边，在视线向下 70°的范围内不能看到海水，通常就会感觉与水的距离遥远，不仅影响护岸的整体景观效果，还会让人们在靠近护岸边的时候产生畏惧感，无法实现亲水的目的。因而应注意堤岸的断面形式设计，控制好观海点与海面之间的高差关系。

当滨海景观护岸高度受到安全因素的影响无法降低时，可通过掩盖视觉高度或者错觉来增强护岸的整体美观性。如将过高的护岸分割成不同高度的平台（图 4.3.9），既能解决直立式沉箱结构护岸不利于亲水的问题，又降低了视觉高度。图 4.3.10 为割成不同高度平台掩盖视觉高度的工程案例。

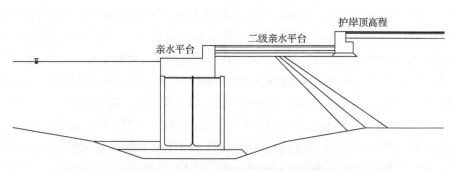

图 4.3.9　多级平台直立式沉箱护岸示意图

图 4.3.10　割成不同高度平台掩盖视觉高度工程案例

　　东营港广利港区圆弧段护岸位于广利港区疏港路尽端，此段护岸长度约 710m。设计中采用了高程 2.6m、3.9m 和 5.2m 的三级平台式护岸（图 4.3.11），高程 2.6m 低平台仅稍稍高于设计高水位 2.5m，游人能最近距离感受亲水效果。高程 5.2m 高平台在护岸顶部形成大面积的休闲空间，全年的绝大部分时间均可以在保证安全性的前提下作为市民观海和休闲场所。经过设计计算并通过物理模型试验验证，高程 5.2m 的护岸堤顶越浪量小于 0.04m³/(m·s)。同时依靠在不同平台上设置的诸如灯塔、廊架、雕塑等景观小品作为竖向元素，打破护岸单一的横向线条。选择护岸面材时，在保持整体色彩协调的同时，局部区域突出颜色搭配的鲜明性，丰富了护岸的景观层次。

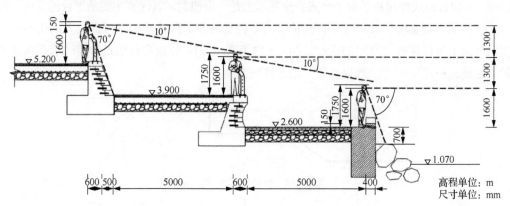

图 4.3.11　东营港广利港区三级平台式护岸断面图（李艳群，2018）

　　平台式护岸的平台净宽约 5.5m、平台间高差 1.3m 的选取是基于人在垂直面内视野的舒适性和安全性的分析。人站立时的自然视线是水平向下 10°，此时人不需要进行任何眼部运动就可以清楚地观察前方的景色；人眼垂直面内的最大视野是向下 70°，在此视野范围内，人可以不借助体位的改变而仅通过眼睛的转动观察到此区域内的物体。高一级平台护栏边的人（取身高 1.75m，视高 1.6m）的自然视线能越过低一级平台护栏边的人的头顶，直达水面，此时的自然视线满足了视野最佳舒适性的需要；同样，护栏边的人能以向下 70°最大视野从高一级平台的护栏边无遮挡地看到低一级平台的地面坡角或水中的人工礁石，满足了人视野安全性的需要，增强了人的安全感。图 4.3.12 是东营港广利港区三级平台式护岸景观。

图 4.3.12　东营港广利港区三级平台式护岸景观

2. 多级台地式护岸

　　当护岸高度与水面的高差较大时，根据护岸顶高程与水面的高差和不同的景观要求，设置不同高度的多级台地来供游人选择在不同高度的台地上进行散步、垂钓、远眺、观赏等活动。多级台地式护岸和多级平台式护岸基本上是一个概念，其区别主要是平台的宽度。台地式护岸的平台宽度一般要比平台式护岸的平台宽很多。台地式护岸可提供人们在不同高度的台地上进行需要大空间的活动。图 4.3.13 和图 4.3.14 分别为台地式护岸的示意图及实景。台地式护岸结构消浪效果显著，亲水性较高。

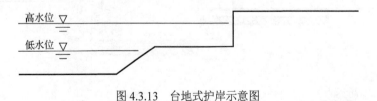

图 4.3.13　台地式护岸示意图

图 4.3.14　台地式护岸实景

　　台地式护岸可提供层次较丰富的景观。在多级台地式护岸上，人可以通过联系上下台地之间的阶梯下到与海面高差最小的一层台地上，与海水做最近距离接触。还可以运用美学原理和造园艺术手法，利用水的优势和独特的景色，配置游憩设施和有独特风格的建筑小品，如伸出水面的建筑、平台、架空在水面的人行步道、台阶等使环境更具亲和力。离水面最近的一级平台也可设置向前延伸到水面以下一定范围的阶梯，方便人们从离水面最近的一级平台上走下阶梯与海水接触。

　　从亲水和景观角度进行设计时，台地间高差应考虑适合上下台地间的游人交流。最低一级台地/平台与水面的高差控制在 1m 以内时，可有效增强平台与水体的整体感。考虑到游人上下台地的便利及疏散安全，在台地上的景观步道设计中，需要设置连接上下台地的阶梯与无障碍斜坡道，便于游人上下台地之间的联系和在紧急状态快速向周围疏散。

4.3.3　阶梯式护岸

　　阶梯式护岸是最为常见的亲水护岸类型，图 4.3.15 和图 4.3.16 分别为普通阶梯式护岸（坡度小于 1：2）的示意图及实景。逐级下降直到没入水中的阶梯，便于人们上下移动至不同高度的地方活动时脚下稳固并保持平衡。人们可随着潮位的变化，站在距离海水最近的一级阶梯上进行直接与水接触的活动。但阶梯式护岸结构不便于婴儿车、自行车、轮椅等带有车轮的交通工具，需适当设置缓坡道以方便老年人和有行走障碍的人使用。

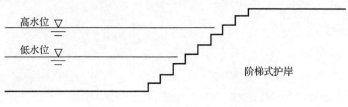

图 4.3.15　阶梯式护岸示意图

图 4.3.16　阶梯式护岸实景

　　阶梯式护岸可引导散步的人们驻足停留，自然而然地靠近大海，海水也会通过台阶主动"靠近"台阶上的人群。在设计中还可加入景观元素和当地文化元素，使其成为一个广受欢迎的滨海城市公共景观建筑。图 4.3.17 为著名的克罗地亚扎达尔海边的阶梯护岸——海风琴（Sea Organ）。该阶梯护岸于 2005 年建成，设计者是建筑师尼古拉·巴希奇（Nikola Basic）。

图 4.3.17　克罗地亚扎达尔海边的阶梯式护岸——海风琴

图 4.3.18（a）为阶梯护岸——海风琴定音构造平面示意图。阶梯护岸——海风琴总长约 70m，由 7 组不同阶数的大理石阶梯组成，每组石阶梯长 10m，下面有长度和直径各异的 5 根带孔共鸣管，5 根管道之间的距离大约 1.5m。7 组石阶分别对应 7 个音阶，每个音阶通过 5 个大小各异的带孔共鸣管各自鸣奏出 5 个音调，左右排列总计 35 根风琴管。图 4.3.18（b）为最左端风琴管道断面示意图。海风琴的每个管道主要由三大部分组成：位于海平面下方并与海水相通的水平管，位于步道正下方的带开口的发声钢管，连接水平管和发声钢管的橡胶管。

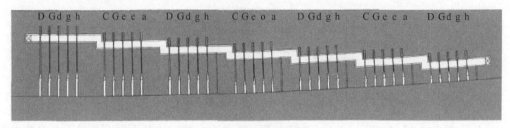

（a）定音构造平面示意图

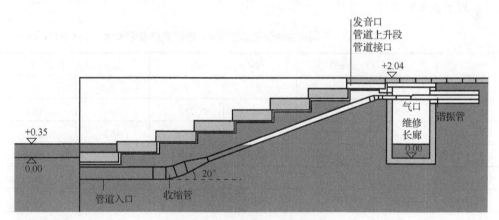

（b）左端风琴管道断面示意图

图 4.3.18　海风琴阶梯护岸原理示意图

"海风琴"工作的时候，海浪不断推动空气在宽窄不等的管内进出，气压的变换引起步道下的谐振管的振动而产生声音，声音再通过大理石台阶上成列铺置的气孔传入游客耳中。随着海浪大小和方向的变化，几十根风琴管用各自不同的声音共同演奏出美妙的奏响乐曲。这个巨大的"海风琴"获得了 2007 年欧洲城市公共空间奖，并成为扎达尔的一大旅游景点。

1. 上下行走阶梯

不同公共场所的阶梯设计时所采用的坡度和尺寸有所不同，现行行业标准中并未对护岸阶梯尺寸及坡度进行明确的规定。阶梯竖面高度与护岸坡度关系的相关研究给出阶梯护岸的坡度临界值约为 1∶1.5（33.7°）。水边的阶梯属于公共设施，考虑亲水护岸具有儿童较多的特点，护岸坡度不宜大于 32°。

　　阶梯式护岸的踏步的踢面高度设为 R（cm），踏步的踏面宽度设为 T（cm），如图 4.3.19 所示。对于主要用于上下行走的阶梯，从易于行走的角度考虑，踢面高度 R 应不超过 18cm（供老人及儿童使用时应不超过 16cm）。以人的自然步幅、使人在阶梯上下行走时感觉轻松舒适的角度考虑，踏面宽度 T 与踢面高度 R 之间一般可取

$$T+2R = 60\sim65（\text{cm}）　（成年人）\tag{4.3.1}$$

$$T+2R = 57（\text{cm}）　（老人及儿童）\tag{4.3.2}$$

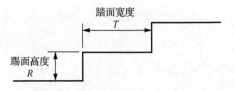

图 4.3.19　阶梯式护岸踏步示意图

　　应用式（4.3.1）与式（4.3.2）可得出不同护岸坡度对应的踢面高度、踏面宽度的参考尺寸，列于表 4.3.3。

表 4.3.3　不同坡度的阶梯踢面高度、踏面宽度参考尺寸　　　　（单位：cm）

坡度	成年人（$T+2R=65$）		成年人（$T+2R=60$）		儿童、老人（$T+2R=57$）	
	R	T	R	T	R	T
1：1.0	21.7	21.7	20.0	20.0	19.0	19.0
1：1.5	18.6	27.9	17.1	25.7	16.3	24.4
1：2.0	16.3	32.5	15.0	30.0	14.3	28.5
1：2.5	14.4	36.1	13.3	33.3	12.7	31.7
1：3.0	13.0	39.0	12.0	36.0	11.4	34.2

2. 观览、休憩阶梯

　　阶梯式护岸以观览、休憩为主要目的时，则需要考虑游人在阶梯护岸进行某些特定动作时所需空间，力求使利用者感到轻松和舒适。

　　如考虑游人在阶梯护岸上进行坐姿动作，踢面高度需要考虑坐用者大腿的舒适，一般适宜坐用的踢面高度为 $R=35\sim40$cm。考虑踏面宽度 T（cm）包括坐用者所占的最小宽度（可取 40~45cm）、并存行走者的最小人体宽度（可取 60cm）以及坐用者与行走者之间的最小间隙（可取 10cm），可得出坐用者与行走者并存时的踏面最小宽度为 110cm（标准宽度为 120cm），如图 4.3.20 所示。考虑游人在阶梯护岸的阶梯上进行蹲姿动作，蹲姿者所占的最小宽度可取 60~70cm，并存行走者的最小人体宽度以及蹲姿者与行走者之间的最小间隙取值同坐姿动作，可得出蹲姿或坐姿者与行走者并存时的踏面最小宽度为 130cm（标准宽度为 140cm），如图 4.3.21 所示。

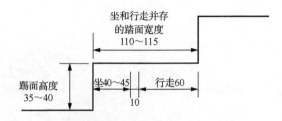

图 4.3.20　坐和行走并存的阶梯参考尺寸（单位：cm）

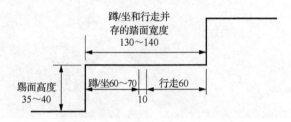

图 4.3.21　蹲/坐和行走并存的阶梯参考尺寸（单位：cm）

3. 台阶式护岸

台阶从语义上讲，包括"台"和"阶"两个要素，"台"是指不同高程的两个或多个水平面，"阶"就是指将这些不同高程的"台"联系起来的供人上下行走的阶梯状的建筑元素。台阶式护岸和阶梯式护岸基本上是一个概念，当阶梯式护岸的连续阶数较大（一般建筑工程中设定连续阶数在 8~11 的范围，最多不超过 19），需要在中间设置平台。

图 4.3.22 为台阶式护岸的示意图。台阶式护岸可以看作是阶梯式与平台式护岸的组合型式。台阶式护岸与平台式护岸的区别主要是不同高度平台之间上下的阶梯设置方式。平台式护岸是通过在平台的纵向相隔一定距离设置阶梯供人们到达不同高度的平台。而台阶式护岸的阶梯是沿着整个平台的纵向设置，方便人们在不同的潮位情形，只需在其所在位置上下行走即可到达离水面最近的一级平台上，进行散步、垂钓、观看海景等活动。离水面最近的一级平台也可设置没入水中的阶梯，方便人们走下阶梯与海水接触。图 4.3.23 为日本横滨港未来区台阶式护岸实景。

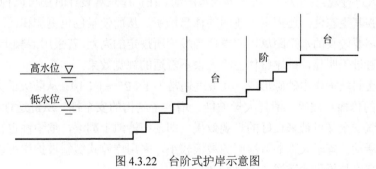

图 4.3.22　台阶式护岸示意图

图 4.3.23　台阶式护岸实景（日本横滨港未来区）

4.3.4　缓斜坡式护岸

缓斜坡式护岸通常是指临海侧坡度缓于 1∶3 的亲水护岸，其结构简单、防灾能力与稳定性好。图 4.3.24 为缓斜坡式护岸的示意图。相关研究结果表明，适于轻松的体育活动及游戏、坐用及散步等的斜坡坡度上限值为 1∶3，超过这一坡度则在使用和观览时会使人产生不适感。

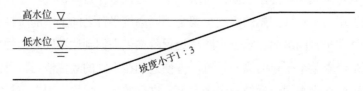

图 4.3.24　缓斜坡式护岸示意图

缓斜坡式护岸具有活动自由度更大的优势，可以有效地将护岸内外有机连接成一个整体，方便游人进行观景、散步、戏水等亲水活动。在护岸景观设计时还可以种植一些植物，不仅可以增强其生态性，还提供了遮阴的休息场所，从而使景色也更加和谐。缓斜坡式护岸的缺点是需要较长的水平距离以取得适当坡度所规定的高差，若采用混凝土材质的表面，由于人工痕迹过于明显，护岸整体会给人很不舒适的视觉效果。

岸滩式缓斜坡护岸由砂砾形成，其坡度通常为 1∶25～1∶10。从防灾能力的角度，波浪在缓坡上的传播和破碎，消耗大量波能，增大了结构的安全性。从舒适性的角度来说，天然的沙滩既安全又可带来良好的景观效果。即使在沙滩上翻滚，危险性也较低，还有利于开展各项活动。鉴于人工岛背浪侧的波浪较小，采用岸滩式缓斜坡护岸可以取得降低人工岛的陆域高度与提供沙滩浴场的良好效果。

这种岸滩式"护岸"与其他型式护岸的不同之处，在于其在使用过程中是有变形和冲蚀的。为了防止在施工和使用过程中填料的大量流失，应选择粒径较粗且级配良好的砂料进行填筑。设计岸滩式"护岸"的原则是应尽量使其在波浪作用下保持动态平衡,减少填料向外海的流失。在一定的海洋动力条件下,岸滩的坡度与砂料粒径是相关的。参考天然海滩的情况,对中值粒径 D_{50} 为 0.3mm、0.4mm、0.5mm 的填砂,其坡度可大致采用为 1:25、1:15、1:10。

为了保持岸滩的动态平衡,在作用波高与填砂粒径间应维持一定的比值,国外通常采用无因次参数 $H_s/(\Delta D_{50})$ 来表示此比值,H_s 为有效波高, $\Delta=(\gamma_s-\gamma)/\gamma$ 为相对重度(γ_s、γ 分别为砂粒和水的重度)。参数 $H_s/(\Delta D_{50})$ 大时,对应的 H_s 较大,岸滩冲刷较剧烈。对于缓坡而言,$H_s/(\Delta D_{50})$ 的平均值可取为 1000~2000。因此对 D_{50} 为 0.3mm、0.4mm、0.5mm 的填砂岸滩,其作用波高 H_s 分别为 0.5~1.0m、0.7~1.4m、0.8~1.6m。当斜向波作用于岸滩时,填砂将发生平行于岸滩的输移,可能会导致岸滩填料的流失,设计时需要引起关注及采取一定的防护措施。

采用土工砂袋护坡的结构可看作是从岸滩型缓斜坡护岸向陡坡式斜坡护岸的过渡。如采用每个装砂 1.5m^3 或 3.0m^3 的合成纤维土工砂袋作护坡,其边坡可陡至 1:3。与岸滩式缓斜坡护岸相比,可节省大量的填料。

参 考 文 献

丁宇晨, 2013. 城市滨水界面研究——以厦门市鹭江道南段和环岛路观音山段为例[D]. 泉州: 华侨大学.

高洁宇, 2014. 城市景观视觉环境评价实践[D]. 北京: 中国地质大学.

郭磊, 2009. 城市滨水空间研究[D]. 厦门: 厦门大学.

郭嫣嫣, 2013. 滨海景观护岸设计与评价[D]. 大连: 大连理工大学.

李峰, 2012. 货运港口景观绿化设计研究[D]. 广州: 华南理工大学.

李艳群, 2018. 从滨海景观角度谈东营港广利港区圆弧段护岸设计[J]. 中国港湾建设, 38(6): 55-58.

彭麒晓, 2015. 城市天际线的评价与控制方法研究——以合肥市滨湖新区为例[D]. 合肥: 合肥工业大学.

秦福寿, 2005. 浅谈景观岸壁总体设计理念[J]. 港工技术, 1: 17-18.

汤伊琼, 2007. 亲水堤岸的景观生态设计及水力特性研究[D]. 天津: 天津大学.

王美茹, 谢善文, 吕美君, 等, 2000. 厦门环岛路前埔段护岸天力消浪块体结构的设计和应用[J]. 港工技术, 1: 1-4.

杨丽民, 邓轩, 2004. 烟台市滨海北路改造工程景观岸壁设计[J]. 港工技术, 1: 27-28.

余帆, 2014. 上海市苏州河滨水步道空间调查研究[D]. 上海: 上海交通大学.

中交第三航务工程勘察设计院有限公司, 2009. 招商局漳州开发区人工岛填海工程工程可行性研究报告[R].

第 5 章　人工岛护岸设计

人工岛护岸是保护人工岛陆域人员和基础设施安全的重要防护性水工结构，是人工岛的重要组成部分。处在开敞式海域的人工岛外护岸，为防止恶劣海况下海水进入人工岛，通常要求设置高挡浪墙。但过高的护岸顶高程或挡浪墙顶高程会导致向海望去见墙不见海，堤身更厚重，也提高了工程造价。很多用于旅游度假、居住功能的人工岛，需要在设计中兼顾亲水性和景观性，在满足人工岛防护安全的前提下，护岸顶高程越低、挡浪墙越矮，则工程越经济、人工岛上的观海景观越好。人工岛护岸设计需要在人工岛主体结构和后方场地安全、视觉景观、亲水、环保、造价等方面取得最佳的平衡。

5.1　人工岛设计（建设）标准

人工岛设计标准通常分为与安全要求相关的标准和与使用要求相关的标准。与安全相关的标准，包括潮位重现期、波浪重现期与累计频率、抗震标准等，这些标准对人工岛主体结构的安全、建造费用等均有重要影响。与使用要求相关的标准，包括使用寿命标准、沉降标准、承载力标准等，这些标准主要是满足使用上的要求。

极端潮位、极端风浪、海啸等极端事件发生时，人工岛工程的安全性也是人工岛建设中需考虑的问题。人工岛设计要求达到极端事件下的绝对安全是不现实的，因而需要依据容许风险程度与使用寿命确定极端事件重现期。容许风险程度是指在极端情况下人工岛结构可允许一定程度的破坏，但一般要求破坏后建筑物仍能大部分存留，并可在原基础上进行修复。但对有更高安全要求的核电站人工岛，在设计中要考虑能承受更严重的极端事件。

迄今为止，尚没有针对人工岛建设的明确与统一的设计标准。目前我国大型人工岛工程的设计和建设通常都参考国内外相关行业的规范和标准，如我国的《防洪标准》（GB 50201—2014）、《港口与航道水文规范》（JTS 145—2015）、《海堤工程设计规范》（GB/T 51015—2014）、《海港总体设计规范》（JTS 165—2013）、*Port Works Design Manual*（CEDD，2002）等，以及日本、欧洲和美国等国家和地区的相关标准。鉴于人工岛的用途各异，不同人工岛的建设标准需根据人工岛功能、使用要求、岛上设施的重要性等综合论证确定。

5.1.1　潮位与波浪重现期标准

目前国内外均没有针对人工岛工程设计的潮位重现期、波浪重现期与累计频率等取值的规范和标准。鉴于人工岛的护岸与码头建筑及海堤同属于水工建筑物，现阶段人工岛设计主要是借鉴国内外港口工程、海堤工程等相关行业的现行规范。考虑人工岛在功能上属于市政设施，其防护标准在某些方面应高于港口建筑物，因此需要根据具体的实际情况对建设标准做适当的调整和提高。

1. 潮位重现期标准

《海堤工程设计规范》（GB/T 51015—2014）第3.1条规定海堤工程的防潮（洪）标准应根据现行国家标准《防洪标准》（GB 50201—2014）中各类防护对象的规模和重要性选定。采用高于或低于规定防潮（洪）标准进行海堤工程设计时，其对应的建设标准需要经过论证来确定。

现行国家标准《防洪标准》（GB 50201—2014）第4.2.1条对城市防护区重现期的选用标准是根据政治、经济地位的重要性、常住人口或当量经济规模指标分为四个防护等级，列于表5.1.1。表中的当量经济规模为城市防护区人均GDP指数（城市防护区人均GDP与同期全国人均GDP的比值）与人口的乘积。

表5.1.1 城市防洪区的防护等级和防洪标准

防护等级	重要性	常住人口/万人	当量经济规模/万人	防洪标准（重现期/a）
I	特别重要	≥150	≥300	≥200
II	重要	<150，≥50	<300，≥100	100～200
III	比较重要	<50，≥20	<100，≥40	50～100
IV	一般	<20	<40	20～50

《海堤工程设计规范》（GB/T 51015—2014）第3.2条规定海堤工程的级别应根据其防潮（洪）标准按表5.1.2选定。采用高于或低于规定级别的海堤工程需要经过论证。

表5.1.2 海堤工程的级别

防潮（洪）标准（重现期/a）	海堤工程的级别
≥100	1
50～100	2
30～50	3
20～30	4
≤20	5

需要考虑工程使用期内当地海平面上升引起的设计水位上升值时，可参照《中国海平面公报》中的有关数据来选取。施瑜等（2014）通过对比分析，认为《2001—2010年全球极端气候事件报告》中给出的2001～2010年全球平均海平面比1880年升高了20cm（上升速度为3mm/a），与《中国海平面公报》中的数值基本相同。为此对使用年限50年的一般水工建筑物，可考虑设计使用期间堤前设计水位的升高值不小于15cm。

2. 设计波浪标准

设计波浪标准包括设计波浪的重现期和波列累计频率。《港口与航道水文规范》（JTS 145—2015）第6.2.2条规定，进行直墙式、墩柱式、桩基式和一般的斜坡式建筑物的强度和稳定性计算时，设计波浪的重现期应采用50年；对大水深的重要建筑物，当重现期

100 年的波高大于或等于重现期 50 年的同一波列累计频率的波高的 1.15 倍时,其设计波浪的重现期可采用 100 年,且极端高水位的重现期可相应调整为 100 年。

对于直立式、斜坡式海堤护面的强度和稳定性计算,《海堤工程设计规范》(GB/T 51015—2014)第 6.1.2 条规定,设计波高(H_F)的波列累计频率标准应按表 5.1.3 确定。当推算出的波高大于浅水极限波高时,设计波高(H_F)应采用极限波高。

表 5.1.3　设计波高的累计频率标准

海堤型式	部位	设计内容	波高累计频率 F/%
直立式	挡浪墙、墙身、闸门、闸墙	强度和稳定性	1
	基础垫层、护底块石	稳定性	5
斜坡式	混凝土板护坡、挡浪墙、闸门、闸墙	强度和稳定性	1
	浆砌石护坡、干砌块石、块体护坡	稳定性	13[*]
	护底块石、块体	稳定性	13
海堤前的潜堤	护面块石、护面块体	稳定性	13

注:*表示当平均波高与水深的比值 $\bar{H}/d_{前} < 0.3$ 时,F 宜采用 5%。

有关工况组合,各个行业的建议标准也不尽相同。我国《海堤工程设计规范》(GB/T 51015—2014)第 6.1.1 条规定,设计波浪和设计风速的重现期宜采用与设计高潮(水)位相同的重现期,当采用其他设计标准时,应经分析论证。这一规定虽然清楚,但此规范涉及的范围是 50 年一遇的重现期,对 100 年一遇的标准已经超出了规范的范围,所以并不具有强制性作用。

英国标准 *British Standard Code of Practice for Maritime Structures*(BS 6349)中相关条文提出:如果缺乏足够的资料确定潮位与波浪无关,则应假定两者是相关的,即某一重现期的波高将与相同重现期的极端高水位同时发生。这种考虑问题的出发点,是强调在关联不清时以不利情况选用。

香港行业标准 *Port Works Design Manual*(CEDD,2002)要求在选取设计波浪条件时要一并考虑相应的水位,但没有采用相同频率的潮位和波浪进行组合。设计使用期 50 年的水工结构,极端环境情况的重现期取 100 年,选择如下 4 种组合方式的不利组合确定:10 年一遇潮位组合 100 年一遇波浪、100 年一遇潮位组合 10 年一遇波浪、50 年一遇潮位组合 50 年一遇波浪、平均较低水位组合 100 年一遇波浪。

5.1.2　越浪量标准

越浪量是指波浪越过建筑物堤顶的水量。越浪量的大小主要取决于波浪条件和建筑物的断面结构。由于天然海浪是不规则的,同一波列中各个波浪对某一建筑物产生的越浪量是随机变化的,通常采用单位时间内波浪越过单宽堤顶的平均越浪量 q(m^3/(m·s))来衡量越浪量的大小。平均越浪量可以反映较长时间内越浪的平均效应,是考虑建筑物顶部及内坡冲蚀和堤后陆域排水能力的主要参数。

现行国家标准《海堤工程设计规范》（GB/T 51015—2014）第 6.6.1 条规定的海堤的允许越浪量列于表 5.1.4。我国部分地区对越浪量标准提出的相应规定列于表 5.1.5（施瑜等，2014）。

表 5.1.4　海堤的允许越浪量

海堤表面防护	允许越浪量/[m³/(m·s)]
堤顶及背海侧为 30cm 厚干砌块石	≤0.01
堤顶为混凝土护面，背海侧为生长良好的草地	≤0.01
堤顶为混凝土护面，背海侧为 30cm 厚干砌块石	≤0.02
堤顶三面（堤顶、临海侧和背海侧）均有保护，堤顶及背海侧均为混凝土保护	≤0.05

表 5.1.5　部分国内标准允许越浪量（施瑜等，2014）

设计规范	海堤表面防护/海堤型式和构造	允许越浪量/[m³/(m·s)]
《海堤工程设计规范》（GB/T 51015—2014）	堤顶为混凝土护面，背海侧为 30cm 厚干砌块石	≤0.02
	堤顶三面均有保护	≤0.05
广东省海堤工程设计导则	有后坡：堤顶为混凝土或浆砌块石护面，内坡为生长良好的草地	≤0.02
	海堤：堤顶为混凝土或浆砌块石护面，内坡为垫层良好的干砌块石护面	≤0.05
	无后坡：堤顶有铺砌	≤0.09
	滨海城市：堤顶为钢筋混凝土路面，内坡为垫层良好的干砌块石护面	≤0.09
浙江省海塘工程技术规定	设计频率波浪条件下的最大允许越浪量	0.05
	校核条件下的最大允许越浪量	0.07

我国香港行业标准 *Port Works Design Manual*（CEDD，2002）从不同角度的安全状况给出对应的允许越浪量，列于表 5.1.6。

表 5.1.6　香港行业标准允许越浪量

安全状况	允许越浪量/[m³/(m·s)]
对行人危险	3×10^{-5}
对车辆不安全	2×10^{-5}
对于未铺砌表面危险	0.05
对于铺砌表面危险	0.2

日本行业标准《港湾の施設の技術上の基準》（日本国土交通省，2007）中分为护面工程、堤后范围、重要程度三种方式对允许越浪量做出了更为细致的规定，列于表 5.1.7～表 5.1.9。

表 5.1.7　日本行业标准允许越浪量（一）

类别	护面工程	允许越浪量/[m³/(m·s)]
堤防	外坡有护面，堤顶、内坡没有护面	≤0.005
	外坡和堤顶有护面，内坡没有护面	0.02
	三面都有护面	0.05
护岸	堤后地面未铺装	0.05
	堤后地面铺装	0.2

表 5.1.8　日本行业标准允许越浪量（二）

使用者	堤后土地利用范围内	允许越浪量/[m³/(m·s)]
行人	挡浪墙后（50%安全度）	2×10^{-4}
	挡浪墙后（90%安全度）	3×10^{-5}
机动车辆	挡浪墙后（50%安全度）	2×10^{-5}
	挡浪墙后（90%安全度）	1×10^{-6}
房屋	挡浪墙后（50%安全度）	7×10^{-5}
	挡浪墙后（90%安全度）	1×10^{-6}

表 5.1.9　日本行业标准允许越浪量（三）

重要程度	允许越浪量/[m³/(m·s)]
挡浪墙后住户、公共设施密集，越浪会造成重大损失的地区	0.01
较为重要的地区	0.021
一般地区	0.02～0.06

新版的欧洲越浪手册（EurOtop 2018）中，分别从结构设计、堤后财产安全、堤后人员和车辆安全等角度给出了允许越浪量的限制，列于表 5.1.10～表 5.1.12。新版的欧洲越浪手册中采用谱波高 H_{m0}（$H_{m0} = 4\sqrt{m_0}$）作为判别因子，增加了允许单波最大越浪水体体积的限制。

表 5.1.10　防波堤、海堤等结构设计的允许越浪量

危害类型和原因	平均越浪量 $q/[m³/(m·s)]$	最大体积 $V_{max}/(m³/m)$
斜坡堤，$H_{m0} > 5m$；没有破坏	0.001	2～3
斜坡堤，$H_{m0} > 5m$；堤后有防越浪设计	0.005～0.01	10～20
堤顶和堤后斜坡均有草皮覆盖，有维护的全覆盖草皮；$H_{m0} = 1 \sim 3m$	0.005	2～3
堤顶和堤后斜坡均有草皮覆盖，无维护的覆盖草皮，空旷地、苔藓、裸露地面；$H_{m0} = 0.5 \sim 3.0m$	0.0001	0.5
堤顶和堤后斜坡有草皮覆盖；$H_{m0} < 1.0m$	0.005～0.01	0.5
堤顶和堤后斜坡均有草皮覆盖；$H_{m0} < 0.3m$	无限制	无限制

表 5.1.11　堤后财产安全的允许越浪量

危害类型和原因	平均越浪量 $q/[\mathrm{m^3/(m \cdot s)}]$	最大体积 $V_{max}/(\mathrm{m^3/m})$
大游艇沉没或严重损坏；$H_{m0}>5\mathrm{m}$	>0.01	>5~30
大游艇沉没或严重损坏；$H_{m0}=3\sim5\mathrm{m}$	>0.02	>5~30
5~10m 小游艇沉没；$H_{m0}=3\sim5\mathrm{m}$ 大游艇损坏	>0.005	>3~5
大游艇安全；$H_{m0}>5\mathrm{m}$	<0.005	<5
5~10m 小游艇安全；$H_{m0}=3\sim5\mathrm{m}$	<0.001	<2
建筑结构单元；$H_{m0}=1\sim3\mathrm{m}$	≤0.001	<1
距离堤后5~10m 的设备损坏	≤0.001	<1

表 5.1.12　人员和车辆安全的允许越浪量

危害类型和原因		平均越浪量 $q/[\mathrm{m^3/(m \cdot s)}]$	最大体积 $V_{max}/(\mathrm{m^3/m})$
海堤/坝顶上的人员和车辆可能遭遇猛烈的越浪		任何越浪情况 不允许进入	任何越浪情况 不允许进入
海堤/坝顶上的人员可清晰地看到大海	$H_{m0}=3\mathrm{m}$	0.0003	0.6
	$H_{m0}=2\mathrm{m}$	0.001	0.6
	$H_{m0}=1\mathrm{m}$	0.01~0.02	0.6
	$H_{m0}<0.5\mathrm{m}$	无限制	无限制
海堤/坝顶上的车辆、坝顶后近距离的铁路	$H_{m0}=3\mathrm{m}$	<0.005	2
	$H_{m0}=2\mathrm{m}$	0.01~0.02	2
	$H_{m0}=1\mathrm{m}$	<0.075	2
高速公路或快速路		有危险时关闭	有危险时关闭

5.1.3　设计标准选取案例

1. 漳州双鱼岛工程

漳州双鱼岛工程按照人口等级为 20 万~50 万人口的中等城市进行设防，根据《堤防工程设计规范》（GB 50286—2013），该人工岛工程外护岸防洪标准（重现期）取 100 年一遇高潮位，波浪取 100 年一遇设计波要素，确定外护岸的工程等级为 2 级。漳州双鱼岛工程外护岸按允许少量越浪考虑，选取的允许越浪量≤0.05m³/(m·s)。

2. 珠澳口岸人工岛工程

珠澳口岸人工岛工程设定了运营工况、设计工况和校核工况这三种工况组合和相应的越浪量标准（陈波等，2013）。校核工况按岸坡（墙）后无护面的护岸工程考虑，选取在 100 年一遇潮位叠加 100 年一遇相应波浪组合作用下，越浪量≤0.05m³/(m·s)，以确保护岸结构不致后方受严重冲刷而导致挡浪墙失稳受破坏。设计工况选取在 50 年一遇高潮位叠加 50 年一遇相应波浪组合作用下，越浪量≤0.005m³/(m·s)，此时的越浪量仅会少量破坏堤后的覆盖草皮。运营工况选取东、南护岸在 100 年一遇高潮位叠加外海 10 年一遇波浪与 22m/s 风速（9 级风）的共同作用下，越浪量≤0.001m³/(m·s)；北护岸在 100 年一遇高潮位叠加 22m/s 风速（9 级风）的东北向小风区波浪的共同作用下，越浪量≤0.001m³/(m·s)。

3. 港珠澳大桥桥隧转换人工岛工程

港珠澳大桥桥隧转换人工岛工程采用的设计潮位重现期标准为：设计工况选用重现期为 100 年的高、低潮位，极端工况选用重现期为 300 年的高、低潮位，并选用重现期为 1000 年的高、低潮位进行岛壁安全复核。设计波浪重现期标准为：设计工况选用重现期为 100 年的设计波要素，极端工况选用重现期为 300 年的设计波要素并选用重现期为 1000 年的设计波要素进行岛壁安全复核。施工期标准选用 10 年一遇潮位及 10 年一遇的设计波要素组合。

港珠澳大桥桥隧转换人工岛工程采用的越浪量标准为：正常通行工况选取重现期 10 年的高水位和重现期 50 年的设计波要素的组合条件下的越浪量≤10^{-5}m³/(m·s)；设计工况选取重现期 100 年的高水位和重现期 100 年的设计波要素的组合条件下的越浪量≤0.005m³/(m·s)；极端工况选取重现期 300 年的高水位和重现期 300 年的设计波要素的组合条件下的越浪量≤0.015m³/(m·s)，并满足岛内排水系统的能力要求。

4. 大连新机场人工岛工程

大连新机场人工岛工程采用的设计潮位重现期标准为：设计工况选取 100 年一遇高、低潮位，极端工况选取 200 年一遇高、低潮位。设计波浪重现期标准为：设计工况选取 100 年一遇设计波要素，极端工况选取 200 年一遇设计波要素；水流的设计标准取 100 年一遇流速或海流可能最大流速两者中的较大值，水流的校核标准取 200 年一遇流速或海流可能最大流速两者中的较大值。施工期标准采用 10 年一遇潮位及 10 年一遇的设计波要素组合。主要考虑到施工期时间相对较短，发生损失后的后果可以弥补。

大连新机场人工岛工程采用的越浪量标准为：正常使用工况选取重现期 20 年的高水位和重现期 20 年的设计波要素组合条件下的越浪量≤0.0003m³/(m·s)；设计工况下选取重现期 100 年的高水位和重现期 100 年的设计波要素组合条件下的越浪量≤0.005m³/(m·s)；极端工况下选取重现期 200 年的高水位和重现期 200 年的设计波要素组合条件下的越浪量≤0.02m³/(m·s)，并满足岛内排水系统的能力要求。

5. 国外人工岛工程

迪拜朱美拉棕榈岛的设计潮位重现期标准选用 100 年一遇水位值，设计波浪重现期标准选用 100 年一遇波浪值，选取的允许越浪量≤0.02m³/(m·s)。日本大阪关西国际机场人工岛的设计潮位重现期标准选用最高水位（50 年一遇的台风导致的最大值），设计波浪重现期标准选用极端大波的波高（历史上在大阪海湾内记录的最大值）。

5.2　人工岛高程设计

人工岛高程通常包含沉降稳定后的护岸高程与护岸后方的陆域场地高程。对设有挡浪墙的护岸，其护岸高程通常又分为护岸堤顶高程（岸顶高程）和挡浪墙顶高程，无挡浪墙则二者合一。对护岸堤顶设有挡浪墙情形，挡浪墙高程确定后，护岸堤顶高程需要考虑与挡浪墙的高差关系，也要考虑护岸堤顶与陆域的高差衔接。为避免过高的挡浪墙阻碍人们观景的视线，护岸堤顶与挡浪墙顶的高差一般控制在 1.2m 之内。

5.2.1　护岸堤顶计算高程

人工岛护岸堤顶计算高程是指通过比选国内外相关规范和指南的计算公式，初步确定的护岸堤顶高程。

1. 《海堤工程设计规范》（GB/T 51015—2014）计算公式

《海堤工程设计规范》（GB/T 51015—2014）第 8.3.1 条规定，堤顶高程 Z_p 应根据设计高潮（水）位、波浪爬高及安全加高值按式（5.2.1）计算：

$$Z_p = h_p + R_F + A \tag{5.2.1}$$

式中，Z_p 为堤顶高程（m）；h_p 为一定设计重现期的高潮（水）位（m）；R_F 为按设计波浪计算的累计频率为 F 的波浪爬高值（m），累计频率 F 按不允许越浪设计时取 $F=2\%$，按允许部分越浪设计时取 $F=13\%$；A 为安全加高值，按表 5.2.1 的规定选取。

表 5.2.1　堤顶安全加高值

海堤工程的级别	安全加高值 A/m	
	不允许越浪	允许越浪
1	1.0	0.5
2	0.8	0.4
3	0.7	0.4
4	0.6	0.3
5	0.5	0.3

采用式（5.2.1）计算堤顶高程时，需要估算出波浪爬高值 R_F，图 5.2.1 为斜坡式海堤上的波浪爬高示意图。波浪爬高计算的波浪条件应取堤脚前约 1/2 波长处的设计波要素，当堤脚前滩涂坡度较陡时，应取靠近海堤堤脚处的设计波要素。《海堤工程设计规范》（GB/T 51015—2014）附录 E 中给出了波浪爬高值 R_F 的计算公式，《港口与航道水文规范》（JTS 145—2015）在第 10.2.3 条中也给出了同样的计算公式。公式所适用的条件有：波浪正向作用，堤脚前水深 $d=(1.5\sim5.0)H$，堤前底坡 i 小于或等于 1/50。

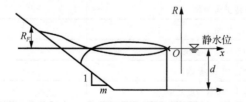

图 5.2.1　斜坡上波浪爬高示意图

（1）坡度 1：m（$1\leqslant m\leqslant 5$）的单一坡度的斜坡式海堤正向不规则波的爬高 R_F 可用式（5.2.2）计算：

$$R_F = K_F R_{1\%} \tag{5.2.2}$$

式中，R_F 是累计频率为 F 的波浪爬高值（m）；$R_{1\%}$ 是累计频率为 1% 的正向不规则波的爬高值（m）；K_F 为爬高累计频率换算系数，可按表 5.2.2 确定。

表 5.2.2　爬高累计频率换算系数 K_F（$1\leqslant m\leqslant 5$）

$F/\%$	0.1	1	2	4	5	10	13.7	20	30	50
K_F	1.17	1.00	0.93	0.87	0.84	0.75	0.71	0.65	0.58	0.47

资料来源：《海堤工程设计规范》（GB/T 51015—2014）。

累计频率 1% 的正向不规则波的爬高 $R_{1\%}$（m）可采用式（5.2.3）估算出。

$$R_{1\%} = K_\Delta K_V R_1 H_{1\%} \tag{5.2.3}$$

式中，K_Δ 为与斜坡护面结构型式有关的斜坡糙率及渗透性系数（可按表 5.2.3 确定）；K_V 为与风速 V 有关的经验系数（可按表 5.2.4 确定）；R_1 为 $K_\Delta=1$、$H=1$m 时的爬高值，可由式（5.2.4）确定，

$$R_1 = 1.24\tanh(0.432M) + [(R_1)_m - 1.029]R(M) \tag{5.2.4}$$

其中，M 为与斜坡的 m 值有关的函数；$(R_1)_m$ 为相应于某一 d/L 时的爬高最大值；$R(M)$ 为爬高函数，计算公式如下：

$$M = \frac{1}{m}\left(\frac{L}{H}\right)^{1/2}\left(\tanh\frac{2\pi d}{L}\right)^{-1/2}$$

$$(R_1)_m = 2.49\tanh\frac{2\pi d}{L}\left(1 + \frac{\dfrac{4\pi d}{L}}{\sinh\dfrac{4\pi d}{L}}\right)$$

$$R(M) = 1.09M^{3.32}\exp(-1.25M)$$

这里，H 取 $H_{1\%}$ 波高值（m）；L 为堤前波浪的波长（m）；d 为水深（m）。

表 5.2.3　斜坡的糙率及渗透性系数 K_Δ

护面类型	K_Δ
光滑不透水护面（沥青混凝土）	1.00
混凝土及混凝土护面	0.90
草皮护面	0.85～0.90
砌石护面	0.75～0.80
抛填两层块石（不透水基础）	0.60～0.65
抛填两层块石（透水基础）	0.50～0.55
四脚空心方块（安放一层）	0.55

护面类型	K_Δ
栅栏板	0.49
扭工字块体（安放两层）	0.38
四脚锥体（安放两层）	0.40
扭王字块体	0.47

资料来源：《海堤工程设计规范》（GB/T 51015—2014）。

表 5.2.4　经验系数 K_V（$1 \leqslant m \leqslant 5$）

V/C	K_V
$\leqslant 1$	1.00
2	1.10
3	1.18
4	1.24
$\geqslant 5$	1.28

资料来源：《海堤工程设计规范》（GB/T 51015—2014）。
注：C 为波速，$C=L/T$，L 为波长，T 为波浪周期。

（2）坡度 $1:m$（$0<m<1$）的单一坡度的斜坡式海堤，波浪爬高值 R_F 可采用式（5.2.5）计算：

$$R_F = K_\Delta K_V R_0 H_{1\%} K_F \qquad (5.2.5)$$

式中，R_F 为累计频率为 F 的波浪爬高值（m）；K_V 为与风速 V 及堤前水深 d 有关的经验系数（可按表 5.2.5 确定）；R_0 为 $K_\Delta=1$、$H=1$m 时的爬高值，可由坡度 m 及深水波坦 $L_0/H_{0(1\%)}$ 查表 5.2.6 确定；$H_{1\%}$ 为波高累计频率 $F=1\%$ 的波高值，当 $H_{1\%} \geqslant H_b$ 时，则 $H_{1\%}$ 取用 H_b 值，H_b 为浅水极限波高；K_F 为爬高累计频率换算系数，可按表 5.2.7 确定，若所求 R_F 相应累计频率的堤前波高 H_F 已经破碎，则取 $K_F=1$。

表 5.2.5　经验系数 K_V（$0<m<1$）

$V/\sqrt{gd}$	K_V
$\leqslant 1$	1.00
1.5	1.02
2.0	1.08
2.5	1.16
3.0	1.22
3.5	1.25
4.0	1.28
$\geqslant 5$	1.30

资料来源：《海堤工程设计规范》（GB/T 51015—2014）。

表 5.2.6　不透水光滑墙上相对爬高 R_0

		m									
		0.1	0.2	0.3	0.4	0.5	0.6	0.7	0.8	0.9	1.0
$L_0 / H_{0(1\%)}$	7					1.42	1.55	1.68	1.87	2.05	2.25
	20	1.24	1.27	1.28	1.32						2.03
	50					1.35	1.47	1.57	1.70	1.85	1.97

资料来源:《海堤工程设计规范》(GB/T 51015—2014)。

表 5.2.7　爬高累计频率换算系数 K_F (0<m<1)

F/%	K_F
0.1	1.14
1	1.00
2	0.94
5	0.87
10	0.80
13	0.77
30	0.66
50	0.55

资料来源:《海堤工程设计规范》(GB/T 51015—2014)。

2. 《堤防工程设计规范》(GB 50286—2013)计算公式

《堤防工程设计规范》(GB 50286—2013)第 7.3.1 条规定,堤顶高程 Z_p 应按设计高潮位加上堤顶超高确定,即

$$Z_p = h_p + Y \tag{5.2.6}$$

式中, Z_p 为堤顶高程(m); h_p 为设计高潮位(m); Y 为堤顶超高(m),可按式(5.2.7)计算:

$$Y = R_F + e + A \tag{5.2.7}$$

其中, R_F 为设计波浪爬高值(m); e 为设计风壅增水高度(m),对于设计高潮位中包括风壅增水高度时不另计; A 为安全加高值,按表 5.2.1 的规定选取。

《堤防工程设计规范》(GB 50286—2013)第 7.3.3 条规定,当临水侧堤肩设有挡浪墙时,仍可采用式(5.2.6)计算挡浪墙顶高程,但堤顶面高程应高出设计水位 0.5m 以上。该规范附录 C.3 给出在风的直接作用下,正向来波在单一斜坡上的波浪爬高 R_F(m)的计算公式如下。

（1）当斜坡坡度 1 ：m（1.5≤m≤5）、$\bar{H}/L$ ≥ 0.025 时，可按式（5.2.8）计算：

$$R_F = \frac{K_\Delta K_V K_F}{\sqrt{1+m^2}}\sqrt{\bar{H}L}$$ （5.2.8）

式中，K_Δ 为斜坡的糙率及渗透性系数，可按表 5.2.8 确定；K_V 为根据风速 V 和堤前水深 d 确定的经验系数，同前面的表 5.2.5；K_F 为爬高累计频率换算系数，可按表 5.2.9 确定；对于不允许越浪的堤防，爬高累计频率取 F=2%，对于允许越浪的堤防，爬高累计频率取 F=13%；m 为斜坡坡率；$\bar{H}$ 为堤前波浪的平均波高（m）；L 为堤前波浪的波长（m）。

表 5.2.8　斜坡的糙率及渗透性系数 K_Δ

护面类型	K_Δ
光滑不透水护面（沥青混凝土、混凝土）	1.00
混凝土板	0.95
草皮	0.90
砌石	0.80
抛填两层块石（不透水堤心）	0.60~0.65
抛填两层块石（透水堤心）	0.50~0.55

资料来源：《堤防工程设计规范》（GB 50286—2013）。

表 5.2.9　爬高累计频率换算系数 K_F

$\bar{H}/d$	F/%									
	0.1	1	2	3	4	5	10	13	20	50
<0.1	2.66	2.23	2.07	1.97	1.9	1.84	1.64	1.54	1.39	0.96
0.1~0.3	2.44	2.08	1.94	1.86	1.8	1.75	1.57	2.18	1.36	0.97
>0.3	2.13	1.86	1.76	1.7	1.65	1.61	2.18	2.10	1.31	0.99

资料来源：《堤防工程设计规范》（GB 50286—2013）。

（2）当 m≤1、$\bar{H}/L$ ≥ 0.025 时，可按下式计算：

$$R_F = K_\Delta K_V K_F R_0 \bar{H}$$ （5.2.9）

式中，R_0 为无风情况下，光滑不透水护面（K_Δ=1）、H=1m 时的爬高值，可按表 5.2.10 确定。

表 5.2.10　R_0 值

m=cot α	R_0
0	1.24
0.5	1.45
1	2.20

资料来源：《堤防工程设计规范》（GB 50286—2013）。

（3）当$1 < m < 1.5$时，可由$m=1$和$m=1.5$的计算值按内插法确定。

3. 《防波堤与护岸设计规范》（JTS 154—2018）计算公式

《防波堤与护岸设计规范》（JTS 154—2018）中第 4.2.2 条规定，斜坡式防波堤的堤顶高程Z_p（m）应根据使用要求、结合总体布置综合考虑确定，并应符合表 5.2.11 规定。表中h_p为设计高潮位；除特殊要求外，设计波高H_F，应采用重现期为 50 年或 25 年，波高累计频率为 13%，但不超过浅水极限波高。

表 5.2.11　斜坡式防波堤顶高程

斜坡堤	堤顶高程 Z_p
允许越浪、顶部无胸墙的斜坡堤	$Z_p \geqslant h_p + 0.6H_F$
允许越浪、顶部无胸墙，块石、四脚空心方块、栅栏板护面的斜坡堤	$Z_p \geqslant h_p + 0.7H_F$
基本不越浪、顶部无胸墙的斜坡堤和宽肩台抛石斜坡堤	$Z_p \geqslant h_p + 1.0H_F$
基本不越浪、堤顶设胸墙的斜坡堤	$Z_p \geqslant h_p + 1.0H_F$

5.2.2　越浪量计算

越浪量的大小直接关系护岸堤体和堤后结构的稳定安全，是控制堤顶高程的重要指标。护岸堤顶计算高程确定后，还需要进行越浪量计算，根据允许越浪量标准对护岸堤顶计算高程进行调整，调整后的堤顶高程再通过物理模型试验进行优化，以确定最终的堤顶设计高程。

国内外学者通过大量的模型试验研究，提出了不同的越浪量计算方法，但由于越浪问题的机理非常复杂且影响因素众多，导致不同的越浪量计算方法其适用的条件和计算精度差别较大。因此使用时应根据海堤的实际情况选择合适的公式并分析计算结果的合理性。对重要建筑物或级别较高的海堤或护岸等的设计，均要进行物理模型试验来测定越浪量及优化堤顶高程。

1. 我国规范计算公式

《海堤工程设计规范》（GB/T 51015—2014）附录 F 中给出了斜坡式海堤平均越浪量q的计算公式，《港口与航道水文规范》（JTS 145—2015）第 10.2.4 条也给出了同样的计算公式。公式所适用的条件如下：

（1）$2.2 \leqslant d / H_{1/3} \leqslant 4.7$。

（2）$0.02 \leqslant H_{1/3} / L_{op} \leqslant 0.1$（$L_{op}$为以谱峰周期$T_p$计算的深水波长，m）。

（3）$1.5 \leqslant m \leqslant 3.0$。

（4）$0.6 \leqslant b_1 / H_{1/3} \leqslant 1.4$（$b_1$为坡肩宽度，m）。

（5）$1.0 \leqslant H_C' / H_{1/3} \leqslant 1.6$（$H_C'$为挡浪墙墙顶在静水面以上的高度，m）。

（6）$i \leqslant 1/25$（i 为底坡）。

当斜坡式海堤堤顶无挡浪墙时（图 5.2.2），堤顶越浪量可按式（5.2.10）计算：

$$q = A \cdot K_A \frac{H_{1/3}^2}{T_p}\left(\frac{H_C}{H_{1/3}}\right)^{-1.7}\left[\frac{1.5}{\sqrt{m}} + \tanh\left(\frac{d}{H_{1/3}} - 2.8\right)^2\right]\ln\sqrt{\frac{gT_p^2 m}{2\pi H_{1/3}}} \qquad (5.2.10)$$

式中，q 为越浪量（$m^3/(m \cdot s)$），即单位时间单位堤宽的越浪水体体积；H_C 为堤顶在静水面以上的高度（m）；d 为水深（m）；A 为经验系数，可按表 5.2.12 确定；K_A 为护面结构影响系数，可按表 5.2.13 确定；T_p 为谱峰周期。

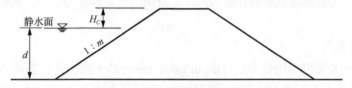

图 5.2.2　堤顶无挡浪墙斜坡式海堤

表 5.2.12　经验系数 A、B 与 m 的关系

m	A	B
1.5	0.035	0.60
2.0	0.060	0.45
3.0	0.056	0.38

表 5.2.13　护面结构影响系数 K_A

	混凝土板	抛石	扭工字块体	四脚空心方块
K_A	1.00	0.49	0.40	0.50

斜坡式海堤堤顶有挡浪墙时（图 5.2.3），堤顶的越浪量可按式（5.2.11）计算。

$$q = 0.07^{H_C'/H_{1/3}}\exp(0.5 - \frac{b_1}{2H_{1/3}})B \cdot K_A \frac{H_{1/3}^2}{T_p}\left[\frac{0.3}{\sqrt{m}} + \tanh\left(\frac{d}{H_{1/3}} - 2.8\right)^2\right]\ln\sqrt{\frac{gT_p^2 m}{2\pi H_{1/3}}} \qquad (5.2.11)$$

式中，b_1 为坡肩宽度（m）；H_C' 为挡浪墙墙顶在静水面以上的高度（m）；B 为经验系数，可按表 5.2.12 确定。

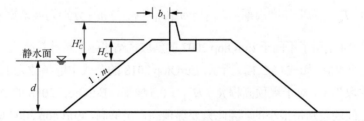

图 5.2.3　堤顶有挡浪墙斜坡式海堤

2. 欧洲越浪手册计算公式

欧洲 EurOtop 研究团队基于多年的研究工作和英国、荷兰、德国等欧洲国家的研究成果，于 2007 年发布了 2007 版的欧洲越浪手册（Wave Overtopping of Sea Defences and Related Structure：Assessment Manual，EurOtop 2007），其发布后被业内很多项目应用。其后，欧洲 EurOtop 研究团队对于陡坡、直墙结构、零干舷工况等问题进行了进一步研究，目前最新版本是 2018 年发布了 2018 版的欧洲越浪手册（Manual on Wave Overtopping of Sea Defences and Related Structures，EurOtop 2018）。EurOtop 2018 给出了具有较强适用性的越浪量计算通用公式及相关系数的计算方法，是欧洲国家在海堤设计中应用较广泛的越浪量计算公式。

1）平均值公式

EurOtop 2018 采用平均值方法（mean value approach）给出计算斜坡式结构的单宽平均越浪量 q 的表达式（5.2.12）和单宽平均越浪量的最大值 $q_{\max}$ 表达式（5.2.13）。当应用式（5.2.12）计算的 q 值大于式（5.2.13）计算的 $q_{\max}$ 时，取 $q = q_{\max}$。

$$\frac{q}{\sqrt{g \cdot H_{m0}^3}} = \frac{0.023}{\sqrt{\tan \alpha}} \gamma_{\text{berm}} \cdot \xi_{m-1,0} \cdot \exp\left[-\left(2.7 \frac{R_c}{\xi_{m-1,0} \cdot H_{m0} \cdot \gamma_{\text{berm}} \cdot \gamma_f \cdot \gamma_\beta \cdot \gamma_v}\right)^{1.3}\right] \quad (5.2.12)$$

$$\frac{q_{\max}}{\sqrt{gH_{m0}^3}} = 0.09 \exp\left[-\left(1.5 \frac{R_c}{H_{m0} \cdot \gamma_f \cdot \gamma_\beta \cdot \gamma^*}\right)^{1.3}\right] \quad (5.2.13)$$

式中，q 为单位时间单位堤宽的越浪量（m³/(m·s)），$q_{\max}$ 为单位时间单位堤宽的最大越浪量（m³/(m·s)）；g 为重力加速度（m/s²）；H_{m0} 为堤脚处的波高（m），$H_{m0} = 4\sqrt{m_0}$；α 为前坡与水平面的夹角；$\xi_{m-1,0}$ 为破波参数；R_c 为挡浪墙墙顶在静水面以上的垂直高度(m)；γ_{berm} 为戗台影响因子；γ_f 为斜坡糙渗影响因子；γ_β 为波向影响因子；γ_v 为挡浪墙影响因子；γ^* 为挡浪墙几何参数综合影响因子。

破波参数 $\xi_{m-1,0}$ 的计算公式为

$$\xi_{m-1,0} = \frac{\tan \alpha}{\sqrt{s_{0m}}} = \frac{\tan \alpha}{\sqrt{H_{m0} / L_{m-1,0}}} \quad (5.2.14)$$

式中，s_{0m} 为使用平均谱周期计算的深水波陡，$s_{0m} = H_{m0} / L_{m-1,0}$；$L_{m-1,0}$ 为深水波长（可按 $\frac{gT_{m-1,0}^2}{2\pi}$ 计算），$T_{m-1,0}$ 为平均谱周期，$T_{m-1,0} = m_{-1}/m_0$（m_0 与 m_{-1} 分别为波谱矩）。

EurOtop 2018 采用了不同于 EurOtop 2007 的斜坡式结构越浪量计算公式，主要差别是计算公式中指数的取值。如式（5.2.12）所示，EurOtop 2018 的公式中取指数为 1.3，而 EurOtop 2007 的公式中取为 1。对于堤顶高程 $R_c / H_{m0} > 0.5$ 情形，EurOtop 2018 的公式与 EurOtop 2007 的公式之间的差别是很小的。因此只要堤顶高程足够高，EurOtop 2007 的公式仍可以继续使用。EurOtop 2018 的主要改进是可以用于堤顶高程很低的情形（包括堤顶高程与

静水面相等的情形），即对于 $R_c/H_{m0}<0.5$ 情形，EurOtop 2007 的公式不再适用。当破波参数 $\xi_{m-1,0}\geqslant\approx2$ 时，EurOtop 2018 中增加了考虑挡浪墙更多几何因素的综合影响因子 γ^*。

EurOtop 2018 中公式采用的是波谱参数，而不是我国常用的特征设计波要素，由于二者只是从不同的角度来观察研究同一个波浪，因而可近似地取 $T_{m-1,0}\approx T_p/1.1$，深水区取 $H_{m0}\approx H_{1/3}$（$h/H_{m0\,deep}>4$，h 为水深，$H_{m0\,deep}$ 为深水波高），浅水区可取 $H_{m0}\approx(1.1\sim1.15)H_{1/3}$（$1<h/H_{m0\,deep}<4$）。

2）设计与校核公式

分析表明式（5.2.12）的可信度为 $\sigma(0.023)=0.003$ 和 $\sigma(2.7)=2.2$，式（5.2.13）的可信度 $\sigma(0.09)=0.0135$ 和 $\sigma(1.5)=0.15$。为提高设计和安全评价过程的安全度，EurOtop 2018 采用设计与安全校核方法给出了斜坡式结构的单宽平均越浪量 q 的表达式（5.2.15）和单宽平均越浪量最大值的表达式（5.2.16），式（5.2.15）和式（5.2.16）是依据平均值公式的标准差，在其可信度的范围内将越浪量适度增大而得到的。同样，当应用式（5.2.15）计算的 q 值大于式（5.2.16）计算的 q_{max} 时，取 $q=q_{max}$。

$$\frac{q}{\sqrt{g\cdot H_{m0}^3}}=\frac{0.026}{\sqrt{\tan\alpha}}\gamma_{berm}\cdot\xi_{m-1,0}\cdot\exp\left[-\left(2.5\frac{R_c}{\xi_{m-1,0}\cdot H_{m0}\cdot\gamma_{berm}\cdot\gamma_f\cdot\gamma_\beta\cdot\gamma_v}\right)^{1.3}\right] \quad (5.2.15)$$

$$\frac{q_{max}}{\sqrt{gH_{m0}^3}}=0.1035\exp\left[-\left(1.35\frac{R_c}{H_{m0}\cdot\gamma_f\cdot\gamma_\beta\cdot\gamma^*}\right)^{1.3}\right] \quad (5.2.16)$$

式（5.2.15）、式（5.2.16）中各变量的定义与式（5.2.12）、式（5.2.13）相同，图 5.2.4 为设计与校核公式（5.2.15）和平均值公式（5.2.12）的对比，图中的横坐标是无量纲的堤顶高度，纵坐标是无量纲的越浪量。

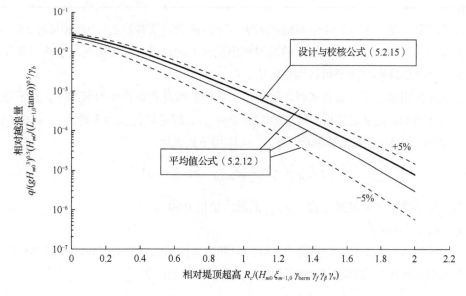

图 5.2.4 设计与校核公式和平均值公式的对比

EurOtop 2018 强烈推荐式（5.2.15）、式（5.2.16）用于设计和安全评价。当破波参数 $\xi_{m-1,0}$ $\leqslant\approx 2$ 时，波浪在斜坡上基本呈现卷破波的形态，可应用式（5.2.15）计算越浪量。而当破波参数 $\xi_{m-1,0} \geqslant\approx 2$ 时，波浪在斜坡上呈现出激破波的形态，可通过式（5.2.16）计算越浪量。

3）糙渗影响因子 γ_f

表 5.2.14 为斜坡结构的糙渗影响因子 γ_f 取值（坡度 1：1.5）。对于相对光滑不透水的斜坡表面，糙渗影响因子 γ_f 取值为 1。

表 5.2.14　斜坡结构的糙渗影响因子 γ_f 取值（坡度 1：1.5）

堤防护岸表面形式	γ_f
光滑不透水表面	1.0
块石（1 层、不透水堤心）	0.60
块石（1 层、透水堤心）	0.45
块石（2 层、不透水堤心）	0.55
块石（2 层、透水堤心）	0.40
立方体块体（1 层规则摆放）	0.49
立方体块体（2 层随机摆放）	0.47
四脚锥体	0.38
扭工字块体	0.43
扭王字块体	0.46
Xbloc®；CORE-LOC®；Accropode™ II 块体	0.44
六锥立方块体一层	0.49
六锥立方块体二层	0.47

需要注意的是，表 5.2.14 中的糙渗影响因子对应的破波参数 $\xi_{m-1,0}$ 的范围是 2.8～4.5，在这个较小的范围内，尽管在较大的波周期出现较大的越浪时糙渗影响因子略有变化的趋势，但总体上糙渗影响因子可认为是常值。

因此在应用越浪量计算公式时，建议检查破波参数是否在合理的范围内。对于破波参数 $\xi_{m-1,0} > 5$ 情形，可采用修正的糙渗影响因子 $\gamma_{f\,\text{mod}}$。假定从 $\xi_{m-1,0} > 5$ 到 $\xi_{m-1,0} = 10$，$\gamma_{f\,\text{mod}}$ 线性增加到 1，修正的糙渗影响因子 $\gamma_{f\,\text{mod}}$ 可以用下式表达：

$$\gamma_{f\,\text{mod}} = \gamma_f + \frac{1}{5}(\xi_{m-1,0} - 5)\cdot(1-\gamma_f) \qquad (5.2.17)$$

对于堤心透水的斜坡式结构，$\gamma_{f\,\text{mod}}$ 的最大值取 0.60。

4）波向影响因子 γ_β

斜向波浪入射角 β 定义为波浪的入射方向和与结构面法方向的夹角，如图 5.2.5 所示（波浪正向入射时 $\beta=0°$）。波向对越浪的影响定义为波向影响因子 γ_β。

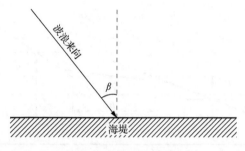

图 5.2.5　波浪入射角示意图

斜向波的波向对越浪量的影响主要是沿着结构轴线单位宽度上斜向波作用时有效宽度随着波向的增大而减小。对于光滑不透水斜坡面，波向影响因子 γ_β 与斜向波浪入射角 β 呈线性关系。对于透水斜坡面，随着波向入射角的增加，其越浪减小要比光滑不透水斜坡面快得多。透水斜坡面的波向影响因子计算公式如下：

$$\gamma_\beta = \begin{cases} 1 - 0.0063|\beta|, & 0° \leqslant |\beta| \leqslant 80° \\ 0.496, & |\beta| > 80° \end{cases} \tag{5.2.18}$$

需要说明的是，当 $80° \leqslant |\beta| \leqslant 110°$ 时，虽然式（5.2.18）中给出的 γ_β 值为常数（$\beta = 80°$ 的计算结果），但在该波向范围内认为波高和周期线性地减小到 0。因此在该波向范围内计算 H_{m0} 时需乘以修正系数 $\dfrac{110 - |\beta|}{30}$，计算 $T_{m-1,0}$ 时需乘以修正系数 $\sqrt{\dfrac{110 - |\beta|}{30}}$。当 $|\beta| > 110°$ 时，可假定越浪量 $q = 0$。光滑不透水斜坡面的波向影响因子 γ_β 的计算公式可参阅 EurOtop2018。

5）戗台影响因子 γ_{berm}

戗台可减小波浪的爬高和越浪。戗台几何参数的定义有水平戗台宽度 B（戗台两端的水平距离）、戗台垂直高差 d_b（戗台中部到静水面的高差）与戗台特征参数 L_{Berm}（戗台两端向上下各平移 H_{m0} 高度后得到的水平距离），见图 5.2.6。如果戗台不是水平的，需要参照图 5.2.7 计算出等效的水平戗台宽度 B，即延长戗台上下的斜坡可画出水平戗台（不改变戗台高度 d_B），因此，水平戗台宽度 B 要比实际的倾斜戗台要短。垂直高差 d_b 为 0，表示戗台在静水面上。

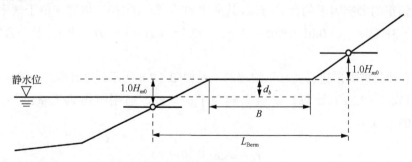

图 5.2.6　水平戗台宽度 B、垂直高差 d_b 和特征参数 L_{Berm} 计算示意图

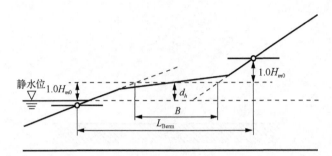

图 5.2.7　斜面戗台的等效水平戗台宽度 B 和特征参数 L_{Berm} 计算示意图

戗台影响因子 γ_{berm} 可以看作是戗台宽度 B 的影响因子 γ_B 与戗台垂直高差 d_b 的影响因子 γ_{db} 的组合：

$$\gamma_{\text{berm}} = 1 - \gamma_B \left(1 - \gamma_{db}\right), 0.6 \leqslant \gamma_b \leqslant 1.0 \tag{5.2.19}$$

戗台宽度影响因子 γ_B 的计算公式为

$$\gamma_B = \frac{B}{L_{\text{Berm}}} \tag{5.2.20}$$

式中，B 为戗台宽度；L_{Berm} 为戗台特征参数（见图 5.2.6）。

戗台中点相对于静水位置高度 d_b 的影响因子 γ_{db} 可由下式计算：

$$\gamma_{db} = \begin{cases} 0.5 - 0.5\cos\left(\pi \dfrac{d_b}{R_{u2\%}}\right), & \text{戗台在静水面以上} \\[3mm] 0.5 - 0.5\cos\left(\pi \dfrac{d_b}{2H_{m0}}\right), & \text{戗台在静水面以下} \\[3mm] 1, & \text{戗台在影响区域之外} \end{cases}$$

式中，d_b 为戗台垂直高差（图 5.2.6 和图 5.2.7）；$R_{u2\%}$ 是累计频率为 2% 的波浪爬高值（m）。

6）挡浪墙影响因子 γ_v 与综合影响因子 γ^*

EurOtop 2018 对不同几何形状的挡浪墙影响因子 γ_v 与综合影响因子 γ^* 给出相应的计算方法。这里主要介绍光滑表面斜坡堤上建有直立挡浪墙、带挑檐挡浪墙、挡浪墙前设有宽平台情形的影响因子的计算方法，其适用的范围有：①挡浪墙底部位于水平面之上；②$\cot\alpha = 2 \sim 3$；③$s_{m-1,0} = 0.01 \sim 0.05$；④$\xi_{m-1,0} = 2.2 \sim 4.8$；⑤$R_c/H_{m0} > 0.6$；⑥平台的坡度在 1% ~ 2%。

光滑表面斜坡堤顶建有直立挡浪墙的工况如图 5.2.8 所示，此情形的挡浪墙影响因子 γ_v 可采用式（5.2.21）计算，综合影响因子 $\gamma^* = \gamma_v$，适用范围为无量纲挡浪墙高度 $h_{\text{wall}}/R_c = 0.08 \sim 1.00$。

$$\gamma_v = \exp\left(-0.56 \frac{h_{\text{wall}}}{R_c}\right) \tag{5.2.21}$$

式中，h_{wall} 为直立挡浪墙高度；$R_c=A_c+h_{wall}$ 为挡浪墙墙顶到静水面的垂直高度，其中 A_c 为挡浪墙墙脚到水面的高度。

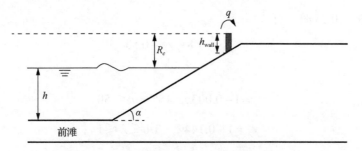

图 5.2.8　斜坡堤上建有直立挡浪墙示意图

斜坡堤顶部建有带挑檐的直立挡浪墙工况及几何参数定义如图 5.2.9 和图 5.2.10 所示。此情形的综合影响因子 $\gamma^* = \gamma_v \cdot \gamma_{bn} \cdot \gamma_{s0,bn}$ 为三个因子的组合：挡浪墙影响因子 γ_v、挑檐影响因子 γ_{bn} 和波浪影响因子 $\gamma_{s0,bn}$。其中挡浪墙影响因子 γ_v 仍应用式（5.2.21）计算。

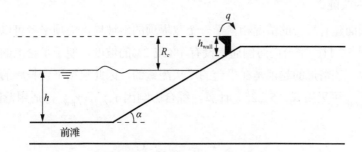

图 5.2.9　斜坡堤上建有直立挡浪墙与挑檐的示意图

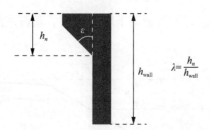

图 5.2.10　直立挡浪墙与挑檐几何参数

挑檐影响因子 γ_{bn} 取决于挑檐的角度 ε 和位置 λ，由式（5.2.22）和式（5.2.23）定义。对于超出公式范围的 ε、λ，没有相关 γ_ε 与 γ_λ 的数值。

当 $h_{wall} / R_c \geqslant 0.25$ 时，有

$$\gamma_{bn} = 1.8 \gamma_\varepsilon \gamma_\lambda \tag{5.2.22}$$

式中，

$$\gamma_\varepsilon = 1.53 \cdot 10^{-4} \varepsilon^2 - 1.63 \cdot 10^{-2} \varepsilon + 1, \quad 15° \leqslant \varepsilon \leqslant 50°$$

$$\gamma_\varepsilon = 0.56, \quad 50° \leqslant \varepsilon \leqslant 60°$$

$$\gamma_\lambda = 0.75 - 0.20\lambda, \quad 0.125 \leqslant \lambda \leqslant 0.6$$

当 $h_{wall} / R_c < 0.25$ 时，有

$$\gamma_{bn} = 1.8\gamma_\varepsilon\gamma_\lambda - 0.53 \tag{5.2.23}$$

式中，

$$\gamma_\varepsilon = 1 - 0.003\varepsilon, \quad 15° \leqslant \varepsilon \leqslant 50°$$

$$\gamma_\lambda = 1 - 0.144\lambda, \quad 0.1 \leqslant \lambda \leqslant 1$$

带挑檐直立挡浪墙减小越浪的效果还取决于波浪周期或波陡。长周期的波浪有填充挑檐下方空间的倾向，短周期的波浪不具有这一特性。波浪影响因子 $\gamma_{s0,bn}$ 可采用式（5.2.24）计算，应用范围为 $h_{wall}/R_c = 0.11 \sim 0.90$，$\lambda = 0.125 \sim 1$，$\varepsilon = 15°,30°,45°,60°$。

$$\gamma_{s0,bn} = 1.33 - 10s_{m-1,0} \tag{5.2.24}$$

式中，$s_{m-1,0}$ 为波陡。

斜坡堤顶面建有平台的情况相当于一个宽堤顶的斜坡堤，堤顶平台可以用于游人的步行长廊，见图 5.2.11。平台向海侧通常设有 1% 或 2% 的坡度，便于平台上的越浪或降雨的水体排入海中。该情形的越浪是在平台的尽头测量的，因此包括平台长廊的高度差。平台的影响因子 γ_{prom} 可采用式（5.2.25）计算，综合影响因子 $\gamma^* = \gamma_{prom}$，适用范围为 $G_c/L_{m-1,0} = 0.05 \sim 0.5$。

$$\gamma_{prom} = 1 - 0.47\frac{G_c}{L_{m-1,0}} \tag{5.2.25}$$

式中，G_c 为平台的宽度；$L_{m-1,0}$ 为对应谱平均周期 $T_{m-1,0}$ 的深水波长。

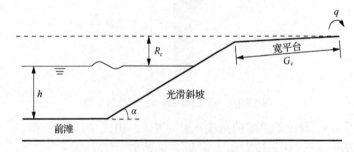

图 5.2.11　斜坡堤上建有宽平台的示意图

当直立挡浪墙建在斜坡堤宽堤顶时，组合因子可采用式（5.2.26）计算，综合影响因子 $\gamma^* = \gamma_{prom\_v}$，适用范围为 $G_c/L_{m-1,0} = 0.05 \sim 0.4$，$h_{wall}/R_c = 0.07 \sim 0.8$。

$$\gamma_{prom\_v} = 0.87\gamma_{prom} \cdot \gamma_v \tag{5.2.26}$$

式中，γ_{prom} 为应用式（5.2.25）计算的平台影响因子；γ_v 为应用式（5.2.21）计算的挡浪墙影响因子。

7）单波最大越浪水体体积 V_{max}（EurOtop 2018）

实际的越浪是一个动态和随机的过程，仅是平均越浪量 q 不能反映出这一过程中越浪的波个数和单波越浪的水体体积。波高较小的波列中有许多个波发生越浪的平均越浪量和恶劣海况下只有少量的大波发生越浪的平均越浪量有可能相同，但恶劣海况下的单波最大越浪体积要大很多，且危害性也要大很多。

单波最大越浪体积取决于平均越浪量 q、风暴持续时间和越浪个数的比例。持续时间较长的风暴产生越浪的波个数会更多，也会产生更大的单波越浪体积。当风暴持续时间 t 和该风暴持续时间内越浪的波个数 N_{ow} 已知，结合平均越浪量 q，则有可能来描述这一随机和动态的越浪过程。在不同的概率分布公式中，二参数 Weibull 概率分布能够很好地描述每个发生越浪的单波所产生的越浪水体 V 的分布特征。EurOtop 2018 给出了光滑斜坡面、护面块体斜坡结构的单波的越浪水体体积的二参数 Weibull 概率分布表达式（5.2.27）：

$$P(V_i \geq V) = \exp\left[-\left(\frac{V}{a}\right)^b\right] \text{ 和 } P_{V\%} = P_V \cdot 100\% \qquad (5.2.27)$$

式中，V_i 是单个波浪的越浪水体体积；P_V 是 V_i 超过指定水体体积（V）的概率（在 0～1）；$P_{V\%}$ 是 V_i 超过指定水体体积（V）的比例；b 是无量纲形状因子；a 是有量纲的比例因子。

比例因子 a 和形状因子 b 的计算公式为

$$a = \frac{1}{\Gamma(1+1/b)} \frac{qT_m}{P_{ov}} \qquad (5.2.28)$$

$$b = 0.85 + 1500 \frac{q}{gH_{m0}T_{m-1,0}} \qquad (5.2.29)$$

式中，Γ 为 Gamma 函数；T_m 为时域分析的平均周期或谱矩计算的平均周期；P_{ov} 为发生越浪的概率，$P_{ov} = N_{ow}/N_w$，N_{ow} 为越浪的波个数，N_w 为入射波的波个数。

某一波列中的最大越浪水体体积是不确定的，它取决于波列的持续时间，例如在 6h 内得到单波最大的越浪水体体积通常要大于 15min 内的最大值。在单波越浪体积的分布已给定的情况下，某一波列中的单波最大越浪水体体积估计值取决于实际的越浪的波个数 N_{ow}，可由式（5.2.30）计算。需要注意的是，最大越浪体积的预测存在一定的不确定性。

$$V_{max} = a\left[\ln N_{ow}\right]^{1/b} \qquad (5.2.30)$$

图 5.2.12 为 1：4 光滑斜坡堤、1：1.5 抛石斜坡堤和直立堤三种结构算例的 q-V_{max} 曲线。图中细线表示较小波浪 $H_{m0} = 1m$ 情形，粗线表示较大波浪 $H_{m0} = 2.5m$ 情形，计算中取风暴持续时间 2h（高潮期间），波陡 $S_{m-1,0} = 0.04$。

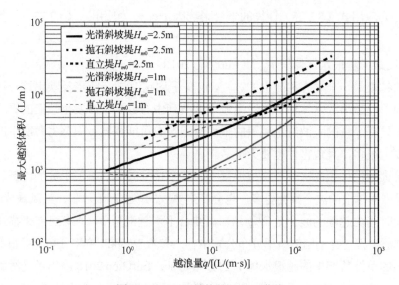

图 5.2.12　不同结构的 q-V_{max} 曲线

5.2.3　陆域场地设计高程

海上人工岛陆域场地设计高程，目前主要是参照《海港总体设计规范》（JTS 165—2013）按上水标准控制的码头前沿顶高程的方法，由式（5.2.31）确定陆域场地边缘高程：

$$E = h_{dw} + \Delta_W \tag{5.2.31}$$

式中，E 为陆域场地设计高程（m）；h_{dw} 为设计水位（m），按表 5.2.15 取值；Δ_W 为上水标准的富裕高度（m），按表 5.2.15 取值，波浪采用波列累计频率为 4%的波高。对于风暴潮增水情况明显的码头，应在设计高水位基础上考虑增水影响。

表 5.2.15　潮位与波浪组合的上水标准及富裕高度

组合情况	上水标准	
	设计水位	富裕高度
基本标准	设计高水位	一般情况可取 10～15 年重现期波浪的波峰面高度，并不小于 1.0m；掩护良好码头可取 1.0～2.0m
复核标准	极端高水位	一般情况可取 2～5 年重现期波浪的波峰面高度；掩护良好码头可取 0.0～0.5m

资料来源：《海港总体设计规范》（JTS 165—2013）。

《人工岛总图及岛体结构技术规范》（SYT 6771—2017）采用下式确定海上人工岛的岛面边缘高程：

$$E = h_{ew} + \Delta h \tag{5.2.32}$$

式中，E 为人工岛岛面边缘高程（m）；h_{ew} 为极端高水位（m）；Δh 为安全超过值，Δh=0.5～1.0m。

人工岛陆域场地高程除满足上水标准之外，还要考虑在极端情况下的陆域场地排水需求，因而还需要确定一个合适的陆域场地排水坡度。如《海港总体设计规范》（JTS 165—2013）规定港口仓库、堆场地面坡度宜采用 0.3%～1%，仓库、堆场一侧设置装卸站台时，其地面坡度可加大至 1.5%。《防波堤与护岸施工规范》（JTS 208—2020）规定对允许上浪的护岸，临岸地面宜设 3%左右的横向排水坡度。

《城乡建设用地竖向规划规范》（CJJ 83—2016）要求城市主要建设用地适宜规划坡度应符合表 5.2.16 的规定。《室外排水设计标准》（GB 50014—2021）对于采用管道方式排水的规定是排水管道的最小管径与相应最小设计坡度宜按表 5.2.17 规定选取。

表 5.2.16　城市主要建设用地适宜规划坡度　　　　　（单位：%）

用地名称	最小坡度	最大坡度
工业用地	0.2	10
仓储用地	0.2	10
铁路用地	0.0	2
港口用地	0.2	5
城市道路用地	0.2	8
居住用地	0.2	25
公共设施用地	0.2	20

表 5.2.17　最小管径与相应最小设计坡度

管道类别	最小管径/mm	相应最小设计坡度/%
污水管、合流管	300	0.3
雨水管	300	塑料管 0.2，其他管 0.3
雨水口连接管	200	1
压力输泥管	150	
重力输泥管	200	1

程洪剑等（2016）通过综合上述国内规范关于排水坡度的规定，认为海上人工岛陆域的自然排水坡度不宜小于 0.2%，若采用大管径排水管道排水，陆域形成坡度可适当降低，但不宜低于 0.1%。

人工岛中心陆域场地设计高程可根据边缘高程和总体陆域形成坡度推算得出。最终的陆域场地设计高程还需要考虑陆域场地形成后的地下水位，宜高于陆域形成后稳定地下水位 1.0m 以上，还应与人工岛上的各功能区高程规划相协调。

5.2.4　设计案例

1. 珠澳口岸人工岛东、南护岸

珠澳口岸人工岛的东、南护岸断面图如图 5.2.13 所示（陈波等，2013），护面块体采用 3.0t 四脚空心方块，坡度为 1:2（m=2），挡浪墙前根据消浪需要铺设了 3.0t 四脚空心方块。护岸结构前基底高程取-3.14m。100 年一遇高潮位 3.47m（基准面为 85 国家高程），50 年一遇高潮位 3.26m。东、南护岸设计波要素列于表 5.2.18。

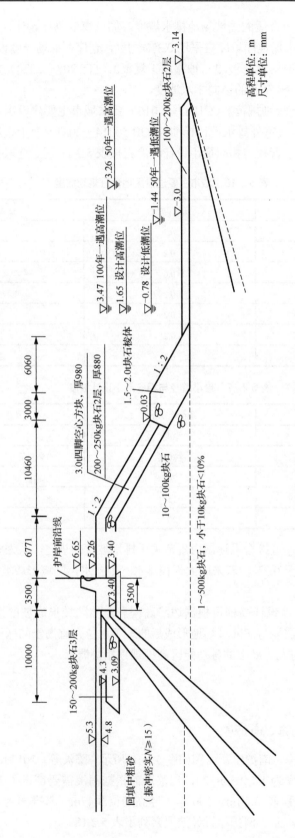

图 5.2.13　珠澳口岸人工岛东、南护岸标准断面

表 5.2.18　东、南护岸设计波要素（陈波等，2013）

波浪重现期/a	潮位/m	波向	$H_{1\%}$/m	$H_{13\%}$/m	$\bar{T}$/s	L/m	工况
10*	3.47	ESE	3.3	2.5	7.2	53	运营工况： 100 年一遇潮位； 10 年一遇外海波浪叠加 22m/s 风速作用下的堤前波浪
50	3.26	ESE	3.9	3.3	6.7	47	设计工况： 50 年一遇潮位； 50 年一遇外海波浪
100	3.47	E	4.0	3.4	6.5	47	校核工况： 100 年一遇潮位； 100 年一遇外海波浪

注：*为 10 年一遇波浪叠加 22m/s 风速作用下的堤前波浪。

1）堤顶高程计算

选取表 5.2.18 中的设计工况，对斜坡式护岸挡浪墙顶高程进行计算。护岸结构前基底高程取 -3.14m，堤前坡度为 1：2（m=2）。取 50 年一遇高潮位 3.26m，取 ESE 向重现期为 50 年的波高 $H_{1\%}=3.9\text{m}$，$H_{13\%}=3.3\text{m}$，平均周期 $\bar{T}=6.7\text{s}$。由 m=2.0，$L/H_{1\%}=47/3.9=12.05$，$d=3.26+3.14=6.40(\text{m})$，$2\pi d/L=2\pi\times6.40/47=0.856$，代入式（5.2.3）估算正向不规则波的波浪爬高 $R_{1\%}$（m），有

$$M=\frac{1}{m}\left(\frac{L}{H}\right)^{1/2}\left(\tanh\frac{2\pi d}{L}\right)^{-1/2}=\frac{1}{2}\times12.05^{1/2}\times\left(\tanh0.856\right)^{-1/2}=2.08$$

$$(R_1)_m=\frac{4.98}{2}\tanh\frac{2\pi d}{L}\left(1+\frac{\dfrac{4\pi d}{L}}{\sinh\dfrac{4\pi d}{L}}\right)=2.49\times\tanh0.856\times\left(1+\frac{1.712}{\sinh1.712}\right)=2.83(\text{m})$$

$$R(M)=1.09M^{3.32}\exp(-1.25M)=1.09\times2.08^{3.32}\times\exp(-1.25\times2.08)=0.921$$

$$R_1=1.24\tanh(0.432M)+\left[(R_1)_m-1.029\right]R(M)$$
$$=1.24\tanh(0.432\times2.08)+(2.83-1.029)\times0.921=2.55(\text{m})$$

$$R_{1\%}=K_\Delta K_V R_1 H_{1\%}=0.55\times1.0\times2.55\times3.9=5.47(\text{m})$$

按 2 级允许越浪堤防考虑，由波浪爬高计算公式计算得到波高累计频率 F=13%的波浪爬高值 $R_{13\%}=0.71\times5.47=3.88(\text{m})$。取安全加高值 A=0.4m，代入式（5.2.1），由

$$Z_p=3.26+3.88+0.4=7.54(\text{m})$$

得到允许越浪情形的挡浪墙顶高程计算值为 7.54m。珠澳口岸人工岛设计中考虑到为过境旅客提供海天一色的景观视廊，需要降低挡浪墙的顶标高，减少人工岛地面与挡浪墙之间的高差到人体正常身高范围。为此，经过物理模型试验对珠澳口岸人工岛东、南护岸断面

结构进行了优化，采用反弧形挡浪墙以减小护岸的越浪量，确定最终的挡浪墙顶高程为 6.65m（陈波等，2013）。

2）越浪量计算

挡浪墙顶高程取计算值 6.65m，护岸结构前基底高程取-3.14m，按斜坡式护岸堤顶有挡浪墙考虑，堤顶的越浪量计算公式为

$$q = 0.07^{H_C'/H_{1/3}} \exp(0.5 - \frac{b_1}{2H_{1/3}}) B \cdot K_A \frac{H_{1/3}^2}{T_p} \left[\frac{0.3}{\sqrt{m}} + \tanh\left(\frac{d}{H_{1/3}} - 2.8 \right) \right]^2 \ln\sqrt{\frac{gT_p^2 m}{2\pi H_{1/3}}}$$

将运营工况情形的参数，$H_C' = 4.03\text{m}$，$H_{1/3} = 2.5\text{m}$，$T_p = 1.21\overline{T} = 8.71\text{s}$（参照《港口与航道水文规范》(JTS 145—2015)），$b_1 = 6.77\text{m}$，$B = 0.45$，$K_A = 0.5$，$m = 2.0$，$d = 3.47 + 3.14 = 6.61(\text{m})$，代入越浪量计算公式，有

$$q = 0.07^{3.18/2.5} \times \exp(0.5 - \frac{6.77}{2 \times 2.5}) \times 0.45 \times 0.5$$

$$\times \frac{2.5^2}{8.71} \left[\frac{0.3}{\sqrt{2}} + \tanh\left(\frac{6.61}{2.5} - 2.8 \right) \right]^2 \times \ln\sqrt{\frac{9.81 \times 8.71^2 \times 2}{2\pi \times 2.5}}$$

$$q = 0.034 \times 0.426 \times 0.45 \times 0.5 \times 0.718 \times 0.236 \times 2.276 = 0.00126[\text{m}^3/(\text{m} \cdot \text{s})]$$

可得到运营工况情形的越浪量计算值为 $q = 0.00126\text{m}^3/(\text{m} \cdot \text{s})$。

将设计工况情形的参数，$H_C' = 3.39\text{m}$，$H_{1/3} = 3.3\text{m}$，$T_p = 1.21\overline{T} = 8.11\text{s}$，$b_1 = 6.77\text{m}$，$B = 0.45$，$K_A = 0.5$，$m = 2.0$，$d = 3.26 + 3.14 = 6.40(\text{m})$，代入越浪量计算公式，有

$$q = 0.07^{3.39/3.3} \times \exp(0.5 - \frac{6.77}{2 \times 3.3}) \times 0.45 \times 0.5$$

$$\times \frac{3.3^2}{8.11} \left[\frac{0.3}{\sqrt{2}} + \tanh\left(\frac{6.40}{3.3} - 2.8 \right) \right]^2 \times \ln\sqrt{\frac{9.81 \times 8.11^2 \times 2}{2\pi \times 3.3}}$$

$$q = 0.065 \times 0.591 \times 0.45 \times 0.5 \times 1.343 \times 0.842 \times 2.065 = 0.0202[\text{m}^3/(\text{m} \cdot \text{s})]$$

可得到设计工况情形的越浪量计算值为 $q = 0.0202\text{m}^3/(\text{m} \cdot \text{s})$。

将校核工况情形的参数，$H_C' = 3.18\text{m}$，$H_{1/3} = 3.4\text{m}$，$T_p = 1.21\overline{T} = 7.87\text{s}$，$b_1 = 6.77\text{m}$，$B = 0.45$，$K_A = 0.5$，$m = 2.0$，$d = 3.47 + 3.14 = 6.61(\text{m})$，代入越浪量计算公式，有

$$q = 0.07^{3.18/3.4} \times \exp(0.5 - \frac{6.77}{2 \times 3.4}) \times 0.45 \times 0.5$$

$$\times \frac{3.4^2}{7.87} \left[\frac{0.3}{\sqrt{2}} + \tanh\left(\frac{6.61}{3.4} - 2.8 \right) \right]^2 \times \ln\sqrt{\frac{9.81 \times 7.87^2 \times 2}{2\pi \times 3.4}}$$

$$q = 0.083 \times 0.609 \times 0.45 \times 0.5 \times 1.469 \times 0.837 \times 2.021 = 0.0283\,[\mathrm{m}^3/(\mathrm{m \cdot s})]$$

可得到校核工况情形的越浪量计算值为 $q = 0.0283\mathrm{m}^3/(\mathrm{m \cdot s})$。

珠澳口岸人工岛东、南护岸挡浪墙顶高程为 6.65m 情形，各工况实测越浪量列于表 5.2.19（梁桁等，2012）。

表 5.2.19　东、南护岸越浪量

工况类型	工况描述	波浪试验名称	越浪量/[m³/(m·s)]	
			实测数据	设计标准
运营工况	潮位 3.47m 波浪 $H_{13\%}$=2.5m、T=7.2s 越浪量计算值 0.00126m³/(m·s)	断面物模	0.00174	0.001
		局部整体物模	0.00118	0.001
设计工况	潮位 3.26m 波浪 $H_{13\%}$=3.3m、T=6.7s 越浪量计算值 0.0202m³/(m·s)	断面物模	0.0083	0.005
		局部整体物模	0.0168	0.005
校核工况	潮位 3.47m 波浪 $H_{13\%}$=3.4m、T=6.5s 越浪量计算值 0.0283m³/(m·s)	断面物模	0.0156	0.05
		局部整体物模	0.0234	0.05

3）陆域形成高程计算

参照《海港总体设计规范》（JTS 165—2013），按上水标准控制的码头前沿顶高程计算的人工岛陆域形成高程列于表 5.2.20，陆域形成高程宜取在 4.3m 或以上。

表 5.2.20　珠澳口岸人工岛陆域形成高程（85 国家高程基准）

组合工况	水位 DWL	富裕高度 Δ_W	陆域高程 E
设计工况	设计高水位 3.26m	1.0～2.0m	设计陆域高程=3.26+(1.0～2.0)= 4.26～5.26(m)
复核工况	极端高水位 3.47m	0～0.5m	复核陆域高程=3.47+(0～0.5)= 3.47～3.97(m)

综合考虑确定珠澳口岸人工岛的陆域交工高程为 4.8m（85 国家高程基准）。加上后期建设的面层结构 0.5m，人工岛陆域高程定为 5.3m，挡浪墙顶高程比人工岛陆域高出 1.35m。

2. 大连新机场人工岛北护岸

大连新机场人工岛各护岸的平面位置图和北护岸断面图如图 5.2.14 和图 5.2.15 所示（王诺等，2015a），护面块体采用 7.0t 扭王字块体，坡度为 1∶1.5，北护岸结构前基底高程 -5.69m。重现期 200 年一遇高潮位 2.24m（基准面为 85 国家高程），重现期 100 年一遇高潮位 2.09m，重现期 50 年一遇高潮位 1.97m，设计高水位 0.97m。100 年极端高潮位对应的 100 年一遇设计波要素列于表 5.2.21。

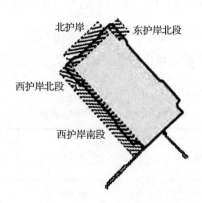

图 5.2.14　大连新机场人工岛各护岸平面位置图

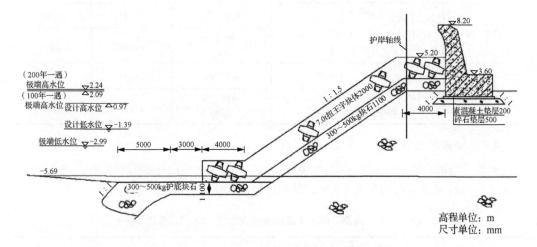

图 5.2.15　大连新机场人工岛北护岸断面图

表 5.2.21　100 年极端高水位、重现期 100 年设计波要素（王诺等，2015b）

位置	波向	$H_{1\%}$/m	$H_{4\%}$/m	$H_{5\%}$/m	$H_{13\%}$/m	$\bar{T}$/s
北护岸	W	4.23	3.73	3.63	3.17	8.3
	WNW	4.86	4.33	4.23	3.74	11.1
	NW	4.66	4.13	4.04	3.55	11.9

1）堤顶高程计算

选取表 5.2.21 中的设计工况，对斜坡式护岸挡浪墙顶高程进行了计算。北护岸结构前基底高程-5.69m，堤前坡度 1：m（m=1.5）。取重现期 100 年的高水位 2.09m；取重现期 100 年、WNW 向的设计波要素，$H_{1\%}$=4.86m，平均周期 $\bar{T}$=11.1s。由 $\omega^2 = gk\tanh(kd)$ 可计算出平均波长 L=92.8m。

根据《海堤工程设计规范》（GB/T 51015—2014），先计算 $K_\Delta=1$、$H=1m$ 时的波浪爬高 R_1，取 100 年一遇高潮位 $h_p=2.09m$，堤前水深 $d=5.69+2.09=7.78(m)$，$kd=0.527$，平均波长 $L=92.8m$，$H=H_{1\%}=4.86m$。

$$M = \frac{1}{m}\left(\frac{L}{H}\right)^{1/2}\left(\tanh\frac{2\pi d}{L}\right)^{-1/2} = \frac{1}{1.5}\left(\frac{92.8}{4.86}\right)^{1/2}\left(\tanh 0.527\right)^{-1/2} = 4.19$$

$$(R_1)_m = 2.49\tanh\frac{2\pi d}{L}\left(1+\frac{\frac{4\pi d}{L}}{\sinh\frac{4\pi d}{L}}\right) = 2.49\tanh(0.527)\left(1+\frac{2\times0.527}{\sinh 1.054}\right) = 2.21(m)$$

$$R(M) = 1.09M^{3.32}\exp(-1.25M)$$
$$= 1.09\times 4.19^{3.32}\exp(-1.25\times4.19) = 0.674$$

$$R_1 = 1.24\tanh(0.432M) + \left[(R_1)_m - 1.029\right]R(M)$$
$$= 1.24\tanh(0.432\times4.19) + (2.21-1.029)\times0.674 = 1.97(m)$$

取 $K_\Delta=0.47$［《海堤工程设计规范》（GB/T 51015—2014）的表 E.0.1，扭王字块体］，$K_V=1.0$［《海堤工程设计规范》（GB/T 51015—2014）的表 E.0.2-1，不考虑风速］代入波浪爬高公式 $R_{1\%}=K_\Delta K_V R_1 H_{1\%}$，有

$$R_{1\%} = K_\Delta K_V R_1 H_{1\%} = 0.47\times1.0\times1.97\times4.86 = 4.50(m)$$

允许越浪时，由波浪爬高计算公式计算得到波高累计频率 $F=13\%$ 的波浪爬高值 $R_{13\%}=0.71\times4.50=3.20(m)$；不允许越浪时，累计频率 $F=2\%$ 的波浪爬高值 $R_{2\%}=0.93\times4.50=4.19(m)$。表 5.2.22 给出了堤顶高程计算结果，同时给出了依据《防波堤与护岸设计规范》（JTS 154—2018）中关于斜坡式护岸挡浪墙顶高程的计算结果。经过综合比较，大连新机场人工岛北护岸斜坡式护岸挡浪墙顶高程取为 8.2m。

表 5.2.22　斜坡式护岸挡浪墙顶高程计算结果（85 国家高程基准）

依据规范	越浪情况	堤顶高程
《海堤工程设计规范》（GB/T 51015—2014）	允许越浪（$A=0.5m$）	$Z_p = h_p + R_F + A = 2.09 + 3.20 + 0.5 = 5.79(m)$
	不允许越浪（$A=1.0m$）	$Z_p = h_p + R_F + A = 2.09 + 4.19 + 1.0 = 7.28(m)$
《防波堤与护岸设计规范》（JTS 154—2018）	允许越浪（取 $0.7H_{1\%}$）	$Z_p = h_p + 0.7H_{1\%} = 2.09 + 0.7\times4.86 = 5.49(m)$
	不允许越浪（取 $1.2H_{1\%}$）	$Z_p = h_p + 1.2H_{1\%} = 2.09 + 1.2\times4.86 = 7.92(m)$

2）越浪量计算

按斜坡式护岸堤顶有挡浪墙考虑，挡浪墙顶高程取计算值 8.2m，护岸结构前基底高程取-5.69m，$H_C'=8.20-2.09=6.11(m)$，$H_{1/3}=3.74m$，$T_p=1.21\overline{T}=13.43s$［参照《港口与航道水文规范》（JTS 145—2015）］，$b_1=4.0m$，$B=0.6$，$m=1.5$，$d=5.69+2.09=7.78(m)$。

取 $K_A = 0.4$，代入越浪量计算公式有

$$q = 0.07^{6.11/3.74} \times \exp(0.5 - \frac{4}{2 \times 3.74}) \times 0.60 \times 0.4$$

$$\times \frac{3.74^2}{13.43} \left[\frac{0.3}{\sqrt{1.5}} + \tanh\left(\frac{7.78}{3.74} - 2.8\right)^2 \right] \times \ln\sqrt{\frac{9.81 \times 13.43^2 \times 1.5}{2\pi \times 3.74}}$$

$$q = 0.013 \times 0.966 \times 0.6 \times 0.4 \times 1.042 \times 0.721 \times 2.363 = 0.0054 [\text{m}^3/(\text{m} \cdot \text{s})]$$

可得到设计工况情形北护岸的越浪量计算值为 $q = 0.0054\text{m}^3/(\text{m} \cdot \text{s})$。大连新机场北护岸该工况的越浪量试验值为 $q = 0.0005\text{m}^3/(\text{m} \cdot \text{s})$（王诺等，2015a），北护岸的越浪量计算值 $q = 0.0054\text{m}^3/(\text{m} \cdot \text{s})$ 比该工况的试验值大一个数量级。

按斜坡式护岸堤顶有挡浪墙考虑，应用 EurOtop 2018 中的设计与校核公式，取 $H_{m0} = 1.1$，$H_{1/3} = 4.11\text{m}$，$T_p = 1.21\overline{T} = 1.21 \times 11.1 = 13.43(\text{s})$，$\tan\alpha = 1/1.5 = 0.667$，有

$$T_{m-1,0} = T_p / 1.1 = 13.43 / 1.1 = 12.21(\text{s})$$

$$L_{m-1,0} = \frac{gT_{m-1,0}^2}{2\pi} = \frac{9.81 \times 12.21^2}{2\pi} = 232.77(\text{m})$$

使用平均周期计算的深水波陡与破波参数为

$$s_{0m} = H_{m0} / L_{m-1,0} = 4.11 / 232.77 = 0.0177$$

$$\xi_{m-1,0} = \frac{\tan\alpha}{\sqrt{s_{0m}}} = \frac{0.667}{\sqrt{0.0177}} = 5.013$$

因破波参数 $\xi_{m-1,0} \geqslant \approx 2$，应用如下越浪量最大值公式：

$$\frac{q_{\max}}{\sqrt{gH_{m0}^3}} = 0.1035 \exp\left[-\left(1.35 \frac{R_c}{H_{m0} \cdot \gamma_f \cdot \gamma_\beta \cdot \gamma^*} \right)^{1.3} \right]$$

取挡浪墙墙顶在静水面以上的垂直高度 $R_c = H_C' = 8.2 - 2.09 = 6.11(\text{m})$，堤顶挡浪墙高度 $h_{\text{wall}} = 8.2 - 5.2 = 3.0(\text{m})$，斜坡糙渗影响因子 $\gamma_f = 0.46$，波向影响因子 $\gamma_\beta = 1$（$\beta = 0°$），戗台影响因子 $\gamma_{\text{berm}} = 1$。

挡浪墙影响因子 γ_v 和挡浪墙几何参数综合影响因子 γ^* 为

$$\gamma_v = \exp(-0.56 \frac{h_{\text{wall}}}{R_c}) = \exp(-0.56 \times \frac{3.0}{6.11}) = \exp(-0.275) = 0.760$$

$$\gamma^* = \gamma_v = 0.760$$

令 $x = \left(1.35\dfrac{R_c}{H_{m0}\cdot\gamma_f\cdot\gamma_\beta\cdot\gamma^*}\right)^{1.3} = \left(1.35\times\dfrac{6.11}{4.11\times0.46\times0.760}\right)^{1.3} = 9.698$，有

$$\frac{q_{max}}{\sqrt{gH_{m0}^3}} = 0.1035\exp(-x)$$

$$= 0.1035\cdot\exp(-9.698) = 0.1035\times6.14\times10^{-5} = 6.35\times10^{-6}$$

$$q_{max} = 6.35\times10^{-6}\sqrt{9.81\times4.11^3} = 6.35\times10^{-6}\times26.097 = 1.66\times10^{-4}[\mathrm{m}^3/(\mathrm{m}\cdot\mathrm{s})]$$

可得到 EurOtop 2018 设计与校核公式的北护岸的越浪量计算值为 $q = 0.00017\mathrm{m}^3/(\mathrm{m}\cdot\mathrm{s})$，与该工况的试验值 $q = 0.0005\mathrm{m}^3/(\mathrm{m}\cdot\mathrm{s})$（王诺等，2015a）在同一数量级。

3）陆域形成高程计算

参照《海港总体设计规范》（JTS 165—2013）按上水标准控制的码头前沿顶高程列于表 5.2.23，北区陆域形成高程宜取在 3.1m 或以上。

表 5.2.23　陆域形成高程（85 国家高程基准）

组合工况	水位 DWL	富裕高度 Δ_W	陆域高程 E
设计工况	100 年一遇高水位 2.09m	1.0～2.0m	设计陆域高程=2.09+(1.0～2.0)= 3.09～4.09(m)
复核工况	200 年一遇高水位 2.24m	0～0.5m	复核陆域高程=2.24+(0～0.5)= 2.24～2.74(m)

5.3　护岸堤顶高程优化

人工岛高程设计中面临的较敏感与较困难的问题之一是按现行国内相关规范的越浪量指标控制的人工岛护岸堤顶高程要比后方陆域高出很多。设置高大挡浪墙以控制越浪，虽然对陆域进行了有效防护，但绵长的高墙环绕，会使人感到很压抑，感观很差。当前离岸人工岛建设工程大多以休闲观光、旅游和居住为目的，对环境、生态和景观的要求越来越高。如果不能保持景观特色和良好的视觉效果，会严重影响其使用功能与开发价值。若人工岛的护岸堤顶高程过低，则堤后坡容易被越浪侵蚀而危及堤体和堤后结构的安全，恶劣海况下的越浪会使岛上陆域被淹，造成财产以至生命的损失。

人工岛陆域高程的形成需要大量的填料，提高人工岛的陆域高程不仅会使工程造价大幅度提高，而且作用在海底软基上的荷载也会迅速增加，土体变形加大可能会影响地基的稳定。为此，人工岛工程实践中倾向于首选降低人工岛护岸堤顶高程来减小护岸堤顶高程与后方陆域高程之间的高差。

5.3.1　护岸型式与构造

越浪量作为海上人工岛护岸堤顶高程的控制因素与波浪爬高是密切相关的，因此，可通过改变护岸型式和构造的方法来减小波浪爬高，则可减少堤顶越浪量，进而取得降低护

岸顶高程的效果,如降低斜坡堤的坡度、设置水下戗台、优化挡浪墙结构、挡浪墙前设置宽肩台等。

据工程经验和试验研究,弧形挡浪墙能够将来浪挑回海侧,从而减少越浪量。挑浪的弧形结构向外侧伸出一定的宽度,以一定倾角的反弧与下部直墙连接,形成弧形的挑浪嘴,适应波浪的运动规律从而起到了良好的挑浪作用。

珠澳口岸人工岛东护岸、南护岸直接朝向外海,是无掩护的外海工程,堤身采用抛石斜坡堤+人工块体护面的结构形式。该人工岛可行性研究阶段的地面标高为+5.0m(85 国家高程基准,下同),挡浪墙顶标高为+7.5m,地面与挡浪墙顶之间的高差达 2.5m,不可避免地给出入口岸的旅客带来"坐井观天"的感受。在东护岸和南护岸的设计过程中对原设计断面进行修改优化,共提出了 7 个修改断面(陈波等,2013)。通过比较不同的挡浪墙形式,最终采用图 5.3.1(a)所示的反弧形挡浪墙。从试验结果看,挡浪墙顶部做成凹向外海的小圆弧形[图 5.3.1(a)]的消浪效果要好于悬挑向外海的大圆弧形[图 5.3.1(b)]结构。

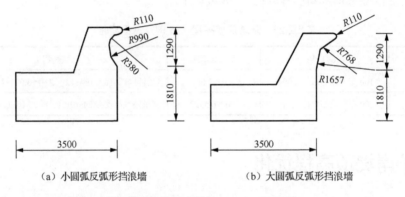

(a)小圆弧反弧形挡浪墙   (b)大圆弧反弧形挡浪墙

图 5.3.1　反弧形挡浪墙(单位:mm)(陈波等,2013)

图 5.3.2 是最终确定的东护岸标准断面图,挡浪墙顶高程为 6.65m。斜坡坡度为 1:2,护面块体采用 3.0t 四脚空心方块,墙前护面肩台上铺设了 4 排 3.0t 四脚空心方块,护底块石质量为 100~200kg。波浪物模试验结果表明均满足越浪量标准的要求。珠澳口岸人工岛填海工程交工标高+4.8m,陆域标高+5.3m。东、南护岸挡浪墙顶标高+6.65m,与竣工后的人工岛地面高差仅为 1.35m,在人体正常身高的范围内。按口岸岛平面布置规划,护岸挡浪墙后至道路边线之间为 25m 宽的缓冲绿化带,建议将其标高定为+5.45m,这样既可使道路与绿化带的高差相对适宜,又可使此 25m 宽绿化带与东、南护岸高差缩小至 1.20m,进一步提升过境旅客的舒适感受。

珠澳口岸人工岛北护岸面向大陆,掩护条件相对较好,堤身采用半直立式混合护岸结构。在北护岸的设计过程中对原设计断面进行修改优化,共提出 3 个修改断面(陈波等,2013)。最后确定的北护岸标准断面如图 5.3.3 所示,挡浪墙墙顶高程为 6.5m(比人工岛陆域标高+5.3m 高出 1.20m),基床上面安装预制空心方块,空心方块宽 5.0m、顶高程 3.0m,然后以 1:3 的斜坡至 5.0m。墙前护面肩台宽度为 2.1m,护底块石质量为 200~300kg。

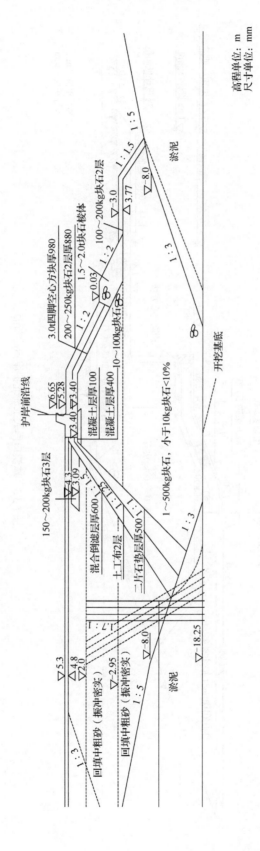

图 5.3.2　港珠澳大桥珠澳口岸人工岛东护岸结构典型断面

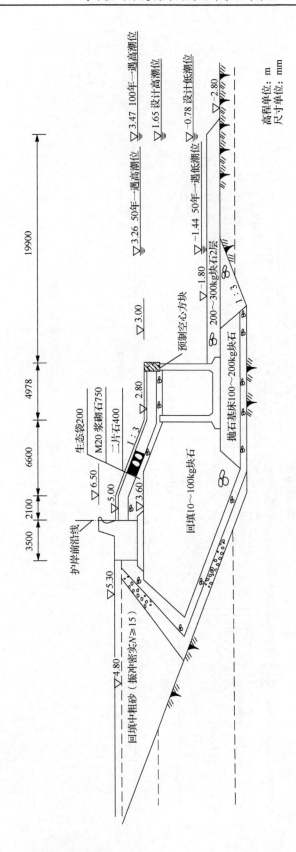

图 5.3.3　珠澳口岸人工岛北护岸标准断面

5.3.2　堤后结构防护

越浪量标准作为护岸顶高程的控制因素，主要是基于护岸结构本身的安全性考虑。较低的护岸顶高程可能导致恶劣海况下越过堤顶的越浪水体过大，危及堤体结构及堤后人员与设施的安全。因此，通过加强护岸堤顶和堤后结构防护坡设计来放宽越浪量的控制标准，使得在增加越浪量的情况下仍能保证堤体结构和堤后人员与设施的安全，也是降低护岸顶高程的一种途径。

表 5.3.1 为部分国内外标准考虑海堤后方防护情况的允许越浪量规定。我国《海堤工程设计规范》（GB/T 51015—2014）中越浪量的选取主要考虑海堤结构本身的安全性，未涉及堤后建筑物及使用者的安全。新修订的《防波堤与护岸设计规范》（JTS 154—2018）针对港口护岸码头后方人员和设施的防护给出了越浪量控制标准。在护岸顶高程设计时可参照国内外规范适当放宽人工岛护岸的越浪量控制指标，通过提高堤后结构防护能力和排水能力等降低护岸顶高程。

表 5.3.1　部分国内外标准考虑海堤后方防护情况的允许越浪量

设计规范	海堤表面防护/海堤型式和构造	允许越浪量/[m³/(m·s)]
《海堤工程设计规范》（GB/T 51015—2014）	堤顶三面（堤顶、临海侧和背海侧）均有保护，堤顶及背海侧均为混凝土保护	≤0.05
《防波堤与护岸设计规范》（JTS 154—2018）	码头后方人员不密集或有堆场、仓库等一般性设施	0.05
Port Works Design Manual	对于铺砌表面危险	0.2
《港湾の施設の技術上の基準》	堤后地面铺装	0.2

越浪量标准的放宽意味着越过护岸堤顶的越浪水体增大，在进行堤后路面防护、堤后陆域规划、堤后排水能力等设计时，需要了解越浪水体在堤后的空间分布特性，确定越浪水体漫流或飞跃的距离（越浪影响范围）。图 5.3.4 是越浪水体在堤后空间分布示意图，坐标(x, y)的原点在挡浪墙后趾，y 轴向下为正。越过堤顶的越浪水体在落到挡浪墙后的地面之前，要在空气中飞跃一段距离，挡浪墙顶面与后方陆域的高差 h_{meas} 是影响越浪水体最近落地点的重要因素。

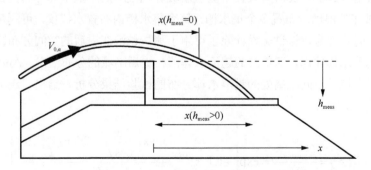

图 5.3.4　越浪水体在堤后空间分布示意图（x、y 坐标）

Jensen（1984）较早地开展了无挡浪墙低堤顶、无挡浪墙高堤顶、低挡浪墙和高挡浪墙共四种典型断面抛石斜坡堤的越浪水体在堤后分布的试验研究，采用在堤后布置多个集水槽的试验布置，进而确定越浪水体落在堤后不同距离范围内的体积分布。通过分析试验结果，得出越浪量随着到挡浪墙后趾的距离 x 的增加呈指数衰减的特征，并给出用于估算越浪水体空间分布的经验公式如下：

$$\frac{Q_x}{Q_{\text{total}}} = 10^{-\frac{x}{\alpha^*}} \tag{5.3.1}$$

式中，x 表示计算点到挡浪墙后趾的距离（m）；Q_x 表示越浪水体空中飞跃距离大于挡浪墙后趾的距离 x 的单宽平均越浪量［$\text{m}^3/(\text{m}\cdot\text{s})$］；$Q_{\text{total}}$ 表示单位时间单位堤宽范围内的总越浪量［$\text{m}^3/(\text{m}\cdot\text{s})$］；$\alpha^*$ 为待定参数（m），即越浪超过此距离的越浪量占总越浪量的 1/10。待定参数 α^* 的取值随水动力条件、断面参数等变化，需要根据试验标定得到。

在 Jensen（1984）研究工作的基础上，国外学者提出了多个越浪空间分布经验公式，这些越浪空间分布公式涉及的参数不同，但公式的基本形式均为 Q_x / Q_{total}，呈指数衰减的形式，即越浪量随着到护岸挡浪墙后趾的距离 x 的增加呈指数减小。通过将待定系数 α 用堤身参数、设计波要素等表示，进而可更直接估计越浪在堤后的空间分布。以下为部分学者的研究工作。

1. Besley 公式

Besley（1999）对透水抛石斜坡堤堤顶宽度的影响研究反映出，若堤顶宽度很大，越浪水体在堤顶漫流的过程中会渗入堤身，进而使得越过堤身至后方陆域的越浪量减小，且透水堤顶越宽，能够越过堤顶流至堤后的水体体积越小。Besley 提出了如下估算越过挡浪墙顶部的水体在堤后的空间分布的经验公式：

$$\frac{Q_x}{Q_{\text{total}}} = \min\left(3.06\exp\left(-\frac{1.5x}{H_s}\right), 1\right) \tag{5.3.2}$$

式中，H_s 为有效波高（m）。

2. Andersen 公式

Andersen 等（2006，2007）设计了测量斜坡堤挡浪墙后越浪水体分布的试验装置，见图 5.3.5。通过在挡浪墙后布置多个集水槽，每个集水槽内布置水位仪，可测量每个集水槽内水体体积的时程信号，该试验设计除了可用于测量越浪在堤后的空间分布特征外，还可测量单波的越浪水体体积，即单波的越浪水体落在堤后陆域的分布情况。Andersen 等通过越过堤顶后落在堤后不同距离处的越浪水体分布的试验结果分析，给出了越浪水体空间分布的经验公式（5.3.3）：

$$F(x^*) = \frac{Q_{\text{passing }x^*}}{Q_{\text{total}}} = \exp\left[-1.1\cdot s_{0p}^{-0.05}\cdot\frac{\max\left(\dfrac{x}{\cos\beta} - 2.7y\cdot s_{0p}^{0.15}, 0\right)}{H_{m0}}\right] \tag{5.3.3}$$

式中，$Q_{\text{passing }x}$ 表示落在计算点以外（飞越距离大于 x）的越浪水体的单宽平均越浪量；β 表示波向角；y 表示墙高（m），取挡浪墙顶高程和后方陆域高程之差；s_{0p} 表示使用谱峰周期计算的深水波陡（取 $s_{0p}=H_{m0}/L_0$，L_0 为深水波长；$L_0=gT_p^2/(2\pi)$，T_p 为谱峰周期）。

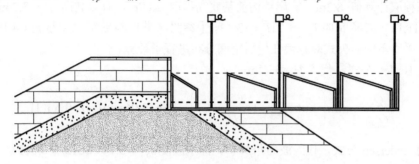

图 5.3.5　Andersen 越浪横向分布试验示意图

3. Poseiro 公式

Poseiro 等（2016）针对 Praia da Vitória 港南防波堤进行越浪空间分布试验研究。通过将试验值同越浪空间分布经验公式计算值进行了对比，给出了如下形式的越浪水体空间分布的经验公式：

$$\frac{Q_x}{Q_{\text{total}}}=\exp\left[-1.1\cdot s_{0p}^{-0.05}\cdot\frac{\max\left(\dfrac{x}{\cos\beta}-1.2y\cdot s_{0p}^{0.15},0\right)}{H_{m0}}\right] \tag{5.3.4}$$

Poseiro 公式的形式与 Andersen 公式是相同的，不同的是式（5.3.3）中变量 y 前面的常数为 2.7，而式（5.3.4）中变量 y 前面的常数为 1.2。

4. EurOtop 2018 公式

EurOtop 2018 给出了越过护面块体斜坡结构的越浪水体在堤后一定位置的累积概率 $F_p(x,y)$ 的空间分布计算公式（5.3.5），该计算公式是在 Andersen 等（2006）提出的公式基础上进行了改进，可适用于坡度约为 1∶2 的块体护面斜坡式和波向角 $0°\leqslant|\beta|<45°$ 的情形。越浪水体飞越距离的累积概率 F_p 的定义为：飞跃水体经过给定的距离 x（通过给定的 x、y 坐标）的水体占总越浪水体的比值（即 $F_p(x,y)=Q_x/Q_{\text{total}}$）。因此，该概率的取值在 0 和 1 之间，1 对应在挡浪墙的位置，全部越浪都越过挡浪墙。

$$F_p(x,y)=\frac{Q_x}{Q_{\text{total}}}\exp\left[\frac{-1.3}{H_{m0}}\cdot\max\left(\frac{x}{\cos\beta}-2.7y\cdot s_{0p}^{0.15},0\right)\right] \tag{5.3.5}$$

式中，y 为堤后挡浪墙顶高程与后方陆面高程之差（参见图 5.3.4 中的 h_{meas}）；H_{m0} 为有效波高（m）；β 代表波浪入射角（正向入射取 0°）；s_{0p} 为使用谱峰周期计算的深水波陡。

需要指出，方程的适用性是指越浪在堤后空中飞跃的空间分布。落在挡浪墙后的全部水体会沿着挡浪墙后的陆域继续流动，对防波堤结构最终将回落到堤后的海中，而对护岸结构需要通过后方排水系统把水体排到海中。

5. 大连新机场人工岛北护岸算例

采用 5.2.4 节大连新机场人工岛北护岸设计算例，按斜坡式护岸堤顶有挡浪墙考虑，挡浪墙顶高程取计算值 8.2m，护岸结构前基底高程取-5.69m，有效波高 $H_s = 3.74\text{m}$，平均周期 $\bar{T} = 11.1\text{s}$，谱峰周期 $T_p = 1.21\bar{T} = 13.43\text{s}$ ［参照《港口与航道水文规范》（JTS 145—2015）］。采用不同的公式对越浪在堤后空间分布进行了计算。

采用 Besley 公式，代入 H_s=3.74m，有

$$\frac{Q_x}{Q_{\text{total}}} = \min\left(3.06\exp\left(-1.5\frac{x}{H_{1/3}}\right), 1\right) = \min\left(3.06\exp(-0.401x), 1\right) \tag{5.3.6}$$

采用 Andersen 公式，代入波向角 β=0°，深水波陡 $s_{0p} = 3.74 / 281.6 = 0.0133$（取 $s_{0p} = H_{1/3} / L_0$，$L_0 = \dfrac{gT_p^2}{2\pi}$ 为对应谱峰周期的深水波长，由 $T_p = 1.21\bar{T} = 13.43\text{s}$，得 $L_0 = 281.6\text{m}$），取挡浪墙顶高程和后方陆域高程之差 y=8.20-3.60=4.60(m)，有

$$\frac{Q_x}{Q_{\text{total}}} = \exp\left[\frac{-1.1 \times 0.0133^{-0.05}}{3.74}\max\left(x - 2.7 \times 4.6 \times 0.0133^{0.15}, 0\right)\right]$$
$$= \exp\left[-0.365 \cdot \max\left(x - 6.50, 0\right)\right] \tag{5.3.7}$$

采用 Poseiro 公式，有

$$\frac{Q_x}{Q_{\text{total}}} = \exp\left[\frac{-1.1 \times 0.0133^{-0.05}}{3.74}\max\left(x - 1.2 \times 4.6 \times 0.0133^{0.15}, 0\right)\right]$$
$$= \exp\left[-0.365 \cdot \max\left(x - 2.89, 0\right)\right] \tag{5.3.8}$$

采用 EurOtop 2018 公式，有

$$\frac{Q_x}{Q_{\text{total}}} = \exp\left[-\frac{1.3}{3.74}\max\left(x - 2.7 \times 4.6 \times 0.0133^{0.15}, 0\right)\right]$$
$$= \exp\left[-0.348 \cdot \max\left(x - 6.50, 0\right)\right] \tag{5.3.9}$$

由式（5.3.6）～式（5.3.9）可知，不同公式计算的越浪水体空中飞跃后的最近落地点位置 x 是不同的。Besley 公式的计算结果 x=0，Poseiro 公式的计算结果 x=2.89m，Andersen 公式和 EurOtop 2018 公式的计算结果一致 x=6.5m。取不同的 x 值，代入式（5.3.6）～式（5.3.9），可得到不同的公式计算的越浪在堤后距离大于 x 的越浪量占总越浪量的比值 Q_x / Q_{total} 列于表 5.3.2。

由表 5.3.2 中的计算结果可见，在距离堤后 10m 左右的位置，不同公式计算的越浪水体落在堤后 10m 以后的越浪量分布 Q_x / Q_{total} 有较大的差别，其中 Besley 公式的计算结果最小，EurOtop 2018 公式的计算结果最大。但不同公式的计算结果都反映出大于堤后 20m 位置的越浪量 Q_x 已在总越浪量 Q_{total} 的百分之一以下。将已知的总越浪量 Q_{total} 乘以表 5.3.2 中的系数，即可得到越浪水体落在堤后距离大于 x 的越浪量。

表 5.3.2　不同公式计算的堤后越浪量分布 Q_x / Q_{total}

	距离				
	x=3m	x=5m	x=10m	x=20m	x=30m
Besley 公式	0.919	0.412	0.055	$1.01×10^{-3}$	$1.82×10^{-5}$
Poseiro 公式	1.0	0.463	0.075	$1.94×10^{-3}$	$5.04×10^{-5}$
Andersen 公式		1.0	0.279	$7.24×10^{-3}$	$1.88×10^{-4}$
EurOtop 2018 公式		1.0	0.295	$9.11×10^{-3}$	$2.81×10^{-4}$

5.3.3　设置防波堤

防波堤是港口工程的重要水工建筑物,主要作用是掩蔽港内水域,为船舶提供平稳、安全的停泊和作业条件,并保护港内其他结构物。防波堤按其与岸边的相对位置分为突堤和岛堤。突堤的一端与岸连接、一端伸入海中,岛堤的两端均不与岸相连接。防波堤按堤顶高程与海面的相对位置分为出水堤和潜堤。出水堤的堤顶高程高于海面,潜堤的堤顶高程低于海面。

人工岛向海侧布置防波堤可降低人工岛护岸的设计波浪,减小波浪爬高和堤顶越浪量,进而降低护岸顶高程。但布置防波堤也存在工程造价高、影响水质循环、影响人工岛的景观等缺点,需要在两者之间进行权衡。目前建设有防波堤的人工岛工程可分为三类:人工岛兼防波堤、传统港工防波堤和潜堤(包括低顶礁式防波堤)。

1. 人工岛兼防波堤

利用人工岛群中最靠外边的人工岛兼作防波堤,具有不需建设单独的外围防波堤、减小工程投资和避免复杂外海施工等特点,兼人工岛的防波堤设计可按照人工岛护岸(岛壁)进行设计。

防波堤兼人工岛的典型案例有迪拜棕榈岛(图 5.3.6)。迪拜棕榈岛的主体(棕榈树形岛体)是由沙子和岩石堆积而成,这种天然的材料极易受到海水的冲刷侵蚀。为此,迪拜棕榈岛的开发商于 2000 年秋委托荷兰皇家哈斯康宁公司(Royal Haskoning)设计了围绕着棕榈岛的环形防波堤,给棕榈岛全年提供适宜水上运动的相对平稳的水域。同时为让人们在棕榈岛的任意地点都能充分地体验波斯湾的自然风景,防波堤顶高程不高于 MSL+3.0m。该环形岛状人工岛兼外围防波堤长 11.5km、宽 200m,环形防波堤本身也是岛体休闲娱乐设施的一部分。防波堤的外侧为抛石护面,内侧则为沙体形成的海滩。环形防波堤共分为三段,每段之间都设置了宽 100m 的口门,以促进岛内水体与开敞海域的水体交换,适度缓解人工建设对水环境的不利影响,同时游艇也通过这两个口门进出棕榈岛。

2. 传统港工防波堤

人工护面斜坡式防波堤、沉箱式直立防波堤、削角直立防波堤、半圆型防波堤等传统港工防波堤的常用结构型式都可以用于人工岛工程,可参照《海港总体设计规范》(JTS 165—2013)、《防波堤与护岸设计规范》(JTS 154—2018)等规范进行设计。《海港总体设计规范》

（JTS 165—2013）5.7 节给出了不同防波堤堤顶高程设计时所采用的波浪条件，斜坡堤设计波高应采用重现期为 50 年或 25 年，波高累计频率应为 13%；直立堤设计波高应采用重现期为 50 年，波高累计频率应为 1%；半圆型防波堤设计波高应采用重现期为 50 年或 25 年，波高累计频率应为 1%，但均不应超过浅水极限波高。

港工防波堤有掩蔽港内水域满足船舶安全停泊和作业的平稳度要求，而用于人工岛工程的防波堤不需要设定严格的掩蔽要求，因此参照港口规范按允许越浪设计的防波堤堤顶高程可通过分析论证适当降低，以提升其所防护的人工岛与防波堤本身的景观效果。建设传统港工防波堤的典型案例有迪拜世界岛（图 5.3.7），其 300 个岛屿四周由长度 27km 的抛石斜坡堤保护起来，堤顶高出海面约 2m。

图 5.3.6　迪拜棕榈岛的环形防浪堤兼人工岛　　　　图 5.3.7　迪拜世界岛外围的抛石防波堤

3. 潜堤与低顶礁式防波堤

低顶礁式防波堤可以看作是堤顶高程介于高、低潮位之间的潜堤。修筑在人工岛前的潜堤或低顶礁式防波堤也是减小人工岛外护岸波浪作用，降低人工岛外护岸的堤顶高程的一种方式。

建设低顶礁式防波堤的典型案例有巴林安瓦吉人工岛群（图 5.3.8），在人工岛的北侧距离人工岛约 340m 处，由西向东建造了长 4.7km、可减小 60%波高的低顶礁式防波堤。该低顶礁式防波堤共设计了 11 段，每段长 300m，相隔 75m。礁式防波堤堤心采用充填疏浚材料的土工管袋（geotube），护面采用大块石。因堤顶高程介于高低潮位之间，可给人以自然礁体的视觉。

中国冀东油田南堡滩海人工岛采用椭圆形布置，岛体四边采用平顺圆弧相接。图 5.3.9 为中国冀东油田人工岛的鸟瞰图。除与路堤相连的角点外，人工岛其余 3 个角点沿长边方向布置 3 条长 150～200m 的护岛潜堤。

图 5.3.8　巴林安瓦吉人工岛群的宽顶礁式防波堤　　　　图 5.3.9　中国冀东油田人工岛实景

潜堤可否导致波浪破碎是控制人工岛外护岸越浪量的主要因素之一。波浪传播到潜堤附近时已经破碎的情形（潜堤高程较高），随着波高的增大，波浪破碎的程度不断加剧，有更多的波能在潜堤附近因波浪破碎而消耗，因此波高的变化对人工岛外护岸越浪量的影响不明显。波浪传播到潜堤时没有破碎的情形（潜堤高程较低），随波高的增加，有更多的波能越过潜堤，使其人工岛前的波浪增大，其越浪量随之增大。

《海堤工程设计规范》（GB/T 51015—2014）附录 E 的第 E.0.10 条给出了海堤前沿滩地上设有潜堤时，波浪越过潜堤后的波高 H_1 可按下列公式计算：

$$\frac{H_1}{H} = \tanh\left[0.8\left(\left|\frac{d_a}{H}\right|\right) + 0.038\frac{L}{H}K_B\right], \quad \frac{d_a}{H} \leqslant 0 \qquad (5.3.10)$$

$$\frac{H_1}{H} = \tanh\left(0.03\frac{L}{H}K_B\right) - \tanh\left(\frac{d_a}{2H}\right), \quad \frac{d_a}{H} > 0 \qquad (5.3.11)$$

$$K_B = 1.5\mathrm{e}^{-0.4\frac{B}{H}}$$

式中，H_1 为堤后的波高（m）；H 为堤前设计波高（m）；d_a 为计算水位到潜堤堤顶的垂直高度，当潜堤出水时取正值 [图 5.3.10（a）]，淹没时取负值 [图 5.3.10（b）]；B 为潜堤的堤顶宽度。

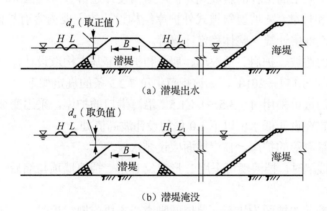

图 5.3.10　海堤前设有潜堤示意图

按式（5.3.18）和式（5.3.19）计算潜堤后的设计波要素时，潜堤前的设计波要素取 $H_{13\%}$，波长为平均波长 L，并假定潜堤后的波高 H_1 也具有相同的累计频率（13%），潜堤后的有效波高与平均波高之比不变，可按规范计算各种累计频率的波高。当潜堤与海堤之间距离较短、水深变化不大时，可把潜堤后的设计波要素作为海堤前的设计波要素，计算其波浪爬高。

《防波堤与护岸设计规范》（JTS 154—2018）给出抛石潜堤的堤后传递波高可按下式计算：

$$H_1 = K_t H \qquad (5.3.12)$$

式中，H_1 为堤后的波高（m）；H 为堤前设计波高（m）；K_t 为传递波高系数，可按表 5.3.3

取值，表中 d_a 为堤顶在计算水位以上的高度（m），堤顶在水下时 d_a 为负值，堤顶出水时 d_a 为正值。

表 5.3.3　低顶抛石堤传递波高系数

d_a/H	K_t
$-2.0 < d_a/H < -1.13$	0.80
$-1.13 < d_a/H < 1.2$	$0.46-0.3(d_a/H)$
$1.2 < d_a/H < 2.0$	0.10

资料来源：《防波堤与护岸设计规范》（JTS 154—2018）。

5.4　护岸结构设计

5.4.1　斜坡式外护岸

由大块石或各种混凝土人工块体作护面的陡坡型斜坡式护岸，具有堤身稳定性好、适应地基能力强、波浪爬高小、消能效果好等特点，在人工岛建造中得到较多的应用。通常使用的人工块体有四脚空心方块、四脚锥体、扭工字块体（dolos）和钩连块体（accropode）等。目前我国大型人工岛工程的斜坡式外护岸结构设计通常参考我国港口工程、水利工程等行业相关规范和标准。陡坡型斜坡式外护岸结构设计的主要内容有护面块体稳定质量、挡浪墙稳定性、倒滤层计算、整体稳定计算等。

斜坡式护岸的边坡、护肩、挡浪墙、肩台和护脚等基本构造设计，可参照《防波堤与护岸设计规范》（JTS 154—2018），如该规范中第 7.2.3 条的规定如下：

（1）护岸的边坡可采用 1∶3.5～1∶1.5。沿海港口的护岸，采用变坡或不同的护面块体时，其分界点宜在设计低水位以下 1.0 倍的设计波高值处。

（2）允许少量越浪的护岸，临岸地面应设排水坡。

（3）设置挡浪墙时，挡浪墙可采用 L 形或反 L 形。挡浪墙顶与墙后路面的高差不宜超过 1.5m。

（4）当挡浪墙前的护面为块石、单层四脚空心方块或栅栏板时，其坡顶高程宜定在设计高水位以上不小于 0.6 倍设计波高值处；墙前坡肩宽度不应小于 1.0m，且在构造上至少应能安放一排护面块体。

（5）护岸堤身顶宽宜根据挡浪墙底宽、施工条件等确定。

（6）设置肩台的护岸，肩台宽度不宜小于 2.0m，其顶高程可根据护坡整体稳定和施工条件确定。

（7）护脚可采用抛石棱体、方块棱体、脚槽、基础梁和板桩等型式。当护脚采用抛石棱体时，棱体的顶高程不宜高于设计低水位以下 1.0 倍设计波高值；棱体的顶宽不宜小于 2.0m，棱体的厚度不宜小于 1.0m，棱体的外坡坡度不宜陡于 1∶1.5。

1. 设计荷载组合

作用在护岸上的荷载主要有永久作用（结构物自重、堤后均载等）、可变作用（流动机械荷载、施工荷载、波浪力、水流力、风荷载、冰荷载等）和偶然作用（地震荷载等），其作用效应按承载能力极限状态和正常使用极限状态进行组合。

根据护岸结构受力特点，可考虑三种设计状况（荷载组合均应考虑不同设计水位，按最不利情况计算）：

（1）持久状况。在使用期应按承载能力极限状态的持久组合和正常使用极限状态的持久组合进行设计。作用效应组合=自重＋使用均载＋波浪力（设计工况）。

（2）短暂状况。在施工期应按承载能力极限状态的短暂组合进行设计，必要时按正常使用极限状态的短暂组合进行设计。作用效应组合=自重＋施工荷载＋波浪力（施工工况）。

（3）偶然状况。在使用期受到地震作用时，按《水运工程抗震设计规范》（JTS 146—2012）有关规定执行，仅按承载能力极限状态的偶然组合进行设计。作用效应组合=自重＋地震惯性力。

2. 护面块体计算

选取人工块体作为护面结构时，可根据《防波堤与护岸设计规范》（JTS 154—2018）等规范计算所选护面块体的稳定质量。如四脚空心块体的稳定质量按式（5.4.1）计算：

$$W = 0.1 \frac{\gamma_b H^3}{K_D(\gamma_b / \gamma_w - 1)^3 \cot\alpha} \tag{5.4.1}$$

式中，W 为单个块体稳定质量（t）；γ_b 为块体材料的重度（kN/m³）；H 为设计波高，当平均波高与水深比 $\bar{H}/d < 0.3$ 采用 $H_{5\%}$，当 $\bar{H}/d \geq 0.3$ 采用 $H_{13\%}$；K_D 为块体稳定系数；γ_w 为水的重度（kN/m³）；α 为前坡与水平面的夹角。

3. 倒滤层计算

外护岸既作为工程的永久性边界和堤防，同时在施工期也作为吹填造陆的围护建筑，倒滤层是陆域吹填期防止护岸后方回填料流失/渗漏的一种结构。目前填海围堤工程大都采用土工织物配合其他材料（二片石、碎石），形成防渗效果好、施工简便、造价经济的混合防渗倒滤层，所选用的土工织物孔径要满足保土性能、透水性能和防淤堵性能指标要求。土工织物配合其他材料的倒滤层设计可参照《水运工程土工合成材料应用技术规范》（JTS/T 148—2020）、《土工合成材料应用技术规范》（GB/T 50290—2014）等相关规定。

如《水运工程土工合成材料应用技术规范》（JTS/T 148—2020）中第 4.2.3 条规定土工织物的透水性能应满足式（5.4.2）或式（5.4.3）的要求。

$$O_{90} > d_{15} \tag{5.4.2}$$

$$k_g \geq \lambda_p k_s \tag{5.4.3}$$

式中，O_{90} 为土工织物的等效孔径（mm），土工织物中小于该孔径的孔占90%；d_{15} 为土的特征粒径（mm），小于该粒径的土颗粒质量占总质量的15%；k_g 为土工织物的渗透性系数（m/s）；k_s 为土的渗透性系数（m/s）；系数 λ_p，黏土取 10～100，砂性土取 1～10。

4. 稳定性计算

挡浪墙结构抗滑、抗倾稳定性计算的波高累计频率采用 $H_{1\%}$。根据《海堤工程设计规范》（GB/T 51015—2014）第 10.2.8 条，海堤挡浪墙稳定计算可分为正常运用情况和非常运用情况。各种情况下的计算工况及其临海侧水位可按表 5.4.1 采用。

表 5.4.1　海堤挡浪墙稳定计算工况及其临海侧水位

运用情况	计算工况	倾覆方向	临海侧潮（水）位
正常运用情况	设计高潮（水）位	向背海侧	设计高潮（水）位
非常运用情况	地震	向背海侧	平均潮（水）位
		向临海侧	平均潮（水）位

资料来源：《海堤工程设计规范》（GB/T 51015—2014）。

1）挡浪墙抗滑稳定安全系数

《海堤工程设计规范》（GB/T 51015—2014）附录 M 给出挡浪墙抗滑稳定安全系数计算公式（5.4.4），挡浪墙抗滑稳定安全系数不应小于表 5.4.2 的规定。

$$K_c = \frac{f \cdot \sum W}{\sum P} \tag{5.4.4}$$

式中，K_c 为抗滑稳定安全系数；$\sum W$ 为作用于墙体上的全部垂直力的总和（kN）；$\sum P$ 为作用于墙体上的全部水平力的总和（kN）；f 为底板与堤基之间的摩擦系数。

表 5.4.2　挡浪墙抗滑稳定安全系数

		地基性质								
		岩基					土基			
海堤工程的级别		1	2	3	4	5	1	2	3	4	5
安全系数	正常运用情况	1.15	1.10	1.05	1.05	1.05	1.35	1.30	1.25	1.20	1.20
	非常运用情况 I	1.05	1.05	1.00	1.00	1.00	1.20	1.15	1.10	1.05	1.05
	非常运用情况 II	1.03	1.03	1.00	1.00	1.00	1.10	1.05	1.05	1.00	1.00

2）挡浪墙抗倾稳定安全系数

《海堤工程设计规范》（GB/T 51015—2014）附录 M 给出挡浪墙抗倾稳定安全系数计算公式（5.4.5），挡浪墙抗倾稳定安全系数不应小于表 5.4.3 的规定。

$$K_o = \frac{\sum M_v}{\sum M_h} \tag{5.4.5}$$

式中，K_o 为抗倾稳定安全系数；$\sum M_v$ 为抗倾覆力矩（kN·m）；$\sum M_h$ 为倾覆力矩（kN·m）。

表 5.4.3　挡浪墙抗倾稳定安全系数

	海堤工程的级别				
	1	2	3	4	5
正常运用情况	1.60	1.50	1.50	1.40	1.40
非常运用情况 I	1.50	1.40	1.40	1.30	1.30
非常运用情况 II	1.40	1.30	1.30	1.20	1.20

3）整体稳定性计算

《海堤工程设计规范》（GB/T 51015—2014）附录 M 规定，海堤整体抗滑稳定计算方法可采用瑞典圆弧滑动法和简化毕肖普法，采用爆炸置换法软基处理的海堤宜采用简化毕肖普法。

5. 护岸沉降计算

护岸沉降主要是护岸自重和外加荷载产生的附加应力产生的，其大部分沉降是在护岸施工过程中完成的，仅有一小部分是工后沉降。沉降计算一般是指护岸竣工断面的最终沉降量，不考虑因地下水位下降、地震等因素引起的沉降。地基为岩石、碎石土、密实砂土和密实黏性土时，可不进行沉降计算。

软土地基受荷载作用后产生的最终沉降量 S_∞ 是指地基最终沉降稳定以后的最大沉降量，S_∞ 可表示为

$$S_\infty = S_c + S_d + S_s \tag{5.4.6}$$

式中，S_c 为主固结沉降（m）；S_d 为瞬时沉降（m）；S_s 为次固结沉降（m）。

主固结沉降 S_c 是在荷载作用下饱和土体中的孔隙水逐渐排出使得土体体积随时间逐渐缩小、有效应力逐渐增加的固结过程中所产生的沉降，为总沉降的主要部分。在主固结过程中，沉降速率是由水从孔隙中排出的速率所控制的。实际工程中最终沉降量计算一般只计算固结沉降量 S_c。

瞬时沉降 S_d 是指在加荷后立即发生的沉降，它是由剪切变形引起的。对于饱和黏土来说，由于在很短的时间内，孔隙中的水来不及排出，加之土体中的水和土粒是不可压缩的，因而瞬时沉降是在没有体积变形的条件下发生的。如果饱和土体处于无侧向变形条件下，则可以认为 $S_d=0$。围堰基础的宽度相对于地基压缩层的厚度比较大时，可不计瞬时沉降量。

次固结沉降 S_s 是指土体主固结沉降完成之后，土骨架在有效应力不变的情况下还会随着时间的增长发生蠕变而产生的沉降。次固结沉降是在很长的使用时期内完成的，一般可以忽略。

沉降计算一般选取堤轴线及断面的两侧作为计算点，计算深度通常计算到附加应力 σ_z 等于 0.2 倍自重应力 σ_c 处的深度为止。一般情况下，对于护岸可只考虑堤身自重引起的附加应力。采用平均低潮位作为计算水位，平均低潮位以上取干容重，平均低潮位以下取浮容重。

最终沉降量 S_∞ 计算可采用分层总和法，其基本思想是将地基压缩层范围划分若干层，用土的孔隙比与所受压力的关系曲线（e-p 曲线）计算每个分层的压缩量，然后求其总和。图 5.4.1 为 e-p 曲线示意图，实际工程中由现场的地质勘察报告提供。

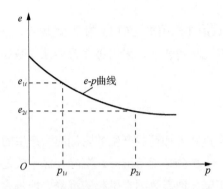

图 5.4.1　土层压缩曲线示意图（e-p 曲线）

《水运工程地基设计规范》（JTS 147—2017）中第 7.2.2 条给出分层总和法计算地基最终沉降量 S_∞ 的公式如下：

$$S_\infty = M_s \sum_{i=1}^{n} \frac{e_{1i} - e_{2i}}{1 + e_{1i}} h_i \qquad (5.4.7)$$

式中，S_∞ 为最终沉降量（cm）；n 为压缩层范围的土层数；e_{1i} 为第 i 土层在平均自重应力（σ_{ci}）作用下的孔隙比，σ_{ci} 为第 i 土层顶面与底面的地基自重应力平均值的设计值；e_{2i} 为第 i 土层在平均自重应力（σ_{ci}）和平均附加应力（σ_{zi}）共同作用下的孔隙比，σ_{zi} 为第 i 土层顶面与底面的地基垂直附加应力平均值的设计值；h_i 为第 i 土层厚度（cm），一般控制在 2~4m（≤$0.4b$）；M_s 为沉降经验系数，按地区经验或由现场试验确定。沉降经验系数与土体的变形特性如压缩模量、侧向变形特性、荷载大小、施工加载速率、场地条件等因素有关。

地基最终沉降量设计值应满足下式要求：

$$S_\infty \leqslant [S] \qquad (5.4.8)$$

式中，S_∞ 为建筑物地基最终沉降量设计值（cm）；$[S]$ 为建筑物沉降量的限定值（cm）。

地基最终沉降量计算（e-p 曲线）的主要步骤如下：

（1）选取沉降计算点的位置。按基础荷载的特性（中心、偏心或倾斜等情况），求出基底压力的大小和分布。

（2）地基分层 h_i。一般控制在 2~4m，σ_z 变化明显的土层，适当取小。不同土层界面和地下水位线一般作为分层界面处理。

（3）计算地基中的自重应力分布（从地面算起）。

（4）计算地基中由基底附加压力 $p-\gamma d$ 引起的竖向附加应力 σ_z 分布。

（5）确定计算深度 z_n，一般土层取 $\sigma_z = 0.2\sigma_{cz}$；软黏土层取 $\sigma_z = 0.1\sigma_{cz}$。

（6）按算术平均求各分层平均自重应力和平均附加应力。

（7）按不同土层的 e-p 曲线计算第 i 分层的沉降量 ΔS_i。

（8）将每一分层的沉降量叠加，即得地基的总沉降量：$S=\sum DS_i$。

软土地基的沉降大小受多种因素影响，如土层厚度的均匀性、土体物理力学性质指标、地基加载过程、地基处理方法等，另外还有沉降量及土体固结度计算理论的自身局限性，因此很难得出沉降量的精确值。由于地基的不均匀沉降会对堤身的结构安全产生不利影响，需采取一定的措施减少不均匀沉降，如减小结构分段长度，调整基岩面凸高部位两侧的基础底高程，对加设的过渡段基础底高程采取变坡处理等。另外，需在施工过程中加强沉降观测，掌握护岸各部分的沉降情况。

5.4.2 漳州双鱼岛外护岸

漳州双鱼岛工程按照人口等级 20 万～50 万人口的中等城市进行设防，根据《堤防工程设计规范》（GB 50286—2013）规定，确定防洪标准（重现期）和护岸建筑物的工程等级。防洪标准（重现期）取 100 年一遇设计高潮位，波浪取 100 年一遇设计波要素，确定护岸的工程等级为 2 级堤防，越浪量控制标准按允许越浪考虑取 $q\leqslant0.05\mathrm{m}^3/(\mathrm{m\cdot s})$。工程海域 100 年一遇极端高潮位 4.62m（85 国家高程基准，下同），设计高水位 3.08m。部分区域重现期 100 年的设计波要素列于表 5.4.4。

表 5.4.4 部分东区与西区设计波要素（波浪重现期 100 年）

分段	主浪向	水位	水深/m	$H_{1\%}$/m	$H_{13\%}$/m	$\bar{H}$/m	$\bar{T}$/s	L/m
东一、二区	ESE	极端高水位 4.62m	12.86	5.15	3.69	2.43	10.77	112.00
		设计高水位 3.08m	11.32	4.89	3.52	2.33	10.77	105.96
西五区	SSE（绕射后为 S）	极端高水位 4.62m	9.76	2.69	1.89	1.22	10.77	99.42
		设计高水位 3.08m	8.22	2.56	1.80	1.17	10.77	92.10

1. 人工岛高程设计

1）东区外护岸

人工岛东侧区域（包括一区、二区、三区-1）主要受 ESE、ENE 向浪，东侧波浪较大，宜根据不同波高选择稳定性好，消浪效果较好，适应地基不均匀沉降好，施工方便的护面块体。设计中采用四脚空心方块，坡度为 1:1.75（m=1.75），通过对挡浪墙顶高程的计算，并经断面模型试验验证，确定人工岛东区外护岸挡浪墙顶高程 7.9m。图 5.4.2 为人工岛东区外护岸断面图（金晖等，2013）。

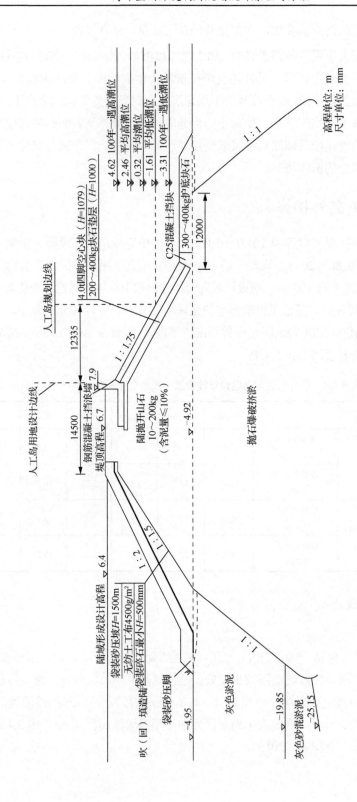

图 5.4.2 漳州双鱼岛东区外护岸典型断面图

参照《海堤工程设计规范》(GB/T 51015—2014),越浪量计算应用斜坡式护岸堤顶有挡浪墙的越浪量计算公式,取 100 年一遇高潮位 4.62m(85 国家高程基准,下同),取东一、二区的 100 年一遇设计波要素 $H_{1\%}$=5.15m,$H_{13\%}$=3.69m,$\overline{T}$=10.77s,$\overline{L}$=112.0m。取挡浪墙顶高程 Z_p=7.9m,挡浪墙顶在静水面以上的高度 H'_C = 7.9 − 4.62 = 3.28(m),挡浪墙前肩宽 $b_1 = 0$,B=0.525,$K_A = 0.5$,$T_p = 1.21\overline{T} = 13.03\text{s}$,$m$=1.75,$d$=11.32m,有

$$q = 0.07^{H'_C/H_{1/3}} \exp(0.5 - \frac{b_1}{2H_{1/3}}) B \cdot K_A \frac{H_{1/3}^2}{T_p} \left[\frac{0.3}{\sqrt{m}} + \tanh\left(\frac{d}{H_{1/3}} - 2.8\right) \right]^2 \ln\sqrt{\frac{gT_p^2 m}{2\pi H_{1/3}}}$$

$$= 0.07^{3.28/3.69} \exp(0.5) \cdot B \cdot K_A \frac{3.69^2}{13.03} \left[\frac{0.3}{\sqrt{1.75}} + \tanh\left(\frac{12.76}{3.69} - 2.8\right) \right]^2 \ln\sqrt{\frac{9.81 \times 13.03^2 \times 1.75}{2\pi \times 3.69}}$$

$$q = 0.0941 \times 1.649 \times 0.525 \times 0.5 \times 1.045 \times 0.664 \times 2.417 = 0.068\,[\text{m}^3/(\text{m}\cdot\text{s})]$$

人工岛东区外护岸挡浪墙顶高程取 7.9m,根据《堤防工程设计规范》(GB 50286—2013)计算的越浪量是 0.068m³/(m·s),通过物理模型试验测定的越浪量试验值为 0.0291m³/(m·s),满足设计要求。参考《堤防工程设计规范》(GB 50286—2013)第 7.4.6 条,护岸顶面高程与挡浪墙顶高程之差不宜超过 1.2m,确定东区外护岸堤顶高程为 6.7m。

根据《堤防工程设计规范》(GB 50286—2013),2 级堤防堤顶宽度不宜小于 6m,除满足护岸构造要求外,还需考虑综合施工工艺、施工临时通道以及使用要求。为此,漳州双鱼岛外护岸及游艇、客运码头堤顶宽度确定为 8.0m。

人工岛陆域形成高程,参照《海港总体设计规范》(JTS 165—2013)按上水标准控制的码头前沿顶高程列于表 5.4.5。

表 5.4.5　漳州双鱼岛陆域形成高程(85 国家高程基准)

组合工况	水位 DWL	富裕高度 Δ_W	陆域高程 E
设计工况	设计高水位 3.08m	1.0~2.0m	设计陆域高程=3.08+(1.0~2.0)= 4.08~5.08(m)
复核工况	极端高水位 4.62m	0~0.5m	复核陆域高程=4.62+(0~0.5)= 4.62~5.12(m)

由表 5.4.5,漳州双鱼岛陆域形成高程宜取在 5.0m 或以上。考虑陆域形成高程与挡浪墙顶高程的关系,使其高差控制在 1.0~1.5m,形成良好的海景观赏视野。确定该工程的东区陆域高程为 6.4m(堤顶高程 6.7m,挡浪墙顶高程 7.9m)。

2)西区外护岸

漳州人工岛西侧区域主要受 SSE 向浪,西侧波浪较小,100 年一遇的最大波高为 1.8~2.5m,宜选择消浪效果较好、美观性好的护面型式。设计中采用栅栏板护面,坡度为 1:1.75(m=1.75),通过对挡浪墙顶高程的计算,并经断面模型试验验证,确定人工岛东区外护岸挡浪墙高程取 6.0m(85 国家高程基准)。图 5.4.3 为人工岛西区外护岸典型断面图(周俊辉等,2018)。

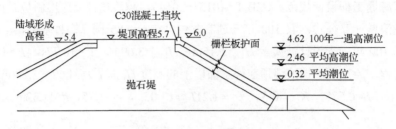

图 5.4.3　漳州双鱼岛西区外护岸典型断面图（单位：m）

参照《海堤工程设计规范》（GB/T 51015—2014），越浪量计算应用斜坡式护岸堤顶有挡浪墙的公式，取 100 年一遇高潮位 4.62m（85 国家高程基准，下同），取西五区的 100 年一遇设计波要素 $H_{1\%}$=2.69m，$H_{13\%}$=1.89m，$\overline{T}$=10.77s，$\overline{L}$=112.0m。取挡浪墙顶高程 Z_p=6m，取挡浪墙顶在静水面以上的高度 $H_C'=6.0-4.62=1.38(\mathrm{m})$，挡浪墙前肩宽 $b_1=0$，B=0.525，$K_A=0.5$，$T_p=1.21\overline{T}=13.03\mathrm{s}$，$m$=1.75，$d$=9.76m，有

$$q = 0.07^{H_C'/H_{1/3}} \exp(0.5 - \frac{b_1}{2H_{1/3}})B \cdot K_A \frac{H_{1/3}^2}{T_p}\left[\frac{0.3}{\sqrt{m}} + \tanh\left(\frac{d}{H_{1/3}} - 2.8\right)\right]^2 \ln\sqrt{\frac{gT_p^2 m}{2\pi H_{1/3}}}$$

$$= 0.07^{1.38/1.89} \exp(0.5)B \cdot K_A \frac{1.89^2}{13.03}\left[\frac{0.3}{\sqrt{1.75}} + \tanh\left(\frac{9.76}{1.89} - 2.8\right)\right]^2 \ln\sqrt{\frac{9.81\times13.03^2\times1.75}{2\pi\times1.89}}$$

$$q = 0.1435\times1.649\times0.525\times0.5\times0.274\times1.227\times2.752 = 0.0575[\mathrm{m^3/(m\cdot s)}]$$

人工岛西区挡浪墙顶高程取 6.0m 时，根据《堤防工程设计规范》（GB 50286—2013）计算的越浪量是 0.058m³/(m·s)，通过物理模型试验测定的越浪量试验值为 0.0225m³/(m·s)，满足设计要求。确定西区护岸堤顶高程为 5.7m，西区陆域高程为 5.4m，呈"东高西低"的走势。

双鱼岛全岛外护岸长度 7560m，内护岸长度 5137m，最终确定的双鱼岛全岛护岸和陆域形成高程见图 5.4.4（周俊辉等，2018）。

2. 护面结构设计

1）东区外护岸四脚空心方块的稳定质量

取 100 年一遇高潮位 4.62m，参考表 5.4.4 取东一、二区的 100 年一遇设计波要素 $H_{13\%}$=3.69m，$\overline{T}$=10.77s，$\overline{L}$=112.0m。取块体材料的重度 γ_b=23kN/m³，水的重度 γ=10.25kN/m³，块体稳定系数 K_D=14（四脚空心方块），斜坡的坡度系数 $\cot\alpha$=m=1.75。根据《防波堤与护岸设计规范》（JTS 154—2018），东区外护岸单个四脚空心方块的稳定质量按式（5.4.9）计算值为 2.45t，实际中取 4t。

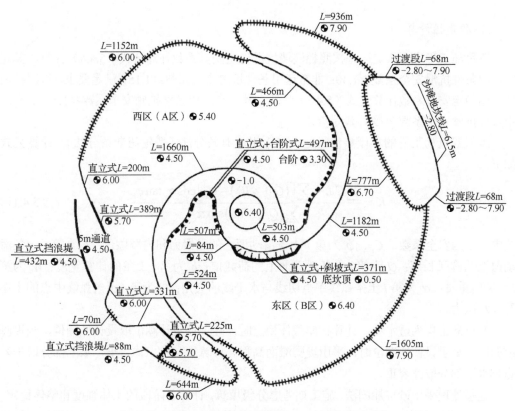

图 5.4.4　双鱼岛填海造地设计高程平面（高程单位：m）

$$W = 0.1 \frac{\gamma_b H^3}{K_D (\frac{\gamma_b}{\gamma} - 1)^3 \cot \alpha}$$

$$= 0.1 \times \frac{23 \times 3.69^3}{14 \times \left(\frac{23}{10.25} - 1\right)^3 \times 1.75} = 2.45(\text{t}) \qquad (5.4.9)$$

倒滤层设计取 λ_p=100，要求倒滤层最小厚度大于 100cm，内铺一层袋装碎石，然后铺设一层 450g/m² 无纺土工布作为反滤层，为确保土工布的强度，在土工布上覆盖袋装土以防土工布老化。

2）西区外护岸栅栏板厚度

取 100 年一遇高潮位 4.62m，参照表 5.4.4 取西五区的 100 年一遇设计波要素 $H_{13\%}$=1.89m，$\overline{T}$ =10.77s，$\overline{L}$ =99.42m。取块体材料的重度 γ_b =23kN/m³，水的重度 γ_w =10.25kN/m³，斜坡的坡度系数 m=1.75，堤前水深 d=9.76m，根据《防波堤与护岸设计规范》（JTS 154—2018），西区外护岸栅栏板厚度按式（5.4.10）计算值为 0.39m，实际中取 0.5m。

$$h = 0.235 \frac{w}{\gamma_b - w} \frac{0.61 + 0.13 d / H}{m^{0.27}} H$$

$$= 0.235 \times \frac{10.25}{23 - 10.25} \times \frac{0.61 + 0.13 \times 9.76 / 1.89}{1.75^{0.27}} \times 1.89 = 0.39(\text{m}) \qquad (5.4.10)$$

3. 稳定性计算

双鱼岛工程为 2 级堤防，按照挡浪墙抗滑稳定安全系数计算公式（5.4.4）计算，其正常运用条件抗滑安全系数≥1.30；非常运用条件抗滑安全系数≥1.15，满足要求。按照挡浪墙抗倾稳定安全系数计算公式（5.4.5）计算，其正常运用条件抗倾安全系数≥1.5，非常运用条件抗倾安全系数≥1.4，满足要求。

漳州双鱼岛工程的护岸整体稳定计算采用瑞典条分法（费伦纽斯条分法），计算公式如下：

$$K = \frac{\sum C_i L_i + \sum \left[(Q_i b_i + W_i) - U_i \right] \cos \alpha_i \tan \varphi_i}{\sum (Q_i b_i + W_i) \sin \alpha_i} \quad (5.4.11)$$

式中，K 为安全系数；C_i、φ_i 为第 i 土条滑动面上的黏聚力和内摩擦角；L_i 为第 i 土条滑动面上的圆弧长度；Q_i 为第 i 土条滑动面上的荷载值；b_i 为第 i 土条的计算宽度；W_i 为第 i 土条的重量；α_i 为第 i 土条弧线中点切线与水平线的夹角；U_i 为第 i 土条弧线中点的土壤孔隙水压力。

双鱼岛工程为透水堤，计算护岸整体稳定时，竣工期设计潮位取设计低潮位，当堤脚滩面高程高于设计低潮位时，采用堤脚滩面高程。计算堤身及土体自重，水上部分取干容重，水下部分取浮容重。

地基处理采用砂桩加固法，施工期考虑分级填筑，计算各阶段的土体强度和整体稳定。护岸竣工期稳定计算取固结快剪指标。计算采用总应力法，地震按照 7 级烈度设防，护岸堤顶考虑施工荷载 $10kN/m^2$。基于双鱼岛工程地质情况，最终沉降量计算的沉降经验系数取 $M_s=1.3$。双鱼岛工程护岸推荐方案为爆破挤淤法，根据后期沉降情况分段预留堤顶超高 $15\sim20cm$。

5.4.3　朱美拉棕榈岛环形防波堤

迪拜朱美拉棕榈岛岛体朝向西北方向，岛体上伸展出的所有"棕榈叶"会受到除南向以外的其他方向入射波浪的作用，其恶劣波况下的波浪主要来自西北方向。棕榈岛的开发商于 2000 年秋委托荷兰皇家豪斯康宁公司设计一种环形防波堤，要求防波堤顶高程在 MSL+3.0m 以下。防波堤的外侧为块石护面，内侧为沙体形成的海滩（Hellebrand et al., 2004）。

1. 设计水位和波浪条件

朱美拉棕榈岛处的潮位资料来自 Jebel Ali 港和当地风暴潮增水的数据。迪拜海岸处的天文潮为半日潮，潮差变化不大。迪拜海岸每年都会受到夏马风（Shamal）的侵袭，该风暴是在西北波斯湾生成和发展起来后向东南方向移动。荷兰代尔夫特水力学所通过三次历史数据分析了夏马风期间的风暴潮增水，其中一次风暴期间的风速和波高都远远大于在 1963～1993 之间其他的夏马风暴活动中的数据，这次风暴的重现期被认为是 1000 年一遇。表 5.4.6 中列出了考虑了潮汐和风暴增水的设计水位，该区域重现期 100 年一遇的设计水位取 1.43m。

表 5.4.6　不同重现期的水位（平均海平面）

重现期/a	水位/m
1	0.85
10	1.12
25	1.25
50	1.34
100	1.43
250	1.55
1000	1.75

迪拜海岸 100 年一遇的深水有效波高为 6.0m。受到浅水效应的影响，传播到环形防波堤的外侧波高会衰减到 4.0m。在夏马风期间，离岸位置的有效波高和水深的比值大于 1/20。荷兰代尔夫特水力学所认为在夏马风期间的波浪为浅水极限波（depth limited waves），可使用 van der Meer（1994）给出的式（5.4.12）计算波列累计频率 2%的波高 $H_{2\%}$：

$$H_{2\%} / H_s = 1.4\left\{\left[1-0.03\left(1-1/\gamma\right)\right]\right\}^2 \tag{5.4.12}$$

式中，H_s 为有效波高；γ 为破碎指标，$\gamma = H_s / h$（h 为当地水深）。

在夏马风期间时，破碎指标 γ 在 0.3~0.35，$H_{2\%} / H_s$ 的值为 1.35。不在夏马风期间时，当地波浪（local wave）的有效波高较小，$H_{2\%} / H_s$ 的值为 1.4。

环形防波堤轴线上不同位置堤身处的波浪入射角度不同，其对应的波浪条件是不同的，图 5.4.5 给出了环形防波堤轴线上 10 个不同位置所对应的波高和波向。如图 5.4.5 所示，夏马风浪从西北方向入射，不会影响防波堤向岸侧的 X、Y、G 和 H 点位置。对于这些位置而言，当地波浪起主导作用。防波堤的中间位置则受到正向的夏马风浪（有效波高 H_s=4.0m）和一定程度上垂直于防波堤的当地波浪（有效波高 H_s=2.5m）的共同作用。防

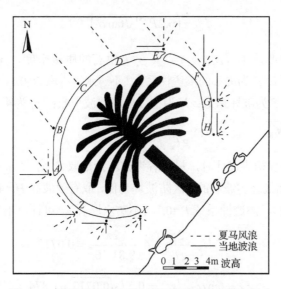

图 5.4.5　环形防波堤轴线上不同位置处的波高与波向

波堤护面块体的稳定性和最大的越浪量由起主导作用的波浪条件决定，因此需要确定防波堤不同位置处的波浪是波高较大的斜向波浪还是波高较小的正向波浪起主导作用。

2. 护面块石稳定质量

棕榈岛环形防波堤的护面块体为大块石，首先依据 Galland（1994）的研究成果，利用式（5.4.13）～式（5.4.15）将斜向入射波的波高 H_s 转化为等效的正向入射波高 H_e。其中式（5.4.13）用于斜坡堤的越浪计算，式（5.4.14）用于护面块体稳定性计算，式（5.4.15）用于堤脚稳定性计算。

$$H_e = H_s \left(\cos\beta\right)^{1/3}, \quad 15° < \beta < 75° \tag{5.4.13}$$

$$H_e = H_s \left(\cos\beta\right)^{0.25}, \quad \beta \geqslant 30° \tag{5.4.14}$$

$$H_e = H_s \left(\cos\beta\right)^{0.6}, \quad \beta \geqslant 30° \tag{5.4.15}$$

式中，β 为斜向入射波的波向角。

将斜向入射波的波高转化为等效的正向入射波高 H_e 后，斜坡堤上护面块石的参数可通过 van der Meer（1993）给出的如下公式计算，其中式（5.4.16）用于卷破波（plunging）情形，式（5.4.17）用于激破波（surging）情形，式（5.4.18）用于计算破波参数临界值 ξ_{mc}，当 $\xi_m < \xi_{mc}$ 时，选取卷破波公式（5.4.16）；当 $\xi_m > \xi_{mc}$ 时，选取激破波公式（5.4.17）。

$$\frac{H_{2\%}}{\Delta \cdot D_{n50}} = 8.7 P^{0.18} \left(\frac{S}{\sqrt{N}}\right)^{0.2} \xi_m^{-0.5} \tag{5.4.16}$$

$$\frac{H_{2\%}}{\Delta \cdot D_{n50}} = 1.4 P^{-0.13} \left(\frac{S}{\sqrt{N}}\right)^{0.2} \sqrt{\cot\alpha} \cdot \xi_m^P \tag{5.4.17}$$

$$\xi_{mc} = \left(6.2 P^{0.31}\sqrt{\tan\alpha}\right)^{\frac{1}{P+0.5}} \tag{5.4.18}$$

式中，Δ 为相对浮密度，$\Delta = (\rho_s / \rho_w) - 1$（$\rho_s$ 为块石的质量密度，ρ_w 为水的质量密度）；D_{n50} 为块石的标称直径；P 为堤心的渗透性系数（不透水堤心取 P=0.1，低透水堤心取 P=0.3，透水堤心取 P=0.5）；S 为破坏指数；N 为持续作用的波个数；ξ_m 为用平均周期表示的破波参数，$\xi_m = \tan\alpha / \sqrt{s_{0m}}$，$s_{0m} = H_s \cdot \dfrac{2\pi}{gT_m^2}$。

棕榈岛环形防波堤初步设计时，最大容许破坏指数取 S=6，$H_{2\%}$ 由等效的正向入射波高 $H_{e,2\%}$ 代替。以面临最恶劣波况的 I 区防波堤为例，取有效波高 H_s=4m，平均周期 T_m=6s，$\tan\alpha$=0.5（坡度 1：2），渗透性系数 P=0.1（不透水堤心），可计算出破波参数为

$$s_{0m} = H_s \cdot \frac{2\pi}{gT_m^2} = 4 \cdot \frac{2\pi}{9.81 \times 6^2} = 0.0712$$

$$\xi_m = \tan\alpha / \sqrt{s_{0m}} = 0.5 / \sqrt{0.0712} = 1.874$$

破波参数临界值 ξ_{mc} 采用式（5.4.18）计算，有

$$\xi_{\mathrm{mc}} = \left(6.2P^{0.31}\sqrt{\tan\alpha}\right)^{\frac{1}{P+0.5}} = \left(6.2\times0.490\times0.707\right)^{1.667} = 3.58$$

因破波参数 $\xi_m < \xi_{\mathrm{mc}}$，故采用卷破波公式（5.4.16）计算护面块石的参数。取 $H_{2\%}=1.35H_s=5.4\mathrm{m}$，持续作用的波个数 $N=3000$，得

$$\frac{H_{2\%}}{\Delta\cdot D_{n50}} = 8.7\times0.1^{0.18}\times\left(\frac{6}{\sqrt{3000}}\right)^{0.2}1.874^{-0.5}$$
$$= 8.7\times0.661\times0.643\times0.730 = 2.70$$

$$D_{n50} = \frac{5.4}{1.6\times2.70} = 1.25(\mathrm{m})$$

可计算出块石的平均质量为

$$W_{50} = \rho_s D_{n50}^3 = 2.6\times1.25^3 = 5.08(\mathrm{t})$$

等效波高 $H_{e,2\%}$ 沿环形防波堤的分布和防波堤对应位置的块石平均质量计算值（$W_{50}=\rho_s D_{n50}^3$）如图 5.4.6 所示。根据计算结果，可将环形防波堤分为 3 个部分。在面临最恶劣波况的 I 区（长度 5400m）中，防波堤表面的护面块石质量为 3～6t（W_{50}=4.2～5.4t），坡度 1∶2。在防波堤中间部分的 II 区（长度 2725m）的护面块石质量为 1～4t（W_{50}=2.2～2.7t），在防波堤东侧与西侧的端部的 III 区（长度 2975m）的护面块石质量为 0.5～1t（W_{50}=0.64～0.80t）。初设阶段面临最恶劣波况的 I 区防波堤典型断面如图 5.4.7 所示，斜坡堤坡度为 1∶2，堤顶计算高程为 MSL+4.0m。

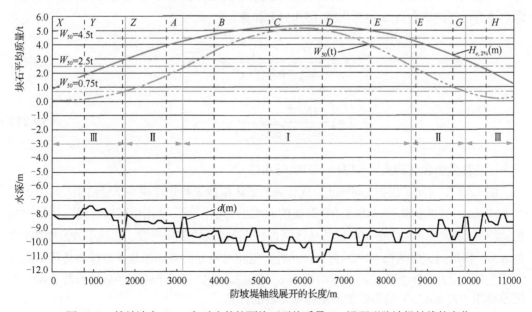

图 5.4.6　等效波高 $H_{e,2\%}$ 和对应的护面块石平均质量 W_{50} 沿环形防波堤轴线的变化

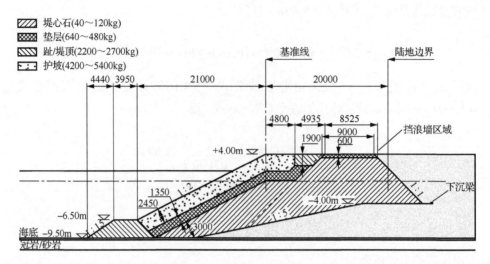

图 5.4.7　初设阶段 I 区防波堤典型断面（单位：mm）

在实验室的港池（长 32m，宽 20m，深 1.2m）中进行了棕榈岛的防波堤块石稳定性和越浪量物理模型试验，试验中的模型几何比尺为 1：40。试验中测试了环形防波堤在夏马风浪和当地波浪作用下的块石稳定性和越浪量。在稳定性测试中，每次测试的波浪持续时间对应于原型 5 个小时。根据稳定性试验结果的拟合得到破坏指数 S 的公式如下：

$$S = 1.855 N_{\text{displaced}} D_{n50} \qquad (5.4.19)$$

式中，$N_{\text{displaced}}$ 为试验中失稳的块石个数；D_{n50} 为块石的标称直径。

依据 Galland（1994）的研究成果，卷破波情形的破坏指数 S 可采用式（5.4.20）计算，激破波情形的破坏指数 S 可采用式（5.4.21）计算。

$$S = \left(\frac{H_e}{\Delta D_{n50}} \frac{1}{6.2 \xi_m^{-0.5} P^{0.18}} \right)^5 \sqrt{N} \qquad (5.4.20)$$

$$S = \left(\frac{H_e}{\Delta D_{n50}} \frac{1}{\sqrt{\cot \alpha} \, \xi_m^P P^{0.13}} \right)^5 \sqrt{N} \qquad (5.4.21)$$

式中，各变量的含义同式（5.4.16）与式（5.4.17）。

图 5.4.8 中对比了根据 Galland 公式计算的破坏指数 S 和物理模型试验结果，其中实线为 Galland 公式的计算值，虚线为计算值的 90% 的置信区间。从图中可以看到，共有 65% 的试验值（菱形离散点）在 90% 的置信区间内。尽管较低的破坏指数 S 和较小波浪周期（约为 6.3s）情形的试验值在 90% 的置信区间外，但相对较低的破坏指数 S 对棕榈岛环形防波堤不重要，因为设计上要求的破坏指数 $S=6$。Galland 公式适用于较大的破坏指数 S 和较大波浪周期（$T_p > 6.3$s）情形的护面块体稳定性的计算。

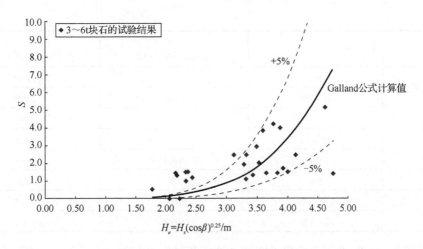

图 5.4.8　Galland 公式计算值和试验值对比

3. 防波堤断面优化

棕榈岛环形防波堤的越浪量控制所对应的水位与波浪条件为 100 年一遇的水位为 MSL +
1.43m（包括风暴增水）。100 年一遇的有效波高 H_s 为 4.0m（夏马风浪条件）。根据 van der
Meer（1993）的研究结果，安全的越浪量标准应在 100 年一遇的波浪条件下，堤顶向岸侧
的越浪量控制在 $0.02\text{m}^3/(\text{m·s})$ 以下。根据棕榈岛项目开发商的要求棕榈环形防波堤的堤顶高
程要低于 MSL +3.0m。

鉴于棕榈岛环形防波堤初设断面的堤顶高程和越浪量的计算结果都不满足上述要
求，需要通过物理模型试验对防波堤初设断面进行优化。物理模型试验中选取波浪最为恶
劣的 I 区的防波堤断面，选取 10 年一遇、25 年一遇、50 年一遇和 100 年一遇共 4 个波浪
重现期，对降低斜坡堤的坡度、降低堤顶高程、在防波堤和回填区的过渡段设置挡浪墙、
加宽堤顶宽度、设置水下戗台等 9 种防波堤断面设计方案进行了 9 个系列的越浪量测试、
护面块石和堤脚的稳定性测试，考虑到越浪量是重要的设计参数之一，试验内容主要集中
于测试防波堤的越浪量。

表 5.4.7 给出了 10 年一遇和 100 年一遇波浪条件下不同防波堤断面方案对向岸侧堤顶
处越浪量的影响。由表 5.4.7 可得出，挡浪墙对越浪量的降低效果明显。对 20m 堤顶宽度、
0.75m 高的挡浪墙方案，可使得越浪量降低 50%；更宽的堤顶会进一步降低防波堤向岸侧
陆域边界处的越浪量。对于棕榈岛的防波堤断面，增加堤顶宽度方案对降低越浪量的效果
要比设置一个高程在水面的戗台的效果好。在越浪量相同时，增加堤顶宽度方案要比设置
戗台节省更多的材料。但宽堤顶方案需要特别注意堤顶块石的重量，以防止越浪产生较强
的水流冲走块石并对结构造成损坏。

表 5.4.7　断面特性对越浪量的影响

断面特性		10 年一遇 $Q_{1/10\text{year}}$ /[m³/(m·s)]	100 年一遇 $Q_{1/100\text{year}}$ /[m³/(m·s)]
坡度	1 : 2.5		0.005
	1 : 2.0		0.008

续表

断面特性		10 年一遇 $Q_{1/10year}$ /[m³/(m·s)]	100 年一遇 $Q_{1/100year}$ /[m³/(m·s)]
堤顶高程	MSL +3.75m	0	0.002
	MSL +3.00m	0.002	0.023
挡浪墙	挡浪墙高 0.75m		0.013
	无挡浪墙		0.026
堤宽	30m	0.001	0.008
	20m	0	0.026
戗台	无戗台、宽堤顶	0.003	0.012
	戗台 10m	0.004	0.044

　　物理模型试验的结果表明建设宽顶防波堤是最经济有效的手段。由于坡度为 1∶2 时的重量为 3～6t 的护面块石的稳定性符合预期，防波堤坡度选择为 1∶2。在堤顶高程限定为 MSL+3.0m 的条件下，需要根据越浪量的限制要求 0.02m³/(m·s)来确定防波堤的堤顶宽度。

　　通过比对试验中相同防波堤断面和相同入射波条件下越浪量在堤顶上的变化，可以得到如图 5.4.9 所示的越浪量在堤顶上呈对数衰减的规律。假设各工况下每一个断面的堤顶越浪量随距堤顶距离的变化衰减规律相同，可根据各工况下向海侧边缘处堤顶的越浪量，参考图 5.4.9 来确定向岸方向的堤顶越浪量小于 0.02m³/(m·s)时所对应的堤顶宽度。

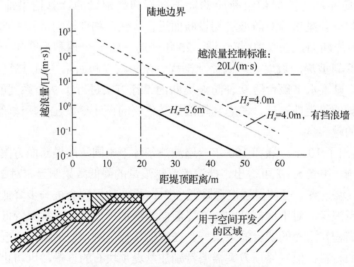

图 5.4.9　越浪量随着堤顶宽度的变化

　　通过上述不同防波堤断面方案的对比与综合分析得出，对夏马风浪正向入射的 I 区防波堤断面，优化的防波堤断面设计方案为堤顶宽度最大值 20m 加 0.75m 高的挡浪墙方案。对防波堤东侧和西侧的端部，因在当地波浪作用下几乎不会产生越浪，堤顶宽度根据建造要求取最小值 4.5m。

参 考 文 献

陈波, 谢乔木, 孙大洋, 2013. 港珠澳大桥珠澳口岸人工岛填海工程海堤越浪量的优化设计[J]. 水运工程, 6: 1-6.

程洪剑, 张昊, 2016. 海上人工岛陆域形成填筑高程设计[J]. 水运工程, 6: 42-45.

胡煜彬, 杨凤, 朱小敖, 2013. 潮位和波浪设计标准组合调查分析[J]. 浙江水利科技, 6: 5-7.

金晖, 柯学, 2013. 双鱼岛工程设计关键技术研究[J]. 水运工程, 10: 1-6.

梁桁, 孙英广, 毛剑锋, 2012. 港珠澳大桥珠澳口岸人工岛填海工程设计关键技术[J]. 中国港湾建设, 4: 33-38.

刘瀛洲. 1986. 神户大桥[J]. 国外桥梁, 1: 7-20.

日本国土交通省, 2007. 港湾の施设の技术上の基准[S]. 东京: 日本港湾协会.

施瑜, 邹宏宇, 2014. 人工岛堤顶高程设计[J]. 水运工程, 8: 88-91.

水利部水利水电规划设计总院, 2013. 堤防工程设计规范: GB 50286—2013[S]. 北京: 中国计划出版社.

孙英广, 梁桁, 2012. 港珠澳大桥珠澳口岸人工岛填海工程总平面优化设计[J]. 水运工程, 4: 162-167.

王诺, 郁斝兰, 吴暖, 等, 2015a. 大连海上机场人工岛越浪量物模试验[J]. 水运工程, 5: 1-7.

王诺, 郁斝兰, 吴暖, 等, 2015b. 大连海上机场人工岛护岸结构整体波浪物理模型试验研究[J]. 水运工程, 4: 19-23.

中华人民共和国水利部, 2014a. 防洪标准: GB 50201—2014[S]. 北京: 中国计划出版社.

中华人民共和国水利部, 2014b. 海堤工程设计规范: GB/T 51015—2014[S]. 北京: 中国计划出版社.

中华人民共和国水利部, 2014c. 土工合成材料应用技术规范: GB/T 50290—2014[S]. 北京: 中国计划出版社.

中交第一航务工程勘察设计院有限公司, 2015. 港口与航道水文规范: JTS 145—2015[S]. 北京: 人民交通出版社.

中交第一航务工程勘察设计院有限公司, 2018. 防波堤与护岸设计规范: JTS 154—2018[S]. 北京: 人民交通出版社.

中交水运规划设计院有限公司, 中交第一航务工程勘察设计院有限公司, 2013. 海港总体设计规范: JTS 165—2013[S]. 北京: 人民交通出版社.

中交天津港湾工程研究院有限公司, 2006. 水运工程土工合成材料应用技术规范: JTS/T 148—2020[S]. 北京: 人民交通出版社.

周俊辉, 浦伟庆, 马俊, 2018. 双鱼岛陆域高程确定的要素分析[J]. 水运工程, 6: 59-64.

Andersen T L, Burcharth H F, 2006. Landward distribution of wave overtopping for rubble mound breakwaters[C]. Proceedings of the First International Conference on the Application of Physical Modelling to Port and Coastal Protection, IAHR, Porto, Portugal: 401-411.

Andersen T L, Burcharth H F, Gironella F X, 2007. Single wave overtopping volumes and their travel distance for rubble mound breakwaters[C]. Coastal Structures 2007: Proceedings of the 5th International Conference, Venice, Italy: 1241-1252.

Besley P, 1999. Wave overtopping of seawalls, design and assessment manual[R]. R & D Technical Report.

CEDD, 2002. Port Works Design Manual[S]. Hong Kong: Government Publication Centre.

Galland J C, 1994. Rubble mound breakwater stability under oblique waves: an experimental study[C]. 24th International Conference on Coastal Engineering, Kobe: 1061-1074.

Hellebrand S, Fernandez J, Stive R, 2004. Case study: design of Palm Island No. 1 Dubai[J]. Terra et Aqua, 96: 14-20.

Jensen O J, 1984. A monograph on rubble mound breakwaters[M]. Horsholm: Danish Hydraulic Institute.

Poseiro P, Reis M T, Fortes C J E M, et al., 2016. Travel distance of wave overtopping at a rubble mound breakwater with a recurved wall: comparison between physical modelling and empirical formulas[C]. 4as Jornadas de Engenharia Hidrográfica, Lisbon, Portuga.

Pullen T, Allsop N W H, Bruce T, et al., 2007. EurOtop 2007: wave overtopping of sea defences and related structures: assessment manual[M]. U.K.: HR Wallingford.

van der Meer J W, 1993. Conceptual design of rubble mound breakwaters[R]. Delft Hydraulics, The Netherlands.

van der Meer J W, 1994. Shallow water wave conditions[R]. Ministry of Public Works and Water Management, Gouda, The Netherlands.

van der Meer J W, Allsop N W H, Bruce T, et al., 2018. EurOtop 2018: manual on wave overtopping of sea defences and related structures. An overtopping manual largely based on European research, but for worldwide application[M]. Available online: www.overtopping-manual.com.

第6章 填筑式人工岛建造

填筑式人工岛建造主要包括岛壁/护岸建造、岛身填筑和地基处理三个部分。人工岛的岛壁结构（人工岛的外护岸结构），从保护人工岛陆域安全的角度，一般的海堤和港口工程的护岸结构型式原则上都可用于人工岛的岛壁结构。现阶段人工岛的岛壁/护岸结构主要有斜坡式结构和直立式结构，鉴于人工岛工程更多的是承担城市的功能，人工岛外护岸结构应在满足结构稳定的基础上，增加其景观与生态等元素。

人工岛的岛身填筑（人工岛的填筑陆地）应优先考虑采用先围后填的施工方法，以更好地防止筑岛材料的流失、保护海洋生态环境。该施工方法是先将人工岛所占水域用围堰圈围起来，并留出施工船舶出入的通道（龙口），在围堰范围以内填入土石等填筑材料，达到形成陆域的目的。

人工岛的地基处理分为岛壁结构的地基处理和填筑陆域的地基处理，对岛壁结构需要在岛壁结构建造之前先进行地基处理，以保证堤身的稳定与减少工后沉降等。现阶段人工岛的岛身填筑大都是直接在原海床上进行吹填砂或淤泥，在填筑陆域形成之后进行地基处理，以满足使用要求。

6.1 围堰形成技术

围堰是指在海上修建的一个圈围建筑物，将围海造陆区域与海域分隔，以便后续吹填造陆施工。围堰形成作为整个围海造陆工程的基础环节，直接影响后续的陆域形成和软基处理施工。围堰可直接修建成永久性岛壁结构（外护岸），也可以依据施工需要先期修建临时围堰，后期作为岛壁的堤身结构。当围海造陆工程面积很大时，可修建子隔堰对大面积吹填区域进行分割，如果将子隔堰修建在人工岛规划道路位置上，后期可利用其作为正式道路的路基。

按照施工方法的不同，目前我国的围堰形成技术可大致分为抛石围堰、模袋围堰（砂袋围堰）、插入式钢圆筒围堰等。实际工程中可根据现场条件，选用合适的围堰结构形式，也可发展新型的围堰技术。

作为施工期圈围人工岛所占水域的临时围堰属临时性建筑物，可取其建筑物级别为 5级。水位标准可采用 5 年一遇或 10 年一遇的设计高潮位，波浪标准可采用重现期 5 年一遇或 10 年一遇的 $H_{5\%}$ 或 $H_{13\%}$。

临时围堰顶高程可与人工岛后方陆域场地高程相同，可参照《海港总体设计规范》（JTS 165—2013）第 5.4.8.2 条，按上水标准控制的码头前沿顶高程进行计算。

$$E = h_{\mathrm{dw}} + \Delta_W$$

式中，E 为围堰顶高程（m）；h_{dw} 为设计水位（m），按表 5.2.15 取值；Δ_W 为上水标准的富裕高度（m），按表 5.2.15 取值。

围堰的顶宽度通常根据车辆通行、施工需要，以及一些特殊要求（如越浪后的影响等）确定。

6.1.1　抛石围堰

抛石围堰是通过向海中抛掷一定的石料，石料在自重或外力的作用下堆积密实，露出水面且达到预定标高，形成人工的造陆区域分隔带。抛石围堰是一种传统的围堰施工技术，具有施工进度快、稳定性好等优点。根据抛石的作业方式不同，可分为水（海）抛法和陆抛法施工。

1. 水抛法

目前水抛法主要是利用自带吊机或挖掘机的自航平板驳或开体驳等运输石料，在预定海域采用 GPS 定位卸载石料。自航平板驳利用自带的反铲挖掘机或装载机将平板驳上的石料抛填海中［图 6.1.1（a）］。开体驳利用底部可开启舱门在驳船到达指定抛填点后，打开底部舱门将石料抛填海中［图 6.1.1（b）］。

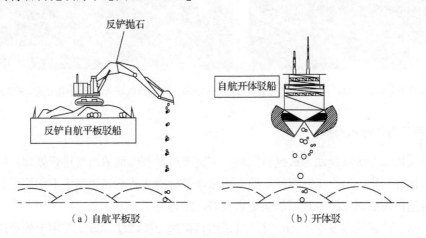

| （a）自航平板驳 | （b）开体驳 |

图 6.1.1　水上抛填施工示意图

2. 陆抛法

陆抛法是利用自卸式汽车运输石料，挖掘机和推土机配合施工，在陆上进行逐步推进式抛填（图 6.1.2）。陆抛法围堰填筑前期需首先进行水抛施工，在围堰露出水面后可采用陆抛法施工。在围堰和陆地之间搭建一个临时通道，通过陆抛法逐步推进的方式抛填。因为不受水深条件及波浪的影响，陆抛法施工较方便。图 6.1.3 为漳州双鱼岛陆抛法施工的临时钢桥，图 6.1.4 为大连新机场人工岛陆抛法施工的临时海堤。

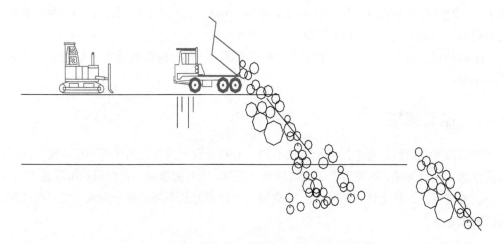

图 6.1.2　陆上推填施工示意图

图 6.1.3　漳州双鱼岛陆抛法施工的临时钢桥

图 6.1.4　大连新机场人工岛陆抛法施工的临时海堤

3. 抛石围堰地基处理

无论采用水抛或陆抛法形成抛石围堰，都需要对抛石围堰的地基进行处理，以增加堤身密实、保证稳定、减少工后沉降。抛石围堰地基处理方式需要根据水下淤泥层的不同厚度选取合适的海底淤泥层处理方法（董志良等，2013）。

（1）水下淤泥层厚度小于 5m 时，可采用直接抛石挤淤法。该法常用于处理流塑态的淤泥或淤泥质土地基，即直接将块石抛至需进行填筑的淤泥或淤泥质土地基上，利用块石自重和推土机、碾压机等设备施工，即可以将原地基处的淤泥或淤泥质土挤走，实现置换。抛填方向根据软土下卧地层横坡而定，横坡平坦时自中部渐次向两侧扩展；横坡陡于 1：10 时，自高侧向低侧抛填。

（2）水下淤泥层厚度大于 5m 且小于 10m 时，可以结合水下强夯挤淤法、爆破挤淤法，利用外力作用加强块石置换的深度。水下强夯挤淤法是利用夯锤锤击块石，在强大外力作用下，进一步挤压淤泥，从而达到置换深处淤泥的目的；爆破挤淤法是在抛石体外缘一定距离和深度的淤泥质软基中埋放药包群，起爆瞬间在淤泥中形成空腔，抛石体随即充填空腔形成"石舌"，堆石体向下、向前推移，达到置换淤泥的目的，其挤淤深度可以达到 10m。

（3）水下淤泥层厚度在 10～20m 时，一般需先清淤后抛石。当软土层厚度大于 20m

时，清淤抛石往往不经济或技术不可行，需要考虑其他形式围堰，如模袋围堰与复合型围堰等。

6.1.2　模袋围堰

在深厚软基上修建围堰时，因当地石料匮乏、软土强度太低等原因而无法实施常规抛石围堰时，可采用模袋围堰的结构形式。模袋围堰是一种新的围堰形成技术，又称砂袋围堰或管袋围堰。其施工原理是先将透水不透泥的防老化编织土工布缝制成模袋，用水力吹填的方法将砂土或固化泥填充到模袋中，模袋层层叠压。纵向每层模袋接头应不在同一断面上，并错开一定距离，最后构筑成定型的围堰。

模袋围堰结构采用当地充填材料，可根据护面结构的使用年限，采用不同强度及耐久性的管袋结构，造价低廉并能与吹填砂紧密结合。在水上可多工作面施工，机械化程度高，施工速度快。完工后自身的整体性和稳定性好，对淤泥地基变形的适应性强。模袋围堰可挖性能好，对后续工程的基槽开挖及软基处理影响较小，现已广泛应用于围海造陆工程中。

1. 砂袋填筑方式

根据砂袋填筑作业方式不同，可分为抛填袋装砂和充填袋装砂两种施工方法。抛填袋装砂法是在充灌船上先将砂袋充灌成型后，采用翻板滑落或网兜吊放的方式将砂袋抛填到指定位置（图 6.1.5）。该方法适用于水深较大、水流风浪条件较差的区域。袋装砂工程量大、堤心成型断面大。

充填袋装砂法是先将砂袋卷在铺排船的滚筒上，砂袋另一端入水，然后边充灌边移船同时转动滚筒以沉放砂袋，直至砂袋充灌成型沉放到位（图 6.1.6）。水深相对较深时，可由运砂船直接对铺排船供砂。对铺排船可以进入，但运砂船无法进入的浅水区（水深在 0.5～2.5m），可以采用 PVC（聚氯乙烯）管由岸上向铺排船供砂。

图 6.1.5　砂袋抛填施工

图 6.1.6　充填袋装砂法施工

2. 复合型围堰

模袋围堰结合抛石围堰，土石围堰结合土工织物与土工格栅等可组合成复合型围堰。复合型围堰可发挥土工合成材料的优势，具有结构型式灵活、整体性好、对复杂地基适应性强等特点，被越来越多的工程所采用，成为围堰形成的一个重要发展方向。

图 6.1.7 为珠澳口岸人工岛填海工程临时围堰断面图，砂袋围堰施工前先在原泥面上铺

设一层土工布和土工格栅，之后抛填中粗砂垫层，并在砂垫层上插设塑料排水板，由此可以起到加筋护底、促使软土地基排水固结的作用，更为有效地弥补单一砂袋围堰在结构稳定性方面的不足。

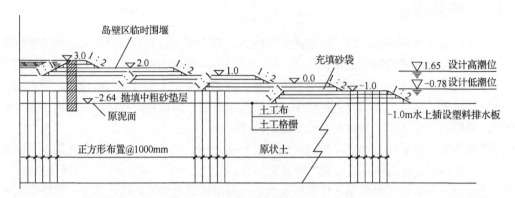

图6.1.7 珠澳口岸人工岛临时围堰典型断面图（单位：m）

南通港洋口港区人工岛岛壁结构为永久性建筑物，结构安全等级为一级，设计使用年限50年。人工岛工程水域的设计高水位6.89m，设计低水位0.81m，极端高水位9.00m，极端低水位0.25m，重现期100年一遇极端高水位9.20m。

图6.1.8为南通港洋口港区人工岛南侧和西侧岛壁断面示意图。50年一遇极端高水位时，南侧岛壁SE-SSE向有效波高2.9m，周期9.05s；西侧岛壁NW-NNW向有效波高2.67m，周期5.69s。人工岛南侧和西侧岛壁采用大型充填袋斜坡堤结构，堤顶设置混凝土挡浪墙，南侧岛壁挡浪墙顶高程为13.5m，外坡坡度为1∶2。堤心采用大型充填袋，充填袋外设置有土工布倒滤层、袋装碎石倒滤层、二片石垫层、10～50kg块石、150～200kg垫层块石和3.0t（或4.0t）扭王字护面块体。坡脚外采用平护（复合土工布软体排）的方法进行防冲护底；内坡坡度为1∶1.5，堤后陆域高程为10.0m。

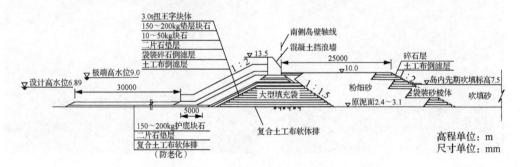

图6.1.8 洋口港区人工岛南侧和西侧岛壁断面图

3. 模袋围堰地基处理方法

模袋围堰建在下部多为海相淤泥区域，上覆堰体自重和波浪荷载极易引发海床孔隙水压力的动态累积，降低有效应力，不利于围堰结构的稳定。为有效消散土体中的超静孔隙水压力，防止围堰在施工过程中滑移失稳，须在围堰填筑前进行水下地基处理，形成更为稳定的围堰。目前应用较广泛的水下地基处理方法有水下铺排技术、水上插板技术等。

　　水下铺排有水下铺设土工布（图 6.1.9）和水下铺设土工格栅（图 6.1.10）等技术，可起到隔土、加筋、减小土体变形的作用（董志良等，2013）。水上插板技术是由专业的插板船实施水下插设塑料排水板，为下部淤泥层的排水固结提供竖向通道，加速淤泥层的固结变形。在围堰底部软弱土层中插设塑料排水板，可有效提高土体强度，有利于围堰结构的稳定。

图 6.1.9　水下铺设土工布施工　　　　　　　图 6.1.10　水下铺设土工格栅施工

4. 珠澳口岸人工岛围堰地基处理

　　珠澳口岸人工岛填海工程岛壁区临时围堰的护底施工同时采用了水下铺排新技术和水上插板新技术。中交四航工程研究院有限公司开发的铺排船构造如图 6.1.11 和图 6.1.12 所示。铺排具体实施过程中，通过在铺排船上设置定位系统，使船舶定位于排体铺设位置。将卷排筒上的排体展开后，排体面上按均匀间距系绑小砂包袋，并沉放下弦压排筒至涂面上方（图 6.1.13）。铺排船在排体展开完毕后吊起下弦压排筒，并收回抛入海中的小型锚，移船进行下一位置的铺设工作。

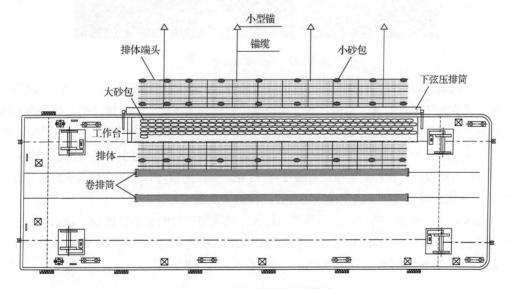

图 6.1.11　新型铺排船平面构造

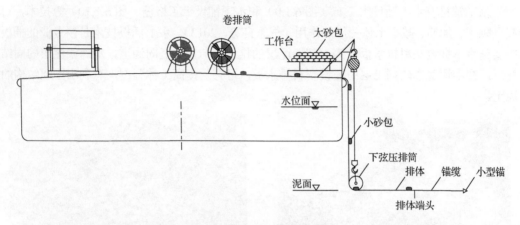

图 6.1.12　新型铺排船断面构造

图 6.1.13　排体展开系绑砂袋

　　中交四航工程研究院有限公司开发的插板船分为船体和桩架两部分,如图 6.1.14 所示。船体主要作为施工作业操作平台,其上搭设钢桁架作为插板桩架的支撑,桁架焊接在船体上固定。行走轨道采用工字钢焊接在船体上。船舷两侧各安装 4 台振动式插板桩架,桩架上端采用行走小车与钢桁架相连接,底端行走车支撑在行走轨道上,每台插板机独立工作。该水上插板船一次移船定位可打设 2 排 72 根,一次抛锚可打设 3 个船位。插板船配备有 4 个 3t 锚,桩架高度可满足排水板打设深度较大的施工环境。

　　图 6.1.15 为应用于港珠澳大桥珠澳口岸人工岛填海工程的水上插板船,该水上插板船由排水量 1200t 的平板驳改装而成(董志良等,2013)。船型平面尺寸 60m×16m×3.7m(总长×总宽×型深),空载吃水深度 0.67m,满载吃水深度 2.85m。

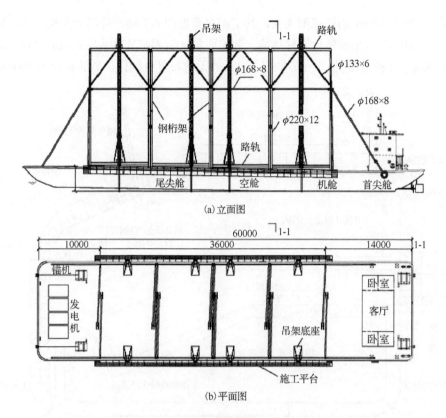

图 6.1.14　水上插板船示意图（单位：mm）

图 6.1.15　港珠澳大桥珠澳口岸人工岛填海工程水上插板船

5. 洋口港区人工岛外岛壁地基处理

南通港洋口港区人工岛一期工程长 1520m、宽 1000m，填海造陆总面积 1.44km²，4 个角点均采用半径 100m 的圆弧形连接，其平面布置见图 6.1.16。外岛壁全长约 4688m（四面岛壁）的堤底范围全部铺设了软体排，迎浪面防冲钢板桩外侧为联锁块软体排，堤身排体采用 230g/m² 丙纶长丝机织布砂肋和 150g/m² 无纺布复合制作，砂肋直径为 300mm。

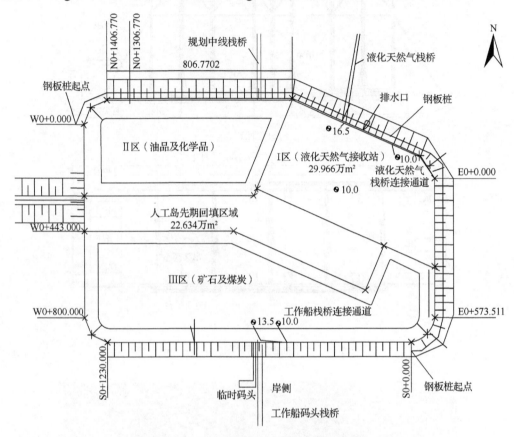

图 6.1.16　南通港洋口港区人工岛平面图（单位：m）

防冲钢板桩共 6627 根，钢板桩顶在原泥面下 0.2m，长度为 12~14m，钢板桩打设完成后，在钢板桩顶部安设钢导梁，将钢板桩连成整体。钢板桩采用 2 条钢板桩施工船（每条由 2000t 方驳配以 50t 与 100t 履带吊组成），分两个作业面施打。

联锁块、砂肋复合土工布软体排共 364109m²（沿堤轴线 2650m，单幅长 130m 左右），铺排是在专用铺排船上进行的，沿堤身轴线方向两边推进，每张软体排的铺放沿垂直于堤轴线方向全断面由内向外进行。每工作日全断面铺设一次，每幅宽 30m 左右。软体排在钢板桩施打开始约 10 天后开始铺设，软体排铺设后要随即抛垫层石和护底块石压载，随后的堤心石抛填也要紧跟上，以免软体排被风浪破坏。

联锁块单体尺寸为 450mm×450mm×250mm，混凝土强度等级为 C20。混凝土联锁块预制时，用 φ16mm 丙纶绳纵横向连接成绳网，埋设在混凝土块中，通过陆上预制场地的浇筑，将若干个混凝土单块连接在一起，形成柔性的单元混凝土联锁块。单元混凝土联锁片平面尺寸为 4m×5m，块间纵横向间距 50mm，如图 6.1.17 所示。

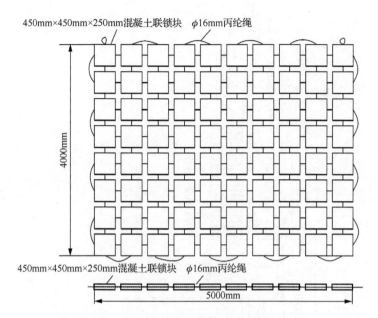

图 6.1.17 用于铺设软体排的混凝土联锁块构造

充砂管袋在专门的厂家按设计要求加工制造。浅水区充砂管袋可在露滩时人工铺设，深水区则需潜水员水下铺展，并用砂袋压载，以免漂浮移位。在外岛壁充砂管袋施工的同时，内隔堤也要同步充填升高，隔堤将岛壁内隔分成四个区。吹填在所吹填高度内的倒滤层完成后进行。

6.1.3 插入式钢圆筒围堰

插入式大直径钢圆筒围堰是通过振沉等工艺将大直径钢圆筒打入深厚软土层，并振沉至持力层一定深度，各圆筒之间采用弧形钢片搭接嵌固形成的围护结构。圆筒及弧段内回填，通过打设竖向排水体使填料在上覆堆载作用下排水固结。插入式大圆筒直接插入软土地基，能充分发挥地基土体对结构的稳定作用，不需大开挖地基土体或采用特殊的地基加固处理。在圆筒振沉完毕后结构自身满足稳定性要求，可直接作为后方陆域形成的围堰。因此，对表层软土层厚度大、含水率高、压缩性高、强度低，而下卧土层相对密实度好、强度高、压缩性低的地质条件，该结构在工期及造价上比其他传统的围堰结构有较大优势。

日本神户港新港地区东岸墙、石川县七尾港（大田地区）岸墙等都采用了大直径钢圆筒围堰技术。广州南沙大酒店护岸工程采用局部改造后的 APE400 型联合振动系统将 40 个直径 13.5m、高 13～34m、壁厚 12～14mm 的钢圆筒振沉到设计高程，并在后方回填形成了完整的护岸结构，是钢圆筒振沉工艺在我国的首次应用（孙树青，2013）。

港珠澳大桥工程东西人工岛采用大直径钢圆筒及弧形副格板插入不透水层形成围闭岛体的围护结构，岛体外侧建造抛石斜坡堤形成岛壁（图 6.1.18）。将永久的抛石斜坡堤和临时钢圆筒围护结构相结合形成岛壁结构，充分发挥深插式钢圆筒可截断深层土层滑动面的特点，使人工岛内外两侧可以同步施工，快速筑岛。

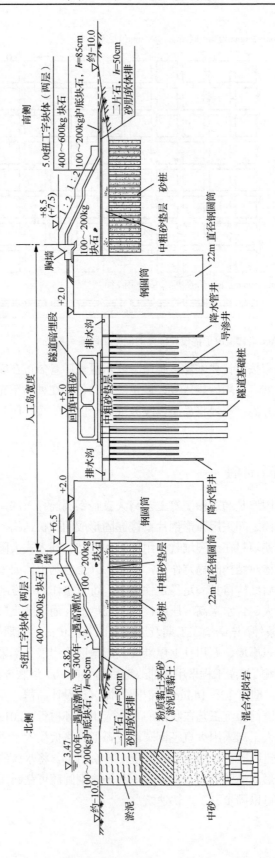

图 6.1.18 人工岛工程典型断面示意图（单位：m）

东西人工岛主体岛壁围堰共用了 120 个直径 22m 的钢圆筒沿人工岛岸壁前沿线布置，其中西人工岛钢圆筒共 61 个，东人工岛钢圆筒共 59 个（图 6.1.19）。钢圆筒筒顶标高 3.5m，筒底标高-43.0～-37.0m，高 40.5～46.5m，筒壁采用 16mm 厚钢板，内设竖向加强肋，筒重 451.44～513.04t。弧形钢板止水结构（副格板）242 片，高度 30m，半径 6m，壁厚 14mm。副格板的弧长根据钢圆筒间距有 3 种规格，设纵向加强筋板，单重 33.86～54.09t。

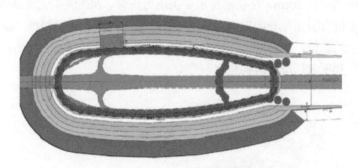

(a) 西人工岛平面布置

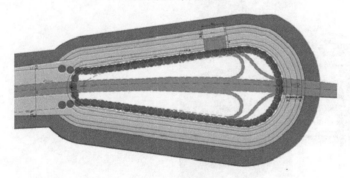

(b) 东人工岛平面布置

图 6.1.19　港珠澳大桥东西人工岛大直径圆筒围护结构示意图

深中通道工程桥隧转换西人工岛同样采用了大直径钢圆筒围护结构，西人工岛的岛壁由 57 个钢圆筒（钢圆筒直径 28m，高 35～39.5m）和 116 个副格板勾勒出"海上风筝"的平面形态。

1. 临时钢圆筒围护结构施工流程

港珠澳大桥东西人工岛大直径钢圆筒在施工现场由 1600t 起重船吊液压振动体系振动下沉至设计标高，振动体系采用 8 台 APE600 液压振动锤联动。采用 350t 起重船吊液压振动锤在大圆筒之间打设 2 道弧形副格板。施工主要流程简述如下（孙树青，2013）。

1）液压夹头夹筒起吊

起重船为双钩头，振动系统吊架有 8 个吊点，同侧的四个吊点钢丝绳挂在同一侧的钩头上。同一侧的四个吊点中，相邻的两个吊点使用同一根钢丝绳，共需两根钢丝绳，钩头及挂钩形式如图 6.1.20。起吊后确保振动锤系统水平，以利于调整自沉和振沉过程中钢圆筒的倾斜和偏位。起重船起吊振动锤系统至钢圆筒的正上方，用起重船上的锚机绞拉事先挂在共振梁上的两根钢丝绳，慢慢地小位移量旋转共振梁，使液压夹头与相应挡板靠紧。操纵振动锤进行试夹及夹头液压工作系统，8 组振动锤由 8 个带有绿灯的控制器控制。当控制器上的开关转向"闭合"后，若 8 组振动锤的夹头全部夹紧则 8 个绿灯会亮起，即可起吊钢圆筒。

2）钢圆筒定位

将钢圆筒吊离甲板 20cm，在仪器显示夹头压力正常、保证夹头无滑动情况下，即可将钢圆筒吊移至定位方驳定位导向架内，如图 6.1.21 所示。测量人员根据"钢圆筒施工定位监测系统"显示的偏位、倾斜数据，通过升降左右钩头、松紧起重船的锚缆和仰俯扒杆等进行细定位，达到要求后准备落钩自沉。

图 6.1.20　钩头及挂钩形式　　　　　　　图 6.1.21　钢圆筒起吊与定位

3）钢圆筒自沉

钢圆筒定位和自沉时的筒体垂直度按 0.2%控制，满足要求后开始松钩自沉。自沉过程中严格控制钩头吊重，若自沉顺利，以 50t 为一级减载，缓慢落钩，同时收紧定位方驳锚缆以增加定位架的约束力，起重船及时仰俯扒杆，以确保钩头垂直吊钢圆筒。采取以上措施后，如果钢圆筒在自沉过程中，仍发生筒体倾斜超过 0.2%时，则立即停钩，采取松紧锚缆调整船位，升降左右钩头，前后仰俯扒杆，反复上拔和下沉等措施交替重复使用，直至筒位倾斜≤0.2%后，继续下沉，直到自沉结束时，钩头仍显示有 200～240t 的吊力，使筒体处于垂直度≤0.2%和偏位在 15cm 之内。

4）钢圆筒振沉

钢圆筒振沉过程中，起重船的吊钩始终保持 200～240t 的吊力，并控制钩头下降速度，以减小振沉过程中的倾斜与偏位。如果在振沉过程中，发现有微量偏位和倾斜，可随时通过调整起重船上两个钩头的快慢和扒杆的变幅来实现；如果偏位大于 15cm、倾斜度超过 0.2%时可在不停锤的情况下，采取停止钩头下降、振动上拔、松紧锚缆、升降两个钩头和仰俯扒杆等措施交替反复进行，直至筒体垂直度和偏位控制在允许范围内，再落钩继续振沉，直至达到停锤标准，如图 6.1.22 所示。确保振沉结束后钢圆筒达到设计要求：平面位置偏差≤35cm（灌砂后），垂直度偏差≤0.5%。

图 6.1.22 钢圆筒振沉到位

5）副格板打设

副格板打设前，先要测量待要插入副格板的 2 个钢圆筒上端宽榫槽的距离和钢圆筒的垂直度偏差，并根据垂直度偏差计算副格板下端锁口间的距离，通过副格板上的软连接调节副格板弦长，使之满足钢圆筒间宽榫槽顶口距离。将副格板直立后，插入顶部设有倒八字导向装置的宽榫槽内，如副格板的弧度与钢圆筒上的锁口稍有偏差，可利用软连接稍做调整，然后依次拆除副格板上的软连接装置，使副格板顺钢圆筒上的宽榫槽徐徐插入，直至完成自沉；副格板自沉结束后，起重船起吊振动锤组将副格板振沉至设计标高。副格板插入就位和振动下沉如图 6.1.23 所示。

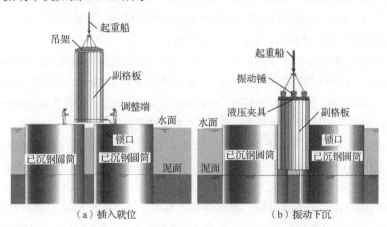

（a）插入就位 （b）振动下沉

图 6.1.23 副格板插入就位和振动下沉示意图

6）钢圆筒内回填

钢圆筒内回填料采用中粗砂，如图 6.1.24 所示，回填中粗砂至标高后进行陆上插排水板+降水联合堆载预压处理，可加速固结并减少工后沉降。

图 6.1.24　钢圆筒内回填料

2. 抛石斜坡堤岛壁结构施工流程

东西人工岛大直径钢圆筒围护结构完成后，在大直径钢圆筒围堰结构海侧建造抛石斜坡堤作为永久性的岛壁结构（图 6.1.18）。斜坡堤外坡安放消浪性能良好的 5t 扭工字块体（外坡 1：2），扭工字块体下设置 300～500kg 的垫层块石，厚为 1.1m。在 3.0m 标高设置南侧宽 12.0m、北侧宽 8.0m 的消浪戗台。挡浪墙为现浇 L 形素混凝土结构，施工后期先切割钢圆筒至 1.0m 标高，墙下设碎石基床和素混凝土找平层。堤心由 10～100kg 块石填筑，依次设置二片石、碎石和钢圆筒内倒滤层形成综合倒滤结构。护底采用 100～200kg 块石，厚 1.1m，岛桥侧护底宽 45.0m，其余区域宽 15m。

抛石斜坡堤地基采用部分开挖加挤密砂桩方案。开挖泥面底标高至-16.0m，挤密砂桩置换率为 27.6%，距离钢圆筒边界 3.5m。南侧处理范围为 44.8m，底标高-35.0～-30.0m，北侧处理范围为 36.7m，底标高为-37.0～-30.0m。近海侧土层加固方式采用置换率为 25.6%的挤密砂桩，中部为置换率 62%的挤密砂桩（王彦林等，2012）。

抛石斜坡堤地基处理的水下挤密砂桩技术是通过振动设备和管腔增压装置把砂强制压入软弱地基中形成扩径砂桩，起到挤密和排水固结双重作用。海上水下挤密砂桩施工示意图如图 6.1.25 所示，其施工工艺流程如下（王彦林等，2012）。

（1）定位：由 GPS 定位砂桩船，调整桩管垂直度，检查桩位和垂直度，使其满足标准。

（2）沉管：启动电机使桩管下沉。桩管下沉过程中应沿导向架并始终同导杆平行，如发生桩管偏斜需及时调整桩管。

（3）灌砂：桩管沉到设计标高时开始填砂，填砂时控制灌砂量，按设计砂量的 1.1～1.2 倍进行灌入，若桩管中一次灌不下所要灌入的全部砂量，可在振动挤密过程中补充。在向管内填砂的同时，可向管内通压缩空气，以便砂排出桩外。

（4）拔管：灌砂完成后开始拔管，桩管内砂料流入孔内，由套管内的砂面下降高度可以计算下砂量是否符合要求。如下砂量未达到要求，可以调节管内压力，使砂排出。

（5）振动挤密：以每次完成 1.6m 直径的砂桩计算，每次提升桩管 2.7m，然后下压桩管 1.7m，制成砂桩，如此反复，直至所灌砂将地基挤密，挤密砂桩完成。

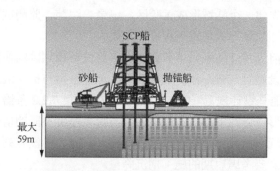

图 6.1.25　海上水下挤密砂桩施工示意图

6.2　陆域形成设计

人工岛围区陆域形成是在围堰范围以内填入一定的填料，从而达到形成陆域的目的。目前应用较为广泛的人工岛围区陆域形成施工方法有吹填砂或淤泥、抛填开山（土）石法。吹填砂或淤泥施工方法是利用水力机械冲搅泥砂，通过事先铺设的管道泵送至四周筑有围堰的拟吹填区域。若吹填区离取土区较远，通常采用接力泵送的方式。工程中常用绞吸式挖泥船直接吹填或耙吸式挖泥船自挖自吹方式。抛填开山（土）石施工方法有：利用开体驳运砂船运砂进入抛填区，然后打开底部舱门直接将砂自卸抛入水中。在运砂船上安装有皮带运输装置或抓斗，将运砂船停靠在抛填区边线旁，采用皮带运输或抓斗将砂抛入回填区内。

6.2.1　陆域形成填筑高程设计

人工岛陆域形成填筑高程（施工期回填的陆域标高）是指施工期需要填筑的陆域标高，考虑到填筑式人工岛的回填材料要产生一定沉降，通常陆域形成填筑高程要大于设计陆域高程。

施工期回填陆域标高的确定需结合不同区域的地质条件、陆域形成填料，以及相应的地基处理方案。海上人工岛陆域形成具有一次性特点，为满足人工岛最终陆域场地高程要求，应考虑预留一定的施工期沉降、地基处理沉降和后期沉降高程。为此，陆域形成填筑高程设计可用下式估算：

$$Z_F = E + d_1 + d_2 \tag{6.2.1}$$

式中，Z_F 为陆域形成填筑高程；E 为设计陆域高程（含地基处理预留砂垫层的厚度和场地面层结构厚度）；d_1 为预留地基处理沉降量（含下卧土层沉降）；d_2 为地基处理后工后沉降量。

人工岛设计陆域高程 E 是指施工期填筑陆域沉降稳定后达到的高程，可参阅 5.2.3 节按上水标准控制的码头前沿顶高程进行计算。预留地基处理沉降量 d_1、地基处理后工后沉降量 d_2，可根据海上人工岛所处不同工程区地质情况、回填料性质及地基处理方式等按照《水运工程地基设计规范》（JTS 147—2017）等规范要求进行计算。对于地质情况复杂的大型海上人工岛工程可先建一个陆域形成试验区，记录、跟踪、监测试验区各种数据，获得相应沉降量关系，验证陆域形成填筑高程设计成果。

陆域沉降荷载目前仅考虑陆域回填荷载，人工岛城市规划区的使用荷载（建筑物、车辆、人员和其他公用设施等）暂不计。陆域沉降计算可采用与护岸沉降计算同样的分层总和法，由《水运工程地基设计规范》（JTS 147—2017）中第 7.2.2 条给出的地基最终沉降量公式计算。对于陆域形成方案中各区的地质条件与吹填厚度不同的情形，沉降计算按分区进行。考虑到施工期沉降量是一个短暂过程量，式（6.2.1）中没有列入施工期沉降量，但在填筑工程量估算时需要考虑短期的施工期沉降量。

6.2.2　填筑材料

目前，国内沿海地区用于陆域回填的材料通常有土石和海砂，也有部分工程采用淤泥或淤泥质土、城市建筑废料等其他材料。回填料的选择要综合考虑取料途径、陆域回填工艺、工期和造价、后期上部建筑施工等方面的要求。传统上采用土石回填的材料主要来源于开山取石，会造成生态环境破坏、水土流失等问题。土石回填形成的人工岛的地基承载力较高，但对于需要采用桩基础的后续工程来说，基础处理的投入会比较大。

海砂和淤泥均取自海底，会对取砂区海域的水动力条件和生态环境等造成一定影响。回填海砂和淤泥形成的人工岛陆域的地基承载力较差，需要进行地基处理，优点是后期的桩基处理较方便。需要注意的是，砂层的渗透性系数较大，在进行地下通道、特殊建筑基坑开挖等地下空间施工时，必须设置地下连续墙或水泥土搅拌墙等止水帷幕将坑内外的地下水隔开，有效地降低坑内水位，为基坑的开挖和支护创造良好的施工条件。

吹填海砂和吹填疏浚淤泥的陆域形成方案，除了考虑吹填标高以外，还必须考虑施工期吹填土沉降的补偿、回填料流失等影响因素，其吹填施工工程量 V 可按下式估算：

$$V = \frac{V_1 + \Delta V_1 + \Delta V_2}{1 - \eta} \tag{6.2.2}$$

式中，V 为吹填施工土方量（m^3）；V_1 为包括设计预留高度在内的吹填土体积（m^3），可依据陆域吹填砂标高与天然地面标高计算；ΔV_1 为施工期因吹填土固结所增加的工程量（m^3），ΔV_1 不超过吹填厚度的 10%；ΔV_2 为施工期吹填区原地基沉降所增加的工程量（m^3），可依据总沉降量和施工期地基的固结度来计算；η 为吹填土进入吹填区后的流失率。

城市建筑废料大多配合城市的市政建设，属于建筑废料的再利用，因而造价较低，但需统一规划协调。建筑废料的物理力学性状与开山土石相近，其回填陆域的承载力较高。缺点是后期桩基处理较困难，另外在实施过程中需采取必要的环保措施。

6.3　软基处理

人工岛围区陆域形成过程中，吹填材料包含砂砾、粉砂、粉质黏土、高塑性淤泥甚至流泥、浮泥等，所形成的软弱地基场地存在含水率和压缩性较高、欠固结、承载力低等问题，必须进行地基处理后才能成为建设用地。否则在上部建筑物荷载作用下将会产生相当大的工后沉降和沉降差，且沉降的延续时间很长，会影响建筑物的正常使用，存在安全隐患。另外，当土体沉降超过预期时，可能需要将人工岛地面再次加高。人工岛地面加高增大了土体的附加应力，使得土体变形增加。如果土体的变形仍在一定的容许范围内，此时的土体变形还是可控的，但如果达到或超过土体变形的极限值，后期的土体变形比前期的土体变形增速更快，将形成恶性循环。

目前，国内外在大面积软土地基的处理技术方面已积累了大量的经验，如堆载预压法、真空预压法、真空联合堆载预压法、换填法、复合地基（水泥土搅拌桩、水泥粉煤灰碎石桩）等。填海造地软弱地基处理方法应考虑土质条件及加载方式、建筑物类型及适应变形能力、施工条件、材料来源、地下水条件和处理费用等因素，应首选设备轻便、快速施工展开、工期短与成本较低的处理方法，必要时可联合应用多种地基处理方法。

6.3.1　排水固结法地基处理设计

排水固结法是处理软弱地基较有效的方法之一，基本原理是在软弱地基中设置竖向排水体（如袋装砂井、塑料排水板等），采用预压方法加载（如堆载预压、真空预压等），随着土体中孔隙水的排出，土体逐渐固结，地基承载力逐步提高。该法的最大优点是能在施工期消除大部分地基沉降，使土体中的大量孔隙水排出，从而可有效地控制工后沉降，地基承载力得以显著提高。

采用堆载预压、真空预压等排水固结法处理地基时，应取得土的渗透性系数、固结系数、压缩性指标、先期固结压力、现场十字板剪强度等资料。采用真空预压法还应查明相对透水层、地下水位置及承压水性质、有无补给水源、表层透气性等。

《水运工程地基设计规范》（JTS 147—2017）第 8.5.1 条规定，堆载预压设计计算主要内容应包括：①选择竖向排水体的型式，确定其断面尺寸、间距、排列方式和深度；②确定施加荷载的大小、范围、分级、加荷速率、预压或分级预压时间和卸载标准；③计算地基固结度、强度增长、抗滑稳定及变形等；④提出质量监测、检验要求。

1. 竖向排水体设计

竖向排水体在 20 世纪 60 年代主要是采用砂井，70 年代出现袋装砂井，80 年代开始逐步推广使用塑料排水板，目前塑料排水板已被广泛运用于围海造陆工程中。《水运工程地基设计规范》（JTS 147—2017）第 8.5.8 条规定，竖向排水体长度应根据工程要求和土层情况等确定。软土厚度不大时，竖向排水体深度可贯穿软土层；软土厚度较大时，应根据稳定或沉降的要求确定；对以地基稳定性控制的工程，竖向排水体深度至少应超过危险滑动面以下 3m。从施工工艺上，塑料排水板需要用专门的插板机插设。

竖向排水体的直径取决于所采用的型式，普通砂井的水下部分直径宜采用 30～40cm，陆上部分直径宜小于 30cm；袋装砂井的直径宜采用 7cm；塑料排水板的宽度 b 宜取 10cm，厚度 δ_0 宜取 3.5～5.0mm，其等效换算直径 d_w 可按下式计算：

$$d_w = \alpha_0 \frac{2(b+\delta_0)}{\pi} \tag{6.3.1}$$

式中，α_0 为换算系数，无试验资料时可取 α_0=0.75～1.0；b 为塑料排水板宽度（cm）；δ_0 为塑料排水板厚度（cm）。

竖向排水体的平面布置可采用正三角形或正方形，其间距应根据所要求的固结时间等确定。普通砂井的间距宜采用 2～3m，袋装砂井的间距宜采用 1～1.5m，塑料排水板的间距宜采用 0.7～1.5m，高灵敏度黏土宜取较大值。竖向排水体径向排水范围的等效直径 d_e 可按下式计算：

$$d_e = \alpha_1 d \tag{6.3.2}$$

式中，d_e 为竖向排水体径向排水范围的等效直径（cm）；α_1 为换算系数，正三角形布置时取 1.05，正方形布置时取 1.13；d 为相邻竖向排水体中心的间距（cm）。

竖向排水体的最大间距可用井径比控制，井径比的定义为

$$n = d_e / d_w \tag{6.3.3}$$

式中，n 为井径比；d_e 为竖向排水体径向排水范围的等效直径（cm）；d_w 为竖向排水体等效换算直径（cm）。

《水运工程地基设计规范》（JTS 147—2017）第 8.5.8 条规定，普通砂井的井径比不宜大于 10，袋装砂井的井径比不宜大于 25，塑料排水板的井径比不宜大于 20。

2. 平均应变固结度计算

在堆载荷载作用下饱和土体中产生超静孔隙水压力。排水条件下，随着土体中的水逐渐被排出，超静孔隙水压力逐步消散，土体中的有效应力逐步增大，直至超静孔隙水压力完全消散，这一过程称为固结。进行堆载预压设计时，需要通过计算地基的平均应变和应力固结度，估算地基沉降量与时间的关系。《水运工程地基设计规范》（JTS 147—2017）第7.2.5 条规定，土层某时刻的应力固结度和应变固结度应按下列规定转换。

（1）采用 $e\text{-}p$ 压缩曲线时，按下式计算：

$$U'_{rz} = \frac{\dfrac{(e_0 - e_t)U_{rz}}{e_0 - e_f}}{\dfrac{p_t - p_0}{p_f - p_0}} \tag{6.3.4}$$

（2）采用 e- $\lg p$ 压缩曲线时，按下式计算：

$$U_{\mathrm{rz}}' = \frac{\lg(1 + k_m U_{\mathrm{rz}})}{\lg(1 + k_m)} \tag{6.3.5}$$

式中，U_{rz}' 为瞬时加荷条件下 t 时刻土层平均应变固结度（%）；U_{rz} 为瞬时加荷条件下 t 时刻土层平均应力固结度（%）；p_0、e_0 分别为天然地基土层中点处的初始有效应力（kPa）和其对应的孔隙比，对于分级加荷本级加载情况，p_0、e_0 分别为本级加荷之前土层中点处的竖向有效应力（kPa）和其对应的孔隙比；p_t、e_t 分别为固结过程中 t 时刻地基土层中点处的有效应力（kPa）和其对应的孔隙比；p_f、e_f 分别为完全固结时地基土层中点处的有效应力（kPa）和其对应的孔隙比，对于 j 级加荷情况，$p_f = \sum_{i=1}^{j} p_i$；k_m 为加荷比，$k_m = \sigma_z / \sigma_s$，$\sigma_z$ 为由上覆荷载产生的地基土层中点处的竖向附加应力（kPa），σ_s 为天然地基土层中点处的自重压力（kPa），对于 j 级加荷情况，σ_s 为加荷前土层中点处的竖向有效应力（kPa）。

《水运工程地基设计规范》（JTS 147—2017）的第 7.2.6 条规定排水预压法加固软黏土地基的应力固结度应分层计算，某时刻土层的平均应力固结度可按下式计算：

$$U_{\mathrm{rz}} = 1 - (1 - U_z)(1 - U_r) \tag{6.3.6}$$

式中，U_z 为瞬时加荷条件下地基土层的竖向平均应力固结度（%）；U_r 为瞬时加荷条件下地基土层的径向平均应力固结度（%）。竖向平均应力固结度 U_z 为

$$U_z = 1 - \frac{\sum_m \left\{ \frac{2}{b_m^2} \exp(-b_m^2 T_v) \left[\cos\left(b_m \frac{z_{i-1}}{H} \right) - \cos\left(b_m \frac{z_i}{H} \right) \right] \left(\gamma_{\mathrm{ab}} - \frac{1 - \gamma_{\mathrm{ab}}}{b_m} (-1)^m \right) \right\}}{\frac{z_i - z_{i-1}}{H} \left[\gamma_{\mathrm{ab}} + (1 - \gamma_{\mathrm{ab}}) \frac{z_i + z_{i-1}}{2H} \right]} \tag{6.3.7}$$

$$b_m = \frac{(2m - 1)\pi}{2} \tag{6.3.8}$$

$$T_v = \frac{C_v t}{H^2} \tag{6.3.9}$$

式中，m 为级数的项数，$m = 1, 2, 3, \cdots$；i 为第 i 层土，$i = 1 \sim n$；γ_{ab} 为排水面应力与不透水面应力之比，双面排水时 $\gamma_{\mathrm{ab}} = 1$；T_v 为时间因素；z_{i-1} 和 z_i 分别为第 i 层土的顶面和底面竖向坐标；C_v 为竖向固结系数（cm²/s）；t 为固结时间（s）；H 为不排水面至排水面的竖向距离（cm），对双面排水 H 为土层厚度的一半，对单面排水 H 为土层厚度。

地基土层的径向平均应力固结度分为考虑井阻与涂抹效应和不考虑井阻与涂抹效应两种情况。当地基土灵敏度较高、塑料排水板间距较小或打设深度较大时，应考虑井阻与涂抹效应对地基应力固结度的影响，其瞬时加荷条件下径向平均应力固结度可按下列公式计算：

$$U_r = 1 - \exp(-\beta_r t) \tag{6.3.10}$$

$$\beta_r = \frac{8C_h}{\left[F(n) + J + \pi G\right]d_e^2} \tag{6.3.11}$$

$$F(n) = \frac{n^2}{n^2-1}\ln n - \frac{3n^2-1}{4n^2} \tag{6.3.12}$$

$$J = \left(\frac{k_h}{k_s}-1\right)\ln \lambda \tag{6.3.13}$$

$$G = \frac{q_h}{\dfrac{q_w}{F_s}} \cdot \frac{L}{4d_w} \tag{6.3.14}$$

$$q_h = k_h \pi d_w L \tag{6.3.15}$$

$$n = \frac{d_e}{d_w} \tag{6.3.16}$$

式中，β_r 为轴对称径向排水固结参数；C_h 为地基水平固结系数（cm²/s）；$F(n)$ 为与井径比 $n=d_e/d_w$ 有关的函数；J 为涂抹因子；G 为井阻因子；k_h 为地基水平渗透性系数（cm/s）；k_s 为涂抹层水平渗透性系数（cm/s），宜用扰动土按常规试验方式测定，无试验资料时，渗透性系数比 k_h/k_s 可取 1.5～8.0，对于非均质粉质黏土取 3.0～5.0，对于非均质并具有粉土或细砂微层理结构的可塑性黏土取 5.0～8.0；λ 为涂抹比，可取 1.5～4.0，施工对地基土扰动小时取低值，扰动较大时取高值；q_h 为单位水力梯度下，单位时间地基中渗入塑料排水板的水量（cm³/s）；q_w 为塑料排水板纵向通水量（cm³/s）；L 为塑料排水板打设深度（cm）；d_w 为塑料排水板的等效换算直径（cm）；F_s 为安全系数，$L \leqslant 10\text{m}$ 时取 4，$10\text{m} < L \leqslant 20\text{m}$ 时取 5，$L > 20\text{m}$ 时取 6。

6.3.2　工程案例

1. 漳州双鱼岛工程

双鱼岛填海工程总需填海及地基处理形成陆域面积为 1.82km²。填海工程分 A、B 标段，A 标段位于填海工程西侧，填海造地面积约 0.86km²，陆域回填交工高程+5.40m（85 国家高程）。B 标段位于填海工程的东侧，填海造地陆域面积为 0.96km²，陆域回填交工高程+6.40m（85 国家高程）。双鱼岛地处近岸浅滩区域，天然泥面高程基本为西半部分-3～-2m，东半部分-7～-5m。人工岛约 60%区域（集中于东侧和南侧）的地表分布着软弱土层，属高压缩性、高灵敏度、低强度软土，厚度变化从 0.4～23.5m。软弱土层以灰色淤泥（含水率 w=75.4%，孔隙比 e=2.045，压缩模量 E_s=1.5MPa，直剪黏聚力 c=7～13kPa，内摩擦角 ϕ=0.4°～1.5°，渗透性系数 k_v=3×10⁻⁷～8×10⁻⁷cm/s）和灰色淤泥混砂（含水率 w=75.6%，孔隙比 e=1.737，压缩模量 E_s=1.5MPa）为主，是人工岛工程需着重处理的软弱土层（浦伟庆等，2018）。

人工岛陆域回填为开山石、海砂和疏浚土的组合方式，开山石来源于附近的鼎仔内山开采的土石，疏浚土来自厦门港航道的疏浚土，砂料来源于九龙江及附近海上采砂场。

人工岛陆域大部分通过直接回填开山石和海砂形成,部分岛区采用吹填航道疏浚淤泥造陆。实施顺序为:①构筑外护岸至一定设计标高,形成陆域吹填的围区;②先吹填浅滩挖泥,再吹填海砂至平均水位以上（3.0～4.0m 标高）;③陆上施打塑料排水板;④回填开山土石料,同时作为陆域回填料和深层地基处理的预压材料,超填量部分在理论上等于施工期沉降量;⑤最后对主干路网路基区进行强夯加固处理,其他区域经碾压整平至陆域形成设计标高。

　　吹填施工工程量 V 按式（6.2.2）计算。计算中取 ΔV_1 为吹填厚度的 3%～5%, ΔV_1 取容积量的 2%。根据回填土粒径、陆域形成方案等考虑,结合厦门、漳州等当地工程经验,挖泥和疏浚土流失率 η 考虑 10%,吹填海砂流失率 η 考虑 6%。

　　双鱼岛规划用地以建筑、道路及场地为主,地基处理对象为天然淤泥层和吹填层,确定双鱼岛填海造地的地基处理标准为:岛内地基工后沉降不大于 0.5m;20m 范围内的差异沉降不大于 0.1m;地基承载力特征值不小于 80kPa（浦伟庆等,2018）。图 6.3.1 为双鱼岛陆域形成和地基处理方案示意图（浦伟庆等,2018）。

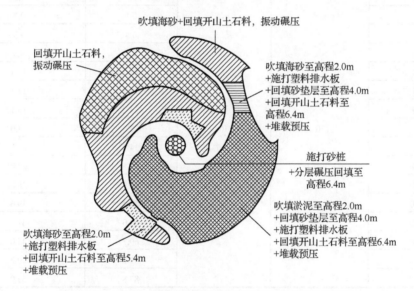

图 6.3.1　双鱼岛填海工程陆域形成和地基处理方案示意图

　　地基处理设计方案采用塑料排水板+堆载预压法,塑料排水板按正方形布置、设计间距为 1.0～1.1m。塑料排水板打穿吹填层和下卧淤泥质软土层。根据现有地质资料,将岛区细分为若干子区,每个子区的回填层厚度和天然淤泥厚度相近,原则上可以采取统一长度的排水板处理,以及统一厚度的堆载土石料进行预压,各子区采取统一的预压时间和卸载标准,方便现场施工控制、管理和计量,平均堆载厚度为 8～12m。

　　双鱼岛工程的地基平均固结度计算考虑分级堆载,采用修正的高木俊介法,以式（6.3.17）进行计算。

$$U_{rz}=1-(1-U_z)(1-U_r) \tag{6.3.17}$$

$$U_z = 1 - \frac{8}{\pi^2} \exp(-\frac{\pi}{4} \frac{C_v}{H^2} t)$$

$$U_r = 1 - \exp\left[-\frac{8C_r}{F(n)d_d^2} t\right]$$

式中，U_z 为竖向平均应力固结度；U_r 为径向平均固结度；C_v 为垂直固结系数（cm²/s）；C_r 为水平向固结系数（cm²/s）；$F(n)$ 为与井径比 $n = d_e / d_w$（d_e 为竖向排水体径向排水范围的等效直径，d_w 为竖向排水体等效换算直径）有关的函数，由式（6.3.12）计算；t 为固结时间（s）；H 为不排水面至排水面的竖向距离（cm），对于双面排水，H 为土层厚度的一半，对于单面排水，H 为土层厚度。表 6.3.1 为双鱼岛工程典型区域加载预压计算表。

表 6.3.1 双鱼岛工程典型区域加载预压计算表

加载预压时间 t/d	加载 $\sum P$/（kN/m²）	填土高度 $\sum h$/m	修正固结度 U/%	地基增长后强度 τu/（kN/m²）
0			0	7.5
15			5.9	9.2
16			6.1	9.3
17			6.4	9.3
20			7.1	9.5
30			14.4	13.8
35			16.7	14.5
50			22.2	16.1
65	170.0	10	32.3	24.0
70			34.7	24.7
90			42.5	27.0
100			51.9	38.0
110			57.4	39.6
120			62.0	41.0
130			69.7	45.0
150			79.0	50.2
180			87.8	55.0

经计算分析，在堆载自重作用下，满载预压时间约为 5～6 个月，地基总沉降量为 0.8～3.6m，地基推算固结度可达到 90%以上（相当于工后沉降小于 50cm）（金晖等，2013）。陆域形成高程的低点基本以最终场地设计高程扣除面层结构厚度，最后地表碾压整平至陆域形成设计标高 5.4～6.4m（85 国家高程），不产生卸载料，即可交地验收，交地之后可直接进行面层结构施工。

2. 珠澳口岸人工岛工程

珠澳口岸人工岛东西宽 930～960m，南北长 1930m，总填海面积约为 217.56 万 m²，岛上主要包括口岸及养护建筑、道路、停车场地等。根据人工岛场地的陆域布置及水工结构的不同，将整个场区分为北标段岛壁处理区、北标段岛内处理区、南标段岛壁处理区和南标段岛内处理区（图 6.3.2），图 6.3.3 为珠澳口岸人工岛陆域形成全景图。

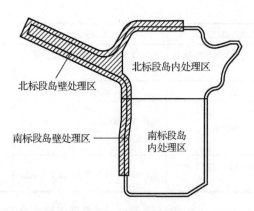

图 6.3.2 珠澳口岸人工岛地基处理分区图

图 6.3.3 珠澳口岸人工岛陆域形成全景图

岛内区陆域形成采用砂作回填材料时，岛内区原泥面以上回填砂的厚度大约有 9.8m，作用在原状软土上的附加荷载较大。由于场地使用荷载有 30kPa，原状软土若仅依靠回填砂的附加荷载进行固结沉降，其残余沉降不能满足使用要求，同时为减少施工工期，需要施加一部分预压荷载进行超载预压。可用于岛内区地基处理的井点降水联合堆载预压方案、堆载预压方案和真空联合堆载预压方案比选，见表 6.3.2。经综合比较，井点降水联合堆载预压方案具有施工简单、施工工期短、施工费用低、加固效果显著等特点，故使用砂作为筑岛填料的岛内区地基处理推荐采用井点降水联合堆载预压方案（钱所军等，2014）。

表 6.3.2 岛内区域地基处理方案比选表（钱所军等，2014）

	井点降水联合堆载预压	堆载预压	真空联合堆载预压
技术	技术成熟、可靠；加载速度较快；需要依靠搅拌墙截断海水的补给，对场地周围的搅拌墙要求高	技术成熟、可靠；加载速度慢，需要控制堆载速度	技术成熟、可靠；加载速度快；对真空的密封性要求较高
安全	联合堆载料厚度较小，对护岸稳定影响较小；堆载时借砂和倒载砂厚度较小，堆载临时边坡的反压平台要求小	堆载厚度较大，对护岸的稳定不利；堆载时借砂和倒载砂厚度大，堆载临时边坡需要的反压平台大	联合堆载厚度较小，对护岸稳定影响较小；堆载时借砂和倒载砂厚度较小，堆载临时边坡的反压平台要求小

	井点降水联合堆载预压	堆载预压	真空联合堆载预压
加固效果	加固效果好，能满足场地的使用要求	加固效果好，能满足场地的使用要求	加固效果好，能满足场地的使用要求
施工	施工程序及装备简单	施工简单，工艺成熟	施工程序及装备稍复杂
造价	借砂和倒载砂量较小，降水费用较低，总的施工费用最低，约 126 元/m²	借砂和倒载砂量最大，施工费用约 148 元/m²	借砂和倒载砂量较小，真空预压费用较高，总的施工费用高，约 282 元/m²
工期	借砂和倒载砂量较小，施工速度快，工期短	借砂和倒载砂量最大，施工工期长	借砂和倒载砂量较小，施工速度快，工期短

　　井点降水联合堆载预压法是在塑料排水板+堆载预压排水固结法的基础上，增设降水井使地基中地下水位下降，图 6.3.4 和图 6.3.5 分别为井点降水联合堆载预压法加固软土地基剖面示意图和有效应力变化示意图（梁桁等，2012）。

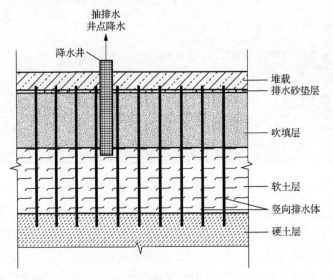

图 6.3.4　井点降水联合堆载预压法加固软土地基剖面示意图

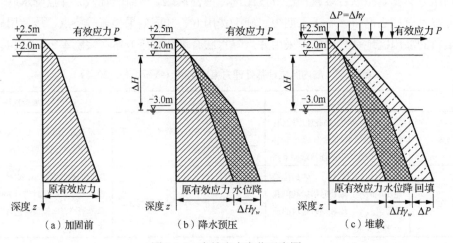

图 6.3.5　有效应力变化示意图

井点降水前的有效应力如图 6.3.5（a）所示，软土地基原水位线 z_0 以上部分土层只受回填荷载作用，其原水位线位置处的荷载增量 ΔP 为

$$\Delta P = \gamma \cdot \Delta h \qquad (6.3.18)$$

式中，γ 为回填土的干容重；Δh 为原水位线位置 z_0 以上部分的土层厚度。

井点降水使软土地基中的地下水位下降 ΔH 时的有效应力如图 6.3.5（b）所示，原水位线 z_0 和新水位线 z_1 之间的软土层，除受回填荷载作用外还承受了水位下降引起的超载预压，其荷载增量 ΔP 为

$$\Delta P = \gamma \cdot \Delta h + \gamma_w (z - z_0) \qquad (6.3.19)$$

式中，γ_w 为水的重度；z 为原水位线 z_0 和新水位线 z_1 之间的位置（向下为正）。

井点降水使软土地基中的地下水位下降 ΔH 时，新水位线 z_1 以下部分软土层除受回填荷载作用外，还施加了水位下降 ΔH 引起的超载预压 [图 6.3.5（c）]。荷载增量 ΔP 为

$$\Delta P = \gamma \cdot \Delta h + \gamma_w \cdot \Delta H \qquad (6.3.20)$$

式中，ΔH 为地下水位下降高度，$\Delta H = z_1 - z_0$。

综上，井点降水联合堆载预压可看作是在堆载预压基础上增加了一个降水预压荷载（如水位下降 $\Delta H = 5\text{m}$，相当于施加了 50kPa 的超载预压）。降水期间进行场地回填的回填厚度由软基处理沉降量、交工面标高等控制。在堆载荷载和降水预压荷载的共同作用下，原水位以下部分地基土体的有效应力提高，软土层得以快速完成较大的固结沉降，因而降低了工后沉降。

钱所军等（2014）采用分层总和法分别计算了岛内区井点降水联合堆载预压沉降量与堆载预压沉降量。沉降计算选择④层作为沉降计算的起始层，主要的计算指标见表 6.3.3、表 6.3.4。

表6.3.3　土层主要计算指标

土层	重度 γ / (kN/m³)	初始孔隙率比 e_0	次固结系数 C_a / (10^{-2}cm²/s)	固结系数/ (10^{-2}cm²/s)	
				垂向 C_v	径向 C_h
①淤泥（-8.0m 以上）	15.2	2.2014	1.593	0.80	0.95
①淤泥（-8.0m 以下）	15.9	1.850	1.495	0.67	0.72
②黏土	19.5	0.776		4.74	
③黏土	17.7	1.110		0.90	
④黏土	19.5	0.777		4.88	

表6.3.4　e-p 曲线统计表

土层		p/kPa							
		0	12.5	25	50	100	200	400	800
e	①淤泥（-8.0m 以上）	2.117	1.860	1.760	1.636	1.478	1.303	1.115	0.893
	①淤泥（-8.0m 以下）	1.858	1.752	1.687	1.570	1.412	1.217	1.031	0.844

主固结沉降 S_c、预压时间 t 时的平均固结度 U_t、预压时间 t 时的主固结沉降 $S_{c,t}$ 分别由式（6.3.21）～式（6.3.23）计算。

$$S_c = M_s \sum_{i=1}^{n} \frac{e_{1i} - e_{2i}}{1 + e_{1i}} H_i \qquad (6.3.21)$$

$$U_t = \sum_{i=1}^{n} \frac{q_i}{\sum \Delta P}(T_i - T_{i-1})\frac{\alpha}{\beta} \cdot e^{-\beta t}\left(e^{\beta T_i} - e^{\beta T_{i-1}}\right) \qquad (6.3.22)$$

$$S_{c,t} = U_t \cdot S_c \qquad (6.3.23)$$

式中，n 为压缩层范围的土层数；e_{1i} 为第 i 层土在平均自重应力作用下的孔隙比；e_{2i} 为第 i 层土在平均自重应力和平均附加应力共同作用下的孔隙比；H_i 为第 i 层土厚度；M_s 为沉降经验系数，按地区经验或由现场试验确定；q_i 为第 i 级荷载的加载速率（kPa/d）；$\sum \Delta P$ 为各级荷载的累加值（kPa）；T_i、T_{i-1} 为第 i 级荷载加载的起始和终止时间（从零点算起）；α、β 为参数，可根据地基土排水固结条件查表。

根据上述计算公式，得到岛内区井点降水联合堆载预压沉降计算结果（见表6.3.5），岛内区传统堆载预压沉降计算结果见表6.3.6。由两种方案的平均沉降量的比较可见，使用荷载下总主固结沉降 $S_{c,o}$，井点降水联合堆载预压方案为198cm，高于传统堆载预压沉降方案的117cm；施工荷载下总主固结沉降 $S_{c,c}$，井点降水联合堆载预压方案为216cm，高于传统堆载预压沉降方案的121cm。

表6.3.5 岛内区井点降水联合堆载预压沉降计算结果

沉降与固结度	孔号									平均
	CLK17	CLK11	CLK01	CLK12	CLK05	CLK16	CLK10	CKL03	CLK07	
使用荷载下总主固结沉降 $S_{c,o}$/cm	172	172	167	233	192	177	194	232	237	198
施工荷载下总主固结沉降 $S_{c,c}$/cm	188	189	183	261	208	193	212	260	265	216
施工期的主固结沉降 $S_{c,c,t}$/cm	16.5	166	161	225	182	169	185	225	228	188.4
固结度 $U_{c,c,t}$/%	87.7	87.7	87.9	86.5	87.2	87.6	87.1	86.4	86.4	87.2

表6.3.6 岛内区传统堆载预压沉降计算结果

沉降与固结度	孔号						平均
	CBB08	CBB09	CBB11	CBB12	CBB13	CBB17	
使用荷载下总主固结沉降 $S_{c,o}$/cm	106	118	140	106	122	112	117

续表

沉降与固结度	孔号						平均
	CBB08	CBB09	CBB11	CBB12	CBB13	CBB17	
施工荷载下总主固结沉降 $S_{c,c}$/cm	109	121	145	110	125	115	121
施工期发生的主固结沉降 $S_{c,c,t}$/cm	94	107	126	95	110	102	105
固结度 $U_{c,c,t}$/%	86.2	88.4	86.9	86.4	88.0	88.7	86.5

3. 港珠澳大桥桥隧转换人工岛

港珠澳大桥桥隧转换人工岛岛内区（含岛壁圆筒区）回填顶面交工标高为4.26m。利用由钢圆筒及副格板插入不透水层围闭岛体形成的整岛止水条件，地基处理采用大超载比井点降水联合堆载预压方案，其预压荷载是后期使用荷载的1.45～2.1倍。利用海砂作为堆载料，亦作为人工岛回填料留在岛内，堆载料上方可正常进行施工（王彦林等，2012；李斌等，2020）。

人工岛所在位置的海底泥面标高（85国家高程基准，下同）一般为-10.1～-9.5m，海底地层分为①淤泥和淤泥质黏土，层底标高-18.1m～-33.6m；②粉质黏土，层底标高-34.1～-20.3m；③淤泥质黏土、粉质黏土夹砂、黏土、粉质黏土，层底标高-60.6～-44.2m；④粉细砂、中砂、粗砾砂，层底标高-81.2～-61.0m（陈胜，2015）。

首先将海底表层以下至标高-16.0m淤泥挖除，换填中粗砂至-6.0m，回填中粗砂后埋设降水井，降水井间距为30m，按正方形布置。降水井直径约270cm，井底标高-22.5m。采用D形塑料排水板，正方形布置，间距1.0～1.2m，顶标高-13.0m，底标高-40～-33m，主要穿透淤泥和淤泥质黏土层并进入下卧的③层一定深度。

图6.3.6为人工岛岛内区大超载比井点降水联合堆载预压方案地基处理示意图（王彦林等，2012）。分级回填中粗砂堆载料至标高5.0m，回填的砂层采用振冲和碾压密实处理。密封钢圆筒围堰是大超载比降水预压得以实行的基础，打设降水井后使岛内区的降水至-16.0m。对于没有上部结构、未开挖区域，按照使用荷载20kPa考虑。对于所加固土层的顶面，回填中粗砂的预压荷载约为357kPa。根据上部结构、基坑开挖深度不同，地基的使用荷载约为170～246kPa，超载比约为1.45～2.1（王彦林等，2012）。图6.3.7为人工岛岛内区地基局部开挖换填施工现场。

图 6.3.6　人工岛岛内区大超载比井点降水联合堆载预压方案示意图

图 6.3.7　人工岛岛内区地基局部开挖换填施工现场

根据监测资料分析加固效果满足设计要求：①根据实测地面沉降量-时间曲线分别推算的地基固结度不低于 80%；②工后沉降要求不大于 500mm 时，停止抽水，卸载（李斌等，2020）。

人工岛岛内区地基处理监测主要内容有岛内区沉降量监测、孔隙水压力观测、深层侧向位移观测、钢圆筒沉降位移观测和地下水位观测等。岛内区沉降量监测的沉降标安放在 −6m 标高处，沉降标在插打塑料排水板后、堆载预压之前开始进行观测，观测时间约 260d，部分监测点的沉降过程曲线如图 6.3.8 所示。同时，根据实测数据分别采用三点法和双曲线拟合法进行了最终沉降量计算。

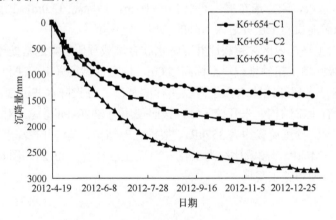

图 6.3.8　部分监测点的沉降过程曲线

1）三点法最终沉降量计算

在监测点的沉降量-时间（S-t）曲线上取 3 个点 (t, S)，要求 $t_2 - t_1 = t_3 - t_2$，地基最终沉降量按下式估算：

$$S_\infty = \frac{S_3(S_2 - S_1) - S_2(S_3 - S_2)}{(S_2 - S_1) - (S_3 - S_2)} \qquad (6.3.24)$$

式中，S_∞ 为根据实测曲线推算的地基最终沉降量；S_1、S_2、S_3 为满载后实测沉降曲线中对应于 t_1、t_2、t_3 时刻的沉降量。为减少误差，选择 3 组沉降稳定后的 (t, S) 进行计算，再取平均值。各测点计算结果见表 6.3.7。

2）双曲线拟合法最终沉降量计算

近似认为地基沉降变形量与时间成双曲线关系，地基最终沉降量可按下式估算：

$$\frac{t - t_0}{S_t - S_0} = a + b(t - t_0) \tag{6.3.25}$$

$$\lim S_t = S_0 + 1/b$$

式中，a、b 为曲线拟合的待定参数。由双曲线拟合法推算的地基最终沉降量计算结果见表 6.3.7。

表 6.3.7　不同沉降计算方法结果比较（陈胜，2015）

测点编号	三点法计算值	双曲线拟合值	$S_{\infty,1} - S_{\infty,2}$ /mm
	最终沉降量 $S_{\infty,2}$ /mm	最终沉降量 $S_{\infty,1}$ /mm	
K6+834-C2	1438	2055	617
K6+834-C4	1950	1996	46
K6+834-C5	2229	3201	972
K6+774-C1	1769	2044	275
K6+774-C2	2121	2343	222
K6+774-C3	2625	2742	117
K6+654-C1	1448	1738	290
K6+654-C2	2750	2218	−532
K6+654-C3	2932	3391	459

依据实测沉降值分别采用三点法和双曲线拟合法推算的最终沉降计算值的比较（表 6.3.7）可见，双曲线拟合法与三点法拟合结果相差较大，除测点 K6+654-C2 外，双曲线拟合法预测值几乎均大于三点法预测值，最大差值可达 97.2cm。软土由于其自身形成历史的复杂性以及分布的区域性，利用同一种方法对不同区域的软土沉降曲线进行拟合，所得的结果往往差别较大（某种拟合曲线对某一区域的软土沉降曲线拟合较好，而在另一区域同样的拟合曲线所得的结果却与实测结果相差较大）。因此，对某一区域内的软土沉降曲线进行拟合时，有必要对各种拟合曲线的优劣性进行比较。

岛内区孔隙水压力的监测自-6m 标高处堆载之前开始，观测时间约 260d。图 6.3.9 为测点 K6+924-K1 的孔隙水压力变化过程曲线，可见各土层的孔隙水压力均得到较大消散。图 6.3.10 为岛内区地下水位变化过程曲线（测点 K6+654-SW2），随着岛内区深井降水的进行，岛内平均地下水位逐渐降至-17.0m，并始终保持在该标高处。

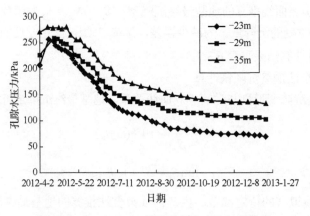

图 6.3.9　K6+924-K1 孔隙水压力变化过程曲线

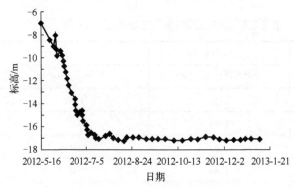

图 6.3.10　岛内区地下水位变化过程曲线（测点 K6+654-SW2）

4. 日本大阪关西国际机场人工岛

日本大阪关西国际机场人工岛工程施工海域的水深为 16.5～19.0m。在人工岛设计与建设之初的 1977～1982 年，对建设海域的地质做了约 5 年的详细调查，进行了 65 个地点的现场钻孔调查，其中大部分达到-200m 深度，两次精密钻探达到-400m 深度。

表 6.3.8 为机场建设场地典型的海底各层土质的地质状况。整个建设场地海底表层有厚度 18～24m 的全新世软弱冲积黏土层（soft alluvial Holocene clays），其成分大致是淤泥占 40%～60%，黏土占 60%～40%。冲积黏土的大部分为高塑性无机质黏土，这种冲积黏土为日本有代表性的软弱海相黏土。

表 6.3.8　海底土层的地质状况（Puzrin et al.，2010）　　　　（单位：m）

土层	地质年代	一期人工岛建设场地		二期人工岛建设场地	
		平均厚度	海面以下平均深度	平均厚度	海面以下平均深度
海床面			-18		-19.5
①软弱冲积黏土层	全新世	18	-36	24	-43.5
②黏土层与砂或砂砾层交互而成的洪积黏土层	更新世晚期	140	-176	180	-223.5
③黏土层与砂或砂砾层交互而成的洪积黏土层	更新世早期	200	-376	300	-523.5

软弱冲积黏土层的下层为厚度 140～180m 的更新世晚期洪积黏土层（diluvial Pleistocene clay），该土层较厚，为黏土层和砂或砂砾层的交替层，且为海相层（海成黏土）和非海相层的交替层，被认为是后来产生过大沉降的原因。这种黏性土和砂或者砂砾层的交替层一直持续至本次调查的最深部-400m。建设地点的地质结构是向海侧单一倾斜的单斜构造，其走向大致与海岸线平行。

依据原位的孔隙比和有效土应力绘出的压缩曲线如图 6.3.11 所示。在建设地点的原位压缩曲线的斜率接近，用一般固结试验可求出 e-$\log p$ 曲线的斜率。

相比表层冲积黏土硬得多的下部洪积黏土，在解释固结试验结果上有问题。普通固结试验通常取荷载增加率为 1，但在比较硬的黏土中，这个荷载阶段发生跨过固结屈服应力的阶段，作为其结果，在推测固结屈服应力上往往发生误差。为此，将荷载增加率减少为 0.5 及 0.25，进行特殊固结试验。一般认为若减少荷载的增加率，固结屈服应力就变大。

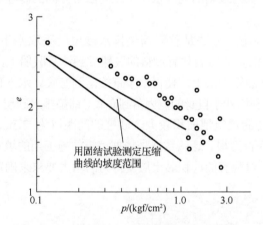

图 6.3.11　原位的孔隙比和有效土应力（中濑明男，1994）

$$1 kgf/cm^2 = 9.80665 \times 10^4 Pa$$

图 6.3.12 是机场人工岛 4 种形式护岸结构的位置示意图。A 型护岸是斜坡式护岸（图 6.3.13），B 型护岸为混凝土沉箱，A、B 型护岸下部 Ac 黏土层用排水砂井处理，砂井直径为 40cm，间距 2.5m×1.6m。C 型护岸和 D 型护岸为钢板桩，下部黏土地基用压实砂桩法处理。

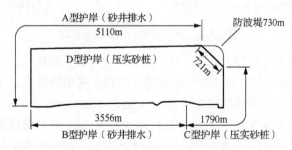

图 6.3.12　人工岛护岸结构类型（中濑明男，1994）

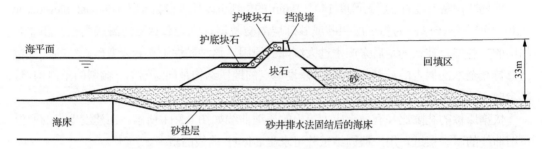

图 6.3.13　A 型护岸的横截面（Puzrin et al., 2010）

　　机场人工岛填海拓地土全厚度为 30m，表层黏土是软弱的，可认为较长时间是继续下沉的，必然会发生不希望发生的沉降问题。因此，在填筑陆地之前，对填筑场地的黏土层用人工的方法贯入砂桩进行地基处理，来加速黏土层的压密过程。这样，随着其上部荷载的增加，黏土层中所产生的过剩的间隙水压可以向水平方向的砂柱中逸散，从而加速了黏土层的压密过程。

　　水下打设排水砂桩施工方法是首先铺垫排水砂层，采取水下泵布法和水下直抛法（图 6.3.14）。水下泵布法是先将装载有沙料的驳船靠到沙泵驳船上，利用泵的压力，把沙子均匀"喷射"到水下的软土层上，使得沙子直接落到海底。水下直抛法是在布沙驳船上以漏斗长管代替沙泵，利用沙子自身的重力落到海底。铺垫排水砂层完成后打设竖向排水砂桩。大阪关西国际机场的填筑地面积较大，砂桩的间距取为 2.5m×2.5m，砂桩的直径为 40cm，砂桩的总数约为百万根。这些数据是依据填筑的施工期的填筑土石层厚度，未来机场的设计和使用要求，对现有的冲积黏土层支持力的增大要求来确定的。

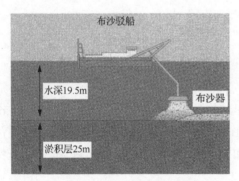

（a）铺垫1.5m厚排水砂层过程示意图

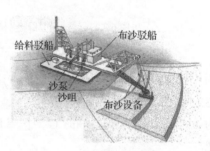

（b）水下泵布法示意图

图 6.3.14　水下铺垫排水砂层示意图

　　陆域形成的回填材料为沙、砾石、开山块石，包括事先的地基处理，投入 $1.64×10^8m^3$ 山土和 $1.4×10^7m^3$ 海砂。填筑施工也如护岸施工一样，采用阶段施工法。从大阪地区的山上开采土石填充料，使用开体驳船在水深为-15m、-10m、-6m 时进行直投式填筑（把这些土石料直接抛填在海堤内），直到填料高程达到水深-3m。然后通过系泊在海堤内的四艘大型驳船将小型驳船运来的回填砂石料进行扬土式填筑。最终使人工岛高程达到要求的高于水面 4m。

　　机场人工岛工程在填海施工现场安装了大量的沉降板装置（图 6.3.15）、磁力水压计等土体沉降监测传感器，进行人工岛的土体沉降观测。根据开工前的预测，人工岛从开工到建成投入使用的这段时间内将平均下沉 6m。然而一期工程施工过程中的 1991 年 10 月，在沉降观察区发现实际下沉量达到了 9.5m。为了防止全岛被海水淹没，1992 年初决定填土厚度再增加 3.3m 左右，填土石方量又增加了 10%（卢有杰，1994）。

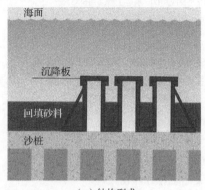

（a）结构型式　　　　　　　　　　　　　（b）安装现场

图 6.3.15　沉降板装置

　　依据该人工岛所在海底土质的分析认为，在人工岛填筑完成后的一年时间里，全新世黏土层（海底表层，平均厚度约 18m）的沉降便基本结束。由此判断，人工岛后期出现的沉降主要是由更新世洪积黏土层（全新世黏土层的下层，平均厚度约 140m）的变形引起的。更新世黏土层一般十分坚硬，当上部荷载不是很大时，并不会发生较大的土体变形。大阪关西国际机场人工岛的回填土厚度达到了创纪录的 33m 以上，一期工程的总荷载达到了 2 亿 t，这一荷载很可能超过了土层的承重极限，导致了超预期土体沉降的发生。在已记录到的 12.63m 土体沉降量中，机场运营之前的土体沉降量为 9.82m，机场营运之后的土体沉降量为 2.81m。随着时间的推移，土体沉降量在逐渐减少，由机场营运之初的年均沉降量 50cm，减为 7cm 左右，可反映出土体沉降已趋于平稳。图 6.3.16 为大阪关西国际机场人工岛工程二期工程土体实际沉降观测结果，可见从 1999～2011 年的 12 年时间里，总的土体沉降量约为 14.0m。

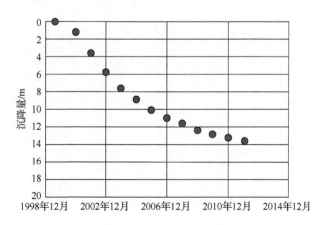

图 6.3.16　二期工程土体实际沉降观测结果

参 考 文 献

陈胜, 2015. 某填海造地工程人工岛软基固结沉降研究[J]. 广东土木与建筑, 1: 50-52.

董志良, 刘嘉, 朱幸科, 等, 2013. 大面积围海造陆围堰工程关键技术研究及应用[J]. 水运工程, 5: 168-175.

董志良, 张功新, 李燕, 等, 2010. 大面积围海造陆创新技术及工程实践[J]. 水运工程, 10: 54-67.

金晖, 柯学, 2013. 双鱼岛工程设计关键技术研究[J]. 水运工程, 10: 1-6.

李斌, 高潮, 张嘉莹, 2020. 大超载比降水预压在港珠澳桥隧人工岛地基处理中的实践[J]. 华北交通工程, 5: 4-10.

梁桁, 孙英广, 毛剑锋, 2012. 港珠澳大桥珠澳口岸人工岛填海工程设计关键技术[J]. 中国港湾建设, 4: 33-38.

卢有杰, 1994. 日本关西国际机场一览[J]. 中国投资与建设(8): 27-29.

浦伟庆, 周俊辉, 金晖, 2018. 双鱼岛海上人工岛设计特点[J]. 水运工程, 6: 1-5.

钱所军, 陈囡, 刘军军, 2014. 港珠澳大桥珠澳口岸人工岛地基处理方案[J]. 中国港湾建设, 6: 11-14.

孙树青, 2013. 钢圆筒围护结构在港珠澳大桥岛隧工程人工岛建设中的应用[J]. 中国水运, 5: 249-250.

王彦林, 闫禹, 2012. 港珠澳大桥外海人工岛快速成岛技术[J]. 施工技术, 41(363): 47-51, 66.

赵振东. 1992. 日本关西海上机场的建设及其海底地基处理[J]. 世界地震工程(1): 37-40, 44.

周东, 吴恒, 陈立华, 等, 2012. "人造陆域"工程地质研究综述[J]. 勘查科学技术, 2: 1-6.

中华人民共和国水利部, 2014. 海堤工程设计规范: GB/T 51015—2014[S]. 北京: 中国计划出版社.

中交第一航务工程勘察设计院有限公司, 2018. 防波堤与护岸设计规范: JTS 154—2018[S]. 北京: 人民交通出版社.

中交水运规划设计院有限公司, 中交第一航务工程勘察设计院有限公司, 2013. 海港总体设计规范: JTS 165—2013[S]. 北京: 人民交通出版社.

中濑明男, 1994. 关西国际机场人工岛建设[J]. 吕莉娃, 译. 海岸工程, 13(2-3): 197-201.

Puzrin A M, Alonso E E, Pinyol N M, 2010. Geomechanics of failures[M]. Dordrecht: Springer.

第7章　游艇码头设计

游艇休闲娱乐活动是旅游度假类人工岛的主要功能之一，国内外著名的旅游度假类人工岛都规划建设有公共的游艇码头，如迪拜朱美拉棕榈岛、巴林杜拉特岛、卡塔尔珍珠岛、漳州双鱼岛、南海明珠人工岛等。国外以高档居住功能为主的居住社区类人工岛，临海一侧的别墅大都建有单独的游艇停靠码头，如美国佛罗里达州迈阿密沿岸人工岛群、美国佛罗里达州坦帕沿岸人工岛群等。

游艇码头是指专门为游艇提供港内系泊和到岸综合服务的一个特殊港口功能区，通常包括水域和陆域两大部分。水域设施主要包括锚泊水域、停泊水域、进港航道、防波堤（防护设施）、内航道、支航道、游艇上下岸设施、接岸联系桥等。陆域设施主要包括陆上管理运营设施（包括游艇俱乐部、码头服务设施、码头交通设施）、陆上保管设施（露天游艇停放场、艇库等）、维修和保养场地、停车场、体育休闲设施、商业区（如咖啡厅、书报亭、餐馆、洗衣店、零售店等）、环保、消防和卫生配套设施（如沐浴间、厕所）等。

游艇码头作为一种特殊的码头类型，在满足游艇停泊安全和便于人员上下游艇的功能之外，更要追求景观效果，满足游艇码头的时尚性。国外游艇码头设计已经积累了丰富的建设经验，形成了多部相关设计标准和指南。近年来随着我国经济的不断发展和居民收入水平的提高，游艇休闲娱乐活动已进入快速增长期，很多海滨城市的中心商务区和旅游度假区等都在规划建设游艇项目。2014 年我国交通运输部颁布了第一部《游艇码头设计规范》（JTS 165—7—2014），结束了我国游艇码头建设缺少行业规范的历史。

7.1　游艇码头总平面布置

游艇码头的建设规模主要由当地经济社会发展水平、市场需求和自然条件等因素综合确定。游艇码头选址应符合海洋功能区划、城市总体规划、港口总体规划、人工岛总体规划等相关规划要求，综合考虑建设规模、自然条件和旅游休闲环境等因素。

游艇船型尺度小、对泊稳的要求高，因此游艇码头宜选在有天然掩护，波浪、水流作用较小，泥沙运动较弱且天然水深适宜的水域。应考虑港外有足够的游艇活动水域，并应减小与其他船舶相互干扰，满足通航、停泊安全要求，以确保游艇码头整体的安全性、便利性及使用效率。游艇码头通常会给单调的海岸带来生机和色彩，因此游艇码头在选址和设计时应注重与环境景观的融合。

游艇码头可根据使用要求设置游艇泊位、燃料补给泊位、污水收集泊位和工作船泊位等辅助泊位。游艇泊位宜布置在不影响游艇航行的水域。燃料补给泊位宜独立布置，并应位于游艇进出方便的水域，尽量靠近港池入口。污水收集泊位可布置在主浮桥端部，集中收集生活污水和含油污水。

7.1.1　港内泊稳要求

1. 设计代表船型

设计代表船型作为游艇码头总平面布置基本参数，应根据市场需求、建设条件、已有船型及未来发展趋势综合确定。《游艇码头设计规范》（JTS 165—7—2014）规定若资料不足时设计船型尺度可参照表 7.1.1 选取。

表 7.1.1　主要船型尺度

设计船型尺度/m				排水量 D_{wt}/t
船长 L	型宽 B	吃水 T		
		机动艇	帆船	
6（4<L≤6）	2.8	0.9	1.3	2
8（6<L≤8）	3.4	0.9	1.5	3
10（8<L≤10）	4.0	1.0	1.8	6
12（10<L≤12）	4.4	1.0	2.0	10
15（12<L≤15）	5.0	1.2	2.5	17
18（15<L≤18）	5.4	1.4	2.7	38
21（18<L≤21）	5.8	1.6	2.9	43
24（21<L≤24）	6.3	1.7	3.0	66
28（24<L≤28）	7.1	1.9	3.2	128
32（28<L≤32）	8.0	2.0	3.6	190
36（32<L≤36）	9.0	2.1	3.9	210
40（36<L≤40）	10.0	2.3	4.2	260
45（40<L≤45）	10.0	2.6	4.2	380
50（45<L≤50）	10.0	9.0	4.2	540

游艇的船长能够反映出游艇的等级，游艇通常按照船长划分为：小型游艇的船长在 10m（33ft）以下，乘员 6～10 人；中、大型游艇的船长在 10～24m（33～80ft），乘员 10～26 人；超大型和豪华型游艇的船长在 24m（80ft）以上。

2. 港内泊稳条件

通常海港码头结构自身的稳定性高及船舶本身的抗浪能力强（因吨级相对较大），码头前沿的泊稳允许波高相对较大。游艇码头通常为浮体结构，其抗浪能力较弱，部分游艇需要长时间停泊于泊位。考虑到波浪作用下系泊游艇与码头之间相互碰撞的安全（码头靠泊允许波高），以及在系泊游艇上休闲的人们舒适性（码头泊稳允许波高），游艇码头建设对港内水域系泊条件要求较高。

20 世纪 70 年代以前，游艇码头多为自然掩护的小规模港池，对系泊允许波高并无深入研究，常以有效波高 0.3m（1ft）进行控制。70 年代以来，随着大型游艇码头的快速发展，港池波浪的影响日益受到重视。加拿大西北水利咨询公司于 1980 年完成了一系列的波浪物理模型试验，在 *Study to Determine Acceptable Wave Climate in Small Craft Harbours* 中提出港内泊稳允许波高应兼顾正常系泊条件下的舒适度和极端系泊条件下的游艇和浮桥安全。

在我国《游艇码头设计规范》（JTS 165—7—2014）颁布之前的游艇码头设计中，大都采用的港内泊稳条件为：港池泊稳允许波高 2 年一遇（$H_{4\%}$）一般要求小于等于 0.3m，靠泊允许波高 25 年一遇（$H_{4\%}$）要求小于等于 0.5m。当可能出现大于 0.5m 的波高时，应考虑采取特殊的结构措施以确保码头及停泊在码头上的游艇安全。我国颁布的《游艇码头设计规范》（JTS 165—7—2014）规定浮桥式泊位的系泊允许波高应满足表 7.1.2 的要求。

表 7.1.2　浮桥式泊位系泊允许波高

波向	50 年一遇 $H_{1\%}$/m
顺浪	≤1.1
横浪	≤0.5

注：根据浮桥结构、船型、系靠泊设施、防护设施等条件，经论证表中数值可适当增减，必要时应通过模型试验验证。

3. 防波堤布置

当自然条件不满足游艇码头的掩护要求时，需建造防波堤以确保港池的平稳度。防波堤及口门的布置应使港内有足够的水域、良好的掩护、有利于减少泥沙淤积及减轻冰凌的影响，必要时应通过模型试验确定。游艇码头距繁忙航道较近时，应考虑船行波对游艇泊稳的影响。

防波堤口门的方向、位置、宽度的确定应充分考虑风向、波浪、潮流、泥沙及航行安全等因素。为保证游艇安全、方便进出港，应注意不要使游艇受横浪作用。考虑到小型帆船不能顶风直线前进，口门方向最好与常风向保持 45°～90°的夹角。口门方向布置时还应防止因泥沙入侵而造成口门淤塞。一般情况下，口门应设在泥沙运动相对较弱的破波带外。

防波堤堤顶高程宜按最不利工况基本不越浪考虑，经安全论证可适当降低，必要时应通过模型试验验证。防波堤口门两侧的堤顶高程与结构型式应确保游艇安全航行对视野的要求和不妨碍小型帆船张帆航行。鉴于游艇码头所系泊游艇主要用于旅游观光、休闲娱乐等活动，游艇码头防波堤宜采用布局美观、视觉效果良好的宽、矮型结构，防波堤口门宜采用环抱形、口门外布置岛堤等方式。

图 7.1.1 为位于土耳其阿尔廷胡姆（Altinkum）以西第三海滩和帕伦特勒之间的迪迪姆（Didim）游艇码头实景，地理坐标 37°20′26″N、27°15′34″E。迪迪姆游艇码头拥有 576 个泊位（8～70m）、600 个干式泊位、一个直升机停机坪、海关和购物中心等。迪迪姆游艇码头的防波堤为环抱形布置，采用了视觉效果良好的宽、矮型结构。东侧突堤平面布局美观，伸出两个三角形平台丰富了水际线。

图 7.1.2 为位于克罗地亚扎达尔市西海岸的博里克（Borik）游艇码头实景，地理坐标

44°7′46″N、15°12′42″E。博里克游艇码头拥有 220 个泊位和 50 个干式泊位。干式泊位的设施包括 5t 的悬臂式起重机和 20t 的行走式起重机。博里克游艇码头的防波堤口门外布置一道岛堤，东南突堤采用了视觉效果良好的宽、矮型的结构，突堤上建有停车场。

图 7.1.1　土耳其迪迪姆游艇码头实景　　　　图 7.1.2　克罗地亚博里克游艇码头实景

图 7.1.3 为位于克罗地亚扎达尔以南 7km 的苏科桑小镇附近的达尔马提亚（Dalmacija）游艇码头实景，地理坐标 44°3′6″N、15°18′1″E。达尔马提亚游艇码头拥有 1200 个泊位和 500 个干式泊位。码头服务设施有接待处、外币兑换处、餐馆和咖啡馆、航海用品商店、30t 起重机、65t 行走式起重机等。达尔马提亚游艇码头的东南突堤堤头设计为一个宽、矮型的半圆环形，凹形岸线建有人工沙滩，十分有创意，取得了防护、景观和亲水的多种效果。

图 7.1.4 为位于迪拜市中心的蓝水人工岛和朱美拉棕榈岛之间的迪拜港游艇码头（Dubai Harbour's Marina）实景，地理坐标 25°5′41″N、55°7′50″E。迪拜港游艇码头拥有 1100 个泊位。迪拜港游艇码头的防波堤设计为一个宽顶的带状人工岛堤，在人工岛堤上建有商店、餐厅、豪华酒店、住宅和全景观景台等。

图 7.1.3　克罗地亚达尔马提亚游艇码头实景　　　图 7.1.4　迪拜港游艇码头实景

7.1.2　停泊水域及航道

游艇码头水域及航道包括锚泊水域、停泊水域、进港航道、内航道、内支航道等（图 7.1.5）。港池泛指受掩护的港内水域（一般从口门以内起算），港内停泊水域为港池内供游艇系靠泊,且包含系泊富裕长度和宽度的水域。停泊水域内布置有系船浮桥、系泊柱等系泊设施。港内水域可根据船型大小分成若干不同水深的区域。

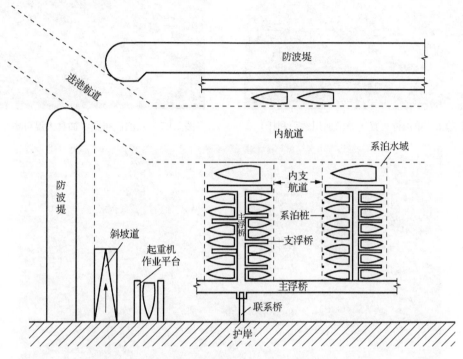

图 7.1.5 游艇码头水域布置图

进港航道为港外至防波堤口门段供游艇进出游艇港的航行通道。进港航道要有足够的宽度和水深、适当的方位和比较平稳的水流,以保证游艇安全、方便地进出港。内航道指港池范围内,连接进港航道的航行通道。内支航道为位于内航道与排列泊位之间,供游艇进出泊位的航行通道。

沿海游艇码头港池设计水深的起算面应采用极端低水位,进港航道水深的起算面宜采用设计低水位。考虑到游艇的使用特点,游艇码头水域及航道各功能水域一般不考虑乘潮。

1. 浮桥式泊位

游艇港内系泊一般采用浮桥式泊位(可随潮位上下浮动),由浮箱、浮桥框架与铺面等组成的浮桥是供游艇系靠泊、人员上下船使用的一种浮体结构。浮桥分为支浮桥和主浮桥,支浮桥通过主浮桥固定和贯通。浮桥式泊位可采用单泊位、双泊位和顺岸泊位等布置型式。单泊位布置型式为两个支浮桥之间布置一个泊位,如图 7.1.6 所示案例;双泊位布置型式为两个支浮桥之间布置两个泊位,如图 7.1.7 所示案例;顺岸泊位布置型式为游艇泊位顺着主浮桥布置,如图 7.1.8 所示案例。

图 7.1.6　单泊位布置（美国加州索萨利托）

图 7.1.7　双泊位布置（加拿大温哥华）

图 7.1.8　顺岸泊位布置（迪拜商业湾）

2. 停泊水域

　　游艇码头停泊水域（或系泊水域）设计包括泊位的平面尺度和水深。《游艇码头设计规范》（JTS 165—7—2014）规定停泊水域宽度（图 7.1.9）可按下列公式确定：

$$W = B_1 + d_w \qquad （单泊位和顺岸泊位） \qquad (7.1.1)$$

$$W = B_1 + B_2 + 1.5d_w \qquad （双泊位） \qquad (7.1.2)$$

式中，W 为停泊水域宽度（m）；B_1、B_2 为设计船型宽度（m）；d_w 为停泊水域富裕宽度（m），不宜小于表 7.1.3 中的数值。

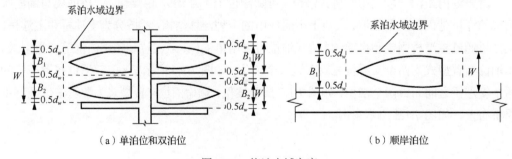

（a）单泊位和双泊位　　　　　　　　　（b）顺岸泊位

图 7.1.9　停泊水域宽度

表7.1.3 停泊水域富裕宽度表

设计船长 L/m	富裕宽度 d_w/m
$L \leq 12$	0.8
$12 < L \leq 24$	1.2
$24 < L \leq 36$	1.6
$L > 36$	2.0

资料来源:《游艇码头设计规范》(JTS 165—7—2014)。

当系泊受横流作用或常风向为横风时,泊位富裕宽度适当加大;当浮桥设置连接充气橡胶护舷时,富裕宽度应增加充气橡胶护舷的宽度;当双泊位中存在大小泊位时,富裕宽度应按较大船型取值。

停泊水域长度应满足游艇安全系泊的要求,单泊位和双泊位 [图 7.1.10 (a)] 可按下列公式确定:

$$L_b = L + d_p \qquad (单泊位和双泊位) \qquad (7.1.3)$$

顺岸泊位 [图 7.1.10 (b)] 可按下列公式确定:

$$L_b = L + 2d_a \qquad (单个顺岸泊位) \qquad (7.1.4)$$

$$L_b = L + 1.5d_a \qquad (端部顺岸泊位) \qquad (7.1.5)$$

$$L_b = L + d_a \qquad (中间顺岸泊位) \qquad (7.1.6)$$

式中,L_b 为停泊水域长度(m);L 为设计船型长度(m);d_p 为单泊位和双泊位停泊水域富裕长度(m),取 0.5~1.0m,大型游艇取大值;d_a 为顺岸泊位停泊水域富裕长度(m),取 0.15 倍设计船长。

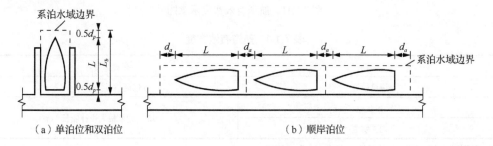

图 7.1.10 停泊水域长度

停泊水域设计水深可按下式确定:

$$D = T + Z_1 + Z_2 \qquad (7.1.7)$$

式中,D 为停泊水域设计水深(m);T 为设计船型满载吃水(m);Z_1 为富裕深度(m),内河游艇码头取 0.3~0.5m,沿海游艇码头取 0.4~0.6m,硬底质取大值,当船长大于 24m 时,可适当加大;Z_2 为备淤深度(m),应根据回淤强度和维护挖泥的难易程度确定,备淤深度不宜小于 0.4m,淤积较严重的港池应适当加大。

3. 航道宽度

进港航道选线应满足船舶航行安全要求，结合港口总体规划、自然条件等因素综合确定，并适当留有发展余地。进港航道轴线宜顺直，尽量减小航道轴线与强风、强浪和水流主流向的交角。浅滩段进港航道的布置应考虑水动力、浅滩演变和泥沙运动对航道的影响。有整治工程时，航道轴线还应结合整治效果的预测进行布置。图 7.1.11 为进港航道、内航道和内支航道有效宽度示意图，其取值可按表 7.1.4 确定。当进港航道的计算宽度大于 45m 时，且通航最大设计船型的通航密度较小，经论证进港航道的有效宽度可适当缩窄；港内水域条件较好时，内航道和内支航道宽度经论证可适当缩窄，但不得小于 1.5 倍通航最大设计船长。

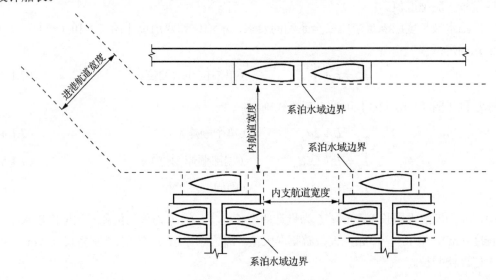

图 7.1.11　航道有效宽度示意图

表 7.1.4　航道有效宽度

类别	有效宽度
进港航道	6 倍通航设计船宽
内航道	1.75 倍通航最大设计船长
内支航道	

资料来源：《游艇码头设计规范》（JTS 165—7—2014）。

澳大利亚、英国、美国、日本等国的规范和标准大多主张进港航道按双向航道考虑。常见的做法是宽度推荐值取 100ft（约 30m），最小值不小于 75ft（约 23m）；或宽度推荐值取"30m 和 6 倍设计船宽"中的较小值，最小值不小于"20m、设计船长+2m 和 5 倍设计船宽"三者中的较大值。我国《游艇码头设计规范》（JTS 165—7—2014）规定进港航道宽度最小不宜小于 30m，且至少为 6 倍设计船宽，口门段可视具体情况适当缩窄。主要考虑到以下 3 个因素：①我国目前处于游艇工业及游艇码头发展初期，港内停泊的游艇通常有相当一部分为大型游艇；②现阶段我国游艇驾驶人员技术良莠不齐，若航道过窄则易出现险情；③适应现代游艇船舶大型化的发展趋势（覃杰等，2014）。

国外对内航道宽度设计的基本思路是在进港航道的基础上增加船舶回旋的要求。常见的做法是推荐值为"30m 和 1.75 倍设计船长"中的较大值,最小值为"23m 和 1.5 倍设计船长"中的较大值;或推荐值为"25m 和 1.75 倍设计船长"中的较大值,最小值为"20m 和 1.5 倍设计船长"中的较大值。对于港池内泊位较多或有较多调头要求的水域,内航道有效宽度建议取 1.75 倍设计船长,最小值不小于 1.5 倍设计船长。对于港池内泊位较少或无调头要求的水域,内航道有效宽度可取 1.5 倍设计船长。

国外对内支航道宽度设计的基本思路与内航道接近,但是鉴于很多内支航道两侧浮桥停泊的游艇尺寸较小(常小于 12m),因此并无对具体最小尺寸的限制。常见的做法是推荐值为 1.75 倍设计船长,最小值为 1.5 倍设计船长。因此《游艇码头设计规范》(JTS 165—7—2014)规定内支航道宽度同内航道取 1.75 倍设计船长,且设计时根据使用条件可预留一定富裕,这样若未来内支航道内停泊稍大的游艇导致支浮桥长度小于停泊的游艇长度时(但浮桥长度仍应不小于游艇长度的 80%),内支航道宽度也能满足安全要求。

4. 航道水深

进港航道通航水深是指在设计低水位时,为满足游艇安全通航,航道中所必须保证的最小水深,图 7.1.12 为进港航道通航水深示意图。

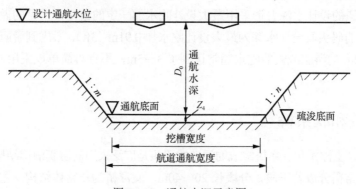

图 7.1.12　通航水深示意图

进港航道通航水深 D_0 可按式(7.1.8)计算,但不宜小于 1.3 倍通航最大设计船型吃水。

$$D_0 = T + \Delta_z \tag{7.1.8}$$

式中,T 为航道通航最大设计船型的满载吃水(m);Δ_z 为最小安全富裕深度(m),对于内河游艇码头,河床为土质时可取 0.3~0.4m,河床为石质时可取 0.4~0.5m,流速和风浪较大的水域取大值。

对于沿海游艇码头,Δ_z 应按式(7.1.9)计算,且不宜小于 0.6m:

$$\Delta_z = Z_0 + Z_1 + Z_2 \tag{7.1.9}$$

$$Z_2 = K_1 H_{4\%} \tag{7.1.10}$$

式中,Z_0 为游艇航行时船体下沉值(m),当船舶航速不大于 8kn 时,采用表 7.1.5 的数值;

大于 8kn 时应适当加大；Z_1 为龙骨下面最小富裕深度（m），可取 0.4～0.6m，硬底质取大值；当船长大于 24m 时，可适当加大；Z_2 为波浪富裕深度；K_1 为系数，顺浪取 0.3，横浪取 0.5；$H_{4\%}$ 为累计频率 4% 的波高（m），重现期宜取 2 年一遇。

表 7.1.5　游艇航行时船体下沉量

船长 L/m	航行时船体下沉值 Z_0/m
$L \leqslant 12$	0.10
$12 < L \leqslant 24$	0.15
$24 < L \leqslant 36$	0.20
$L > 36$	0.30

资料来源：《游艇码头设计规范》（JTS 165—7—2014）。

进港航道的设计水深和内航道设计水深 D（单位：m），即疏浚底面对于设计通航水位的水深，可按式（7.1.11）计算，内支航道设计水深应与停泊水域设计水深一致。

$$D = D_0 + Z_3 \tag{7.1.11}$$

式中，Z_3 为备淤深度（m），应根据两次挖泥间隔期的淤积量计算确定，备淤深度不宜小于 0.4m，淤积较严重时应适当加大。

国外对航道的设计水深普遍采用最大设计吃水加一定的富裕，常见的做法是对于停泊 24m 以下游艇的码头取设计水深为最大设计吃水加 0.91m（3ft）。考虑到游艇船型尺度范围较广，接近 50m 的游艇或帆船吃水通常达到了 3～5m，不宜再简单地采用 0.9m 富裕水深的做法。

7.1.3　浮桥和联系桥

由主浮桥、支浮桥和联系桥组成的浮动式码头是广泛采用的游艇泊位结构（图 7.1.13）。主浮桥结构通常需分成若干段，分段长 20～40m，支浮桥为一整体结构。主浮桥单元之间连接处的垂直方向宜采用铰接，铰结构可采用不锈钢螺栓连接型式，并设缓冲橡胶垫；主浮桥单元和支浮桥单元间宜固定。联系桥靠岸端垂直方向应采用铰接，与浮桥连接端应设置滑轮等活动连接结构（图 7.1.14）。

图 7.1.13　浮动式码头　　　　　　　　　　图 7.1.14　联系桥

1. 主浮桥

主浮桥长度根据其服务的泊位数量确定，主浮桥的最小宽度首先要满足横倾稳定性。当浮桥宽度小于一定值时，结构稳性将不足以满足设计风浪和荷载的要求。其次主浮桥的宽度要考虑人流汇集的因素（应满足其服务的长度）。《游艇码头设计规范》（JTS 165—7—2014）规定主浮桥的最小宽度不应小于表 7.1.6 中的数值。

表 7.1.6　主浮桥最小宽度

主浮桥服务长度/m	最小宽度/m
<100	2.0
100～200	2.5
200～300	3.0
>300 或行走电瓶车	4.0

2. 支浮桥

支浮桥长度宜取 1 倍设计船长，在保证系泊安全的情况下，长度可适当缩短，但不应小于 0.8 倍设计船长。支浮桥的最小宽度主要由实际使用要求决定，例如靠泊需要和系缆需要等。小于 10m 的游艇甲板干舷较低，通常水手在船甲板上即可轻松完成系缆工作，这种情况下支浮桥实际上可以不需要承载人的重力。随着游艇尺寸的增加，其甲板干舷高度也不断增加，水手系缆的难度也不断增加，因此，设计较宽的支浮桥以供水手系缆是有必要的。

《游艇码头设计规范》（JTS 165—7—2014）规定支浮桥最小宽度可根据停泊水域长度参照表 7.1.7 选取。考虑到我国的实际情况，限定了一个 1.0m 的最小宽度。

表 7.1.7　支浮桥最小宽度

停泊水域长度 L_b/m	最小宽度/m
$L_b \leqslant 12$	1.0
$12 < L_b \leqslant 24$	1.5
$L_b > 24$	2.0

3. 联系桥

接岸联系桥是从游艇码头陆域通往水域的入口通道，用以衔接后方陆域和浮桥系统，起到进入泊位区的卡口作用。联系桥的净宽应根据其服务的泊位数量、出入交通工具和人员流量确定，《游艇码头设计规范》（JTS 165—7—2014）规定联系桥净宽不宜小于表 7.1.8 中的数值。

表 7.1.8　联系桥最小净宽

服务泊位数量 N/个	最小净宽/m	
	行人通行	电瓶车通行
N≤10	0.9	2.0
10＜N≤60	1.2	2.0
60＜N≤120	1.5	2.0
N＞120	1.8	2.0

接岸联系桥（图 7.1.15）的长度设计取决于设计低水位下的最大容许坡度，码头水位差较大的地方，联系桥可采取"之"字形布置增加长度，以满足放坡的要求。联系桥坡度设置除应根据工艺和使用要求确定外，在设计低水位时尚应满足：步行坡度不宜陡于 1∶4，无法满足时应考虑活动踏步；无障碍通行坡度不宜陡于 1∶8；电瓶车通行坡度不宜陡于 1∶12。沿海游艇码头联系桥陆侧顶面高程可取极端高水位加 0～1.0m 富裕超高。

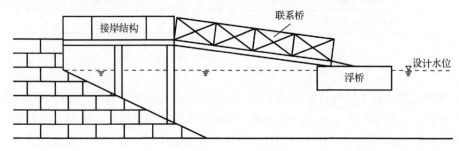

图 7.1.15　联系桥坡度

表 7.1.9 为我国、澳大利亚、英国、美国、日本等国家的规范、标准对游艇码头浮桥尺度、接岸联系桥参数的取值对比。

表 7.1.9　游艇码头浮桥尺度参数取值（覃杰等，2014）

标准类别	主浮桥最小宽度	支浮桥长度和宽度	联系桥宽度（钢引桥）
《游艇码头设计规范》 （JTS 165—7—2014）	L_J＜100m，最小取 2.0m 100～200m，最小取 2.5m 200～300m，最小取 3.0m L_J＞300m 或行走电瓶车， 最小取 4.0m	支浮桥长度：宜取 1.0L，在保证系泊安全的情况下长度可适当缩短，但不应小于 0.8L 最小宽度： L_b≤12m，取 1.0m 12m＜L_b≤24m，取 1.5m L_b＞24m，取 2.0m	泊位数　　　　宽度 N≤10，　　　0.9m 10＜N≤60，　1.2m 60＜N≤120，1.5m N＞120，　　1.8m 行走电瓶车时，最小宽度 2.0m
澳大利亚规范 Guidelines for Design of Marinas （AS 3962—2001）	最小宽度 1.5m L_J＞100m，最小取 1.8m L_J＞200m，最小取 2.4m	支浮桥长度：不小于 0.8L 宽度：0.9m，且可逐渐变窄，但不小于 0.6m	泊位数　　　　宽度 2＜N≤10，　　0.9m 10＜N≤60，　1.2m 60＜N≤120，1.5m N＞120，　　1.8m
英国海事联合会规范 A Code of Practice for the Design, Construction and Operation of Coastal and Inland Marinas and Yacht Harbours（TYHA 2013）	最小宽度 2m，建议取 2.5m（尤其船长超 120m） 有高尔夫球车通行时最小宽度 3.5～4m	最小宽度： 船长≤9m，0.65m 10m≤船长＜12m，1m 13m≤船长≤15m，1.4m 16m≤船长≤20m，2m 船长＞20m，2.5m	尽可能宽，以满足手推车及行人双向通行； 如有高尔夫球车或其他交通工具尚需另行考虑

标准类别	主浮桥最小宽度	支浮桥长度和宽度	联系桥宽度（钢引桥）
美国国防部统一设施标准 *Design: Small Craft Berthing Facilities*（UFC4-152-07N）	最小净宽 6ft（1.8m） 同时应根据手推车双向通行、紧急疏散的需要设置富裕宽度	支浮桥长度：$1L$，不小于 $0.8L$ 最小宽度：$0.1L$ 和 3ft（0.91m）中的较大值 推荐宽度 5ft（1.5m）	最小宽度 3ft（0.91m） 长度应≤80ft（24m）
美国土木工程师学会 *Planning and Design Guidelines for Small Craft Harbors, Manual of Practice*（ASCE Manuals No. 50）	最小净宽 6ft（1.8m） 推荐 8 ft（2.4m） 有高尔夫球车通行时宽度取 12ft（3.6m）	支浮桥长度 9～60m 时，宽度取 0.9～3.6m	最小宽度 3ft（0.91m） 推荐宽度 4ft（1.22m） 交通流较大或通行高尔夫球车时取 6ft（1.83m）
日本国际海岸带开发研究院技术标准 *Technical Standards and Commentaries for Port and Harbour Facilities in Japan*（OCDI 2009）	1.5～3m	1.0～1.5m	≥0.75m，有无障碍设置要求时需保证安全

注：L 为设计船长；L_J 为主浮桥长度；N 为服务泊位数量。

7.1.4　游艇加油码头

游艇码头常设有专用游艇加油码头，加油码头上设加油机为游艇提供加油服务。加油码头应布置在游艇港安全的角落，便于着火游艇的处理，以避免发生火灾时殃及其他游艇。港池口门附近因远离其他游艇码头，同时因其较大的水深适合给大游艇加油，是建设加油码头的较理想位置。

我国《游艇码头设计规范》（JTS 165—7—2014）规定，加油泊位宜独立布置，并应位于游艇进出方便的水域，尽量靠近港池入口。美国土木工程师学会建议水上加油及服务站应布置在港池口门附近，并有足够的空间。美国国防部统一设施标准规定，加油站一般设置在港池入口、不易受波浪影响的区域，其邻近的陆域必须适宜安装储油罐，且便于送油车辆和消防设备的通行。澳大利亚规范 *Guidelines for Design of Marinas*（AS 3962—2001）要求供油泊位最好与普通泊位分开布置，以确保发生火灾或爆炸时，火灾不至于从供油泊位蔓延到港区。

香港清水湾游艇会位于新界西贡区清水湾半岛东南角，设有 300 个水上泊位和一块可停泊 120 艘快艇的陆上存放区。香港清水湾游艇会设置有专用的游艇加油码头，加油码头布置在防波堤口门内侧，采用浮动式码头结构（图 7.1.16）。油罐埋于防波堤端头，布置在浮动式码头上的加油机通过露天管路连接至后方防波堤上的油罐，可同时提供汽油和柴油加油服务。油罐区与加油码头距离约 200～300m，加油码头可满足两侧同时加油的需求。浮动式码头上同时配备了消防救生设施，确保安全。

Marinas and Small Craft Harbors（Tobiasson et al.，1991）中推荐加油码头的最小宽度为 3.66m（12ft）。由于游艇码头小型游艇数量通常较多，使用频繁，加油码头平面尺度宜以两个小型游艇泊位确定，并可兼靠大型游艇。加油点的布置可根据泊位布置确定。覃杰等（2015）根据对国外游艇码头中加油码头的调查分析，建议国内游艇码头中加油码头应设柴油和汽油加油机各 1 台，加油码头的长为 30m、宽为 4m。

图 7.1.16　香港清水湾加油码头布置（覃杰等，2015）

加油工艺系统必须满足正常安全生产、检修和环保等要求，应设置防火、防爆、防雷、防静电、防泄漏和防止事故扩散的安全措施。加油码头宜配置加油机组、加油管路、氮气罐组和消防（灭火器等）、急救包等配套设施。我国《游艇码头设计规范》（JTS 165—7—2014）要求加油泊位应设置可靠的消防设施，例如半固定式水冷却系统和移动式泡沫灭火系统等。

7.2　浮动式码头

游艇码头水工建筑物包括防波堤结构、护岸结构、斜坡道、起重机作业平台、固定式码头和浮动式码头等。防波堤、护岸、斜坡道、起重机作业平台等结构设计使用年限应取50年。浮动式码头是广泛使用的游艇码头结构，浮动式码头的接岸结构、定位桩、锚块等结构设计使用年限应取50年，浮动式码头的浮桥、联系桥、锚索等结构设计使用年限可取20年。

浮动式码头结构型式主要有浮箱式、框架+浮箱式和拼装模块式，浮箱式码头结构单体为一个钢浮箱或钢筋混凝土浮箱，箱内填充配重材料及轻质材料，如图7.2.1所示为混凝土浮箱式结构单体。框架+浮箱式码头结构由面板、浮桥框架和多个填充轻质材料的小浮箱组成，图7.2.2为框架+浮箱式码头结构单体，图7.2.3为框架+浮箱式游艇码头实景。拼装模块式码头是通过由生产企业制作的大批量同一规格的高品质塑料浮箱单元（模块）拼装出形状和结构各异的模块化浮动码头，模块单元较常用尺寸有0.5m×0.5m×0.4m。图7.2.4为加拿大Candock BC公司生产的模块单元拼装示意图，图7.2.5为拼装模块化浮动码头泊位实景。

图 7.2.1　混凝土浮箱式结构单体

图 7.2.2　框架+浮箱式结构单体

图 7.2.3　框架+浮箱式游艇码头实景

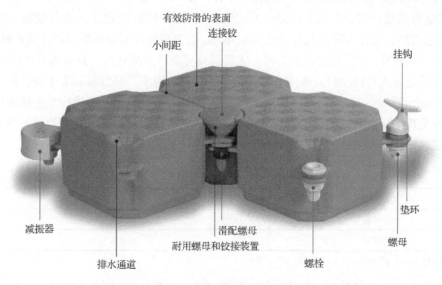

图 7.2.4　模块单元拼装示意图

图 7.2.5　模块化浮动码头泊位实景

浮动式码头锚碇方式主要有定位桩、导槽、弹性锚绳与锚链锚碇。联系桥、定位桩与浮桥结构间及浮桥单元间等应满足间隙和位移相互适应的要求，浮桥铺面和斜坡道表面应做防滑处理。

7.2.1 荷载条件

作用在游艇码头水工建筑物上的荷载可分为四类：①永久作用，包括结构的自重和配套设施荷载等；②可变作用，包括人群荷载、流动机械荷载、船舶荷载、施工荷载、波浪力、水流力、风荷载、冰荷载等；③偶然作用；④地震作用。

《游艇码头设计规范》（JTS 165—7—2014）规定浮桥结构设计人群荷载标准值应取3kPa；联系桥结构设计人群荷载标准值应取 4kPa；集中荷载应根据所配置的流动机械确定，但不应小于 4.5kN。浮桥稳定性验算时，人群荷载可乘以折减系数，折减系数可按表 7.2.1采用。浮桥上下人员较少时，表中数值可适当减小。作用于栏杆顶部的水平荷载标准值宜取 1.5kN/m；设计波浪和设计风速的重现期应采用 50 年一遇。设计流速应采用结构所处范围内可能出现的最大平均流速。游艇靠泊时的撞击力标准值可根据游艇有效撞击能量、防冲设施性能曲线和浮桥结构的刚度确定。

表 7.2.1 最小折减系数

浮桥	最小折减系数
支浮桥	0.3
主浮桥	0.5

资料来源：《游艇码头设计规范》（JTS 165—7—2014）。

作用于游艇上的风荷载可按现行行业标准《港口工程荷载规范》（JTS 144—1—2010）的规定计算，当相邻泊位下风向游艇被遮挡时，其风荷载可取无遮挡时的 30%；游艇吃水线以下的横向投影面积缺乏资料时可按吃水乘以船长计算；游艇的受风面积缺乏资料时可参照《游艇码头设计规范》（JTS 165—7—2014）附录 A 给出的表 7.2.2。

表 7.2.2 船舶受风投影面积

船长 L/m	机动艇		帆船	
	横向受风面积 A_{xw}/m²	横向受风面积 A_{yw}/m²	横向受风面积 A_{xw}/m²	横向受风面积 A_{yw}/m²
6（4< L≤6）	13	4	9	3
8（6< L≤8）	16	5	11	4
10（8< L≤10）	22	7	15	5
12（10< L≤12）	29	11	20	6
15（12< L≤15）	45	18	28	9
18（15< L≤18）	64	22	40	11
21（18< L≤21）	80	25	47	13
24（21< L≤24）	91	29	57	14
28（24< L≤28）	110	39	79	27

续表

船长 L/m	机动艇		帆船	
	横向受风面积 A_{xw}/m²	横向受风面积 A_{yw}/m²	横向受风面积 A_{xw}/m²	横向受风面积 A_{yw}/m²
32（28< L≤32）	139	49	104	35
36（32< L≤36）	176	59	134	37
40（36< L≤40）	213	78	182	40
45（40< L≤45）	264	85	210	50
50（45< L≤50）	285	90	249	60

资料来源：《游艇码头设计规范》（JTS 165—7—2014）。

作用于游艇上的水流力可参照《游艇码头设计规范》（JTS 165—7—2014）附录 B 给出的式（7.2.1）确定：

$$F_c = C_d V^2 A_p \qquad (7.2.1)$$

式中，F_c 为作用于游艇上的水流力（kN）；C_d 为水流阻力系数，可按表 7.2.3 选用；V 为水流速度（m/s）；A_p 为游艇水下部分垂直于水流方向的投影面积（m²）。

表 7.2.3　水流阻力系数 C_d

水流阻力系数	水流与游艇纵轴垂直	水流与游艇纵轴平行
C_d	0.8	0.6

系缆力应考虑风和水流对游艇共同作用所产生的横向分力之和与纵向分力之和。各分力应根据可能同时出现的风和水流分别计算。主、支浮桥沿泊位侧均应设置系船设施。系船设施间距可取 2～6m，且每个泊位系船设施不应少于 4 个。受力系船设施数目宜根据码头实际布置情况和计算工况确定。

游艇码头水工建筑物的设计应考虑下列四种状况：①持久状况，结构使用期分别按承载能力极限状态和正常使用极限状态设计；②短暂状况，施工期、检修期等按承载能力极限状态，必要时同时按正常使用极限状态设计；③偶然状况，仅在有特殊要求时进行承载能力极限状态设计或防护设计；④地震状况，使用期遭受地震作用时仅按承载能力极限状态设计。

对承载能力极限状态，作用效应组合可分为持久组合、短暂组合、偶然组合和地震组合；对正常使用极限状态，作用效应组合可分为长期效应（准永久）组合、短期效应（频遇）组合和短暂设计状况的作用效应组合。作用效应组合的原则及分项系数可参考行业相关规范的有关规定。

浮桥、定位桩的承载能力、构件承载力等应按承载能力极限状态设计，混凝土构件的抗裂或限裂、构件的变形和结构的位移等应按正常使用极限状态设计。对实际有可能在结构物上同时出现的作用，按承载能力极限状态和正常使用极限状态设计时，应结合相应的设计状况进行作用效应组合。

7.2.2　浮桥受力计算

1. 浮箱抗力分项系数（垂向）

浮箱在最不利荷载组合作用下，抗力分项系数 K_v 可按式（7.2.2）确定，其抗力分项系数 K_v 不应小于 1.15。

$$K_v = \frac{F_{\text{buoy}}}{W_o + Q} \tag{7.2.2}$$

式中，K_v 为抗力分项系数；F_{buoy} 为浮箱浮力标准值（kN）；W_o 为含上部结构的浮箱自重标准值（kN）；Q 为浮箱活荷载标准值（kN）。

2. 浮箱横稳性计算

浮箱横稳性计算包括浮箱横向定倾中心高度计算和浮箱最小干舷计算，《游艇码头设计规范》（JTS 165—7—2014）的附录 C 中给了浮箱横向定倾中心高度和浮箱最小干舷的计算方法。

图 7.2.6 为浮箱横稳性计算简图，图中的 M 点为浮箱横向定倾中心，G 点为浮箱重心，C 点为浮箱漂心，B 点为浮箱静止时的浮心，B' 点为浮箱倾斜时的浮心，K 为浮箱舱部，W_1 为恒荷载和活荷载的总和，F 为浮力，M_f 为作用力矩。

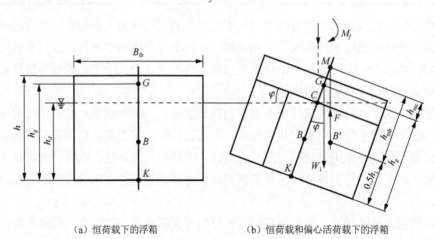

（a）恒荷载下的浮箱　　　　　　（b）恒荷载和偏心活荷载下的浮箱

图 7.2.6　浮箱横稳性计算简图

根据浮体原理，浮体受偏心活荷载作用后，离开原静止位置而倾斜 φ 角度时，其水线面的位置发生变化。若浮体倾斜后的水线面相对静止时的水线面，一侧的出水体积与另一侧的入水体积大小相等且形状相同，则为等体积对称倾斜，此时倾斜前后两水线面的交线必通过水线面的形心，定义为浮体的漂心（图 7.2.6 的 C 点）。对于浮箱，只要顶不入水与底不出水，就都属于等体积对称倾斜。

虽然浮体倾斜 φ 角度时的总排水体不变，但排水体积的形状发生变化，因而浮心的位置也相应改变，即由原静止位置时的 B 点移动到新的位置 B' 点。当浮箱与水面成 φ 角度时，通过新位置的浮心 B' 点的垂直线和原静止状态的浮心 B 点与重心 G 的连线的交点（图7.2.6 的 M 点）为浮箱的横向定倾中心，或称浮箱的稳心。而浮箱的横向定倾中心 M 与浮箱重心 G 之间的距离为浮箱横向定倾中心高度（图7.2.6 的 h_{mc}）。决定浮箱的横稳性是重心与定倾中心的相对位置，而不是重心与浮心的相对位置，在重心低于定倾中心时（$h_{mc} > 0$），浮箱就处于稳定平衡状态。

浮箱横向定倾中心高度 h_{mc}（m）按式（7.2.3）验算，$h_{mc} > 0$ 表示在偏心最不利荷载组合作用下，浮箱横向定倾中心高度应大于0。

$$h_{mc} = h_{mb} + 0.5h_1 - h_g > 0 \qquad (7.2.3)$$

式中，h_{mb} 为浮箱定倾中心在浮心以上的高度（m）；h_1 为浮箱在恒荷载和活荷载作用下的吃水（m）；h_g 为从浮箱舭部到重心的高度（m）。

式（7.2.3）中的浮箱定倾中心在浮心以上的高度 h_{mb}（m）与浮箱在恒荷载和活荷载作用下的吃水 h_1 采用式（7.2.4）和式（7.2.5）计算，从浮箱舭部重心的高度 h_g 可利用合力矩平衡求出。

$$h_{mb} = \frac{I}{V_1} = \frac{I\gamma}{W_1} \qquad (7.2.4)$$

$$h_1 = \frac{V_1}{A} = \frac{W_1}{\gamma A_{surf}} \qquad (7.2.5)$$

式中，I 为浮箱水线面截面横惯性矩（m^4）；V_1 为浮箱在恒荷载和活荷载作用下的排水量（m^3）；W_1 为恒荷载和活荷载的总和（kN）；A_{surf} 为浮箱在水面上的截面积（m^2）；γ 为水的重度（kN/m^3）。

在偏心荷载作用下，浮箱干舷 h_f（m）可按式（7.2.6）验算。式（7.2.6）中的 $h_f > 0.05$ 表示在偏心最不利荷载组合作用下，浮箱的最小干舷应不小于0.05m。

$$h_f = h - (h_1 + 0.5B_{fb}\tan\varphi) > 0.05 \qquad (7.2.6)$$

式中，h 为浮箱高度（m）；h_1 为浮箱在恒荷载和活荷载作用下的吃水（m）；B_{fb} 为浮箱宽度（m）；φ 为横倾角（°），$\tan\varphi = \dfrac{M}{W_1 h_{mc}}$，$M$ 为作用力矩（kN·m）；W_1 为恒荷载和活荷载的总和（kN）；h_{mc} 为横向定倾中心高度（m）。

浮桥纵向浮力不均匀引起的作用效应标准值可采用沿浮桥纵向分区间简化为矩形荷载曲线的求积法计算，包括中垂和中拱两种工况（图7.2.7）。浮桥单元较短时，可按浮桥单元两端简支和中间支撑两种工况估算，计算端点取浮桥单元两端浮箱中心；多个单元间采用固定连接时，应按一个单元考虑。构件强度计算时，作用效应设计值可按作用效应的标准值乘以综合分项系数确定，综合分项系数可取1.35。

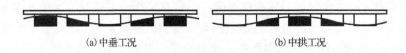

(a) 中垂工况　　　　　　　　　　　　(b) 中拱工况

图 7.2.7　浮桥简化计算图

3. 波浪对浮箱的作用力

《游艇码头设计规范》（JTS165—7—2014）提及作用于浮箱的波浪力可参照《港口与航道水文规范》（JTS 145—2015）计算，资料不足时，水平波浪荷载可取 2kPa。中交第四航务工程勘察设计院有限公司（2009）给出如下关浮箱波浪作用力近似计算的静水压力法、Goda 公式法。

1）静水压力法

假设波峰位于浮箱前部墙体处，波谷位于浮箱后部墙体处，浮箱前部墙体和后部墙体分别受静水压力作用（图 7.2.8），作用于长度为 L_p 的浮箱上的波浪力 P（kN）可依据式（7.2.7）计算：

$$P = \rho_0 gHL_p h_1 \tag{7.2.7}$$

式中，ρ_0 为海水密度（t/m³）；g 为重力加速度（9.8m/s²）；H 为波高取 $H_{\max}$（cm）；L_p 为浮箱的长度（m）；h_1 为浮箱的吃水深度（m）。

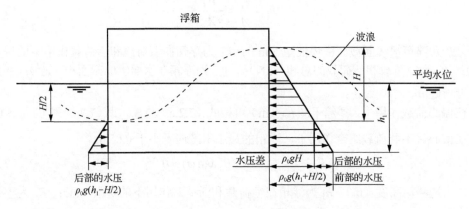

图 7.2.8　静水压力法波浪力计算简图

2）Goda 公式法

当浮箱受破波压力作用或浮箱主要受惯性力作用时，用于波峰情况的浮箱前部墙体和后部墙体的波压力计算方法简图如图 7.2.9 所示，在静水面处取浮箱前侧波压力为 p_1，后侧为 0，浮力按三角形分布，用于波谷情况的浮箱前部墙体和后部墙体的波压力计算方法简图如图 7.2.10，在波谷处取浮箱前侧波压力为 0。当浮箱宽度 B_{fb} 超过 $L_{\mathrm{wave}}/4$（L_{wave} 为波长）时，浮力将分布在 $L_{\mathrm{wave}}/4$ 宽的三角形区域内。

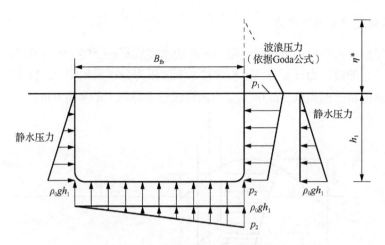

图 7.2.9　破波压力或惯性力作用时波峰情况的波压力分布

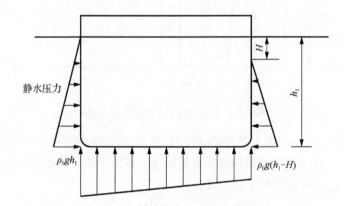

图 7.2.10　破波压力或惯性力作用时波谷情况的波压力分布

作用于浮箱上的波压力 p_1 和 p_2 可依据 Goda 公式（7.2.8）计算。

$$\begin{cases} p_1 = 0.5(1+\cos\beta)\alpha_1\lambda_1\rho_0 gH \\ p_2 = \alpha_2 p_1 \\ \eta^* = 0.75(1+\cos\beta)\lambda_1 H \end{cases} \tag{7.2.8}$$

式中，H 为波高取 $H_{\max}$（cm）；ρ_0 为海水密度（t/m³）；g 为重力加速度（9.8m/s²）；β 为浮箱纵轴中线与波浪主方向间夹角（与纵轴的偏角一般可达到 15°）；λ_1 为波压力的修正系数（通常取 1.0）；α_1 与 α_2 为波压力的修正系数，可采用如下公式计算：

$$\alpha_1 = \frac{1}{2}\left[\frac{4\pi/L_{\text{wave}}}{\sinh(4d/L_{\text{wave}})}\right]^2$$

$$\alpha_2 = 1 - \frac{h_1}{d}\frac{1}{1-\cosh(2d/L_{\text{wave}})}$$

其中，d 为水深（m）。

4. 波浪对定位桩的作用力

波浪对定位桩的作用力可参考《港口与航道水文规范》（JTS 145—2015）第 10.3.2 条关于小尺度桩柱的波浪力计算方法，桩（柱）上波压力分布图如图 7.2.11 所示。图中，η 为波面在静水面以上的高度（m）；η_{max} 为波峰在静水面以上的高度（m）。

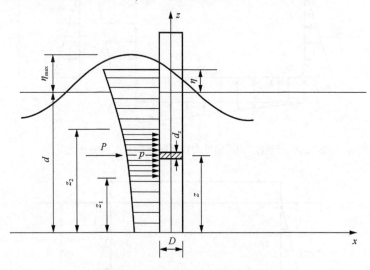

图 7.2.11　桩（柱）上波压力分布图

对 $H/d \leqslant 0.2$ 且 $d/L_{wave} \geqslant 0.2$ 或 $H/d > 0.2$ 且 $d/L_{wave} \geqslant 0.35$ 的等直径小尺度桩（柱）情形，沿柱体高度选取 z_1 和 z_2 间的柱体段作为计算高度，作用于该段上的最大速度分力 P_{Dmax} 和最大惯性分力 P_{Imax}，可分别按下列公式计算：

$$P_{D\max} = C_D \frac{\gamma DH^2}{2} \cdot K_1 \tag{7.2.9}$$

$$P_{I\max} = C_M \frac{\gamma AH}{2} \cdot K_2 \tag{7.2.10}$$

$$K_1 = \frac{\dfrac{4\pi z_2}{L_{wave}} - \dfrac{4\pi z_1}{L_{wave}} + \sinh\left(\dfrac{4\pi \cdot z_2}{L_{wave}}\right) - \sinh\left(\dfrac{4\pi \cdot z_1}{L_{wave}}\right)}{8\sinh\left(\dfrac{4\pi d}{L_{wave}}\right)} \tag{7.2.11}$$

$$K_2 = \frac{\sinh\left(\dfrac{2\pi \cdot z_2}{L_{wave}}\right) - \sinh\left(\dfrac{2\pi \cdot z_1}{L_{wave}}\right)}{\cosh\left(\dfrac{2\pi d}{L_{wave}}\right)} \tag{7.2.12}$$

作用于 z_1 和 z_2 间的柱体段上的最大速度分力 P_{Dmax} 和最大惯性分力 P_{Imax} 对 z_1 断面的力矩 M_{Dmax} 和 M_{Imax} 分别按下列公式计算：

$$M_{D\max} = C_D \frac{\gamma DH^2 L_{wave}}{2\pi} \cdot K_3 \tag{7.2.13}$$

$$M_{I\max} = C_M \frac{\gamma AHL_{\text{wave}}}{4\pi} \cdot K_4 \tag{7.2.14}$$

$$K_3 = \frac{1}{\sinh\left(\dfrac{4\pi d}{L_{\text{wave}}}\right)} \left\{ \frac{\pi^2(z_2-z_1)^2}{4L_{\text{wave}}^2} + \frac{\pi(z_2-z_1)}{8L_{\text{wave}}}\sinh\left(\frac{4\pi \cdot z_2}{L_{\text{wave}}}\right) - \frac{1}{32}\left[\cosh\left(\frac{4\pi \cdot z_2}{L_{\text{wave}}}\right) - \cosh\left(\frac{4\pi \cdot z_1}{L_{\text{wave}}}\right)\right] \right\}$$

$$\tag{7.2.15}$$

$$K_4 = \frac{1}{\cosh\left(\dfrac{2\pi d}{L_{\text{wave}}}\right)} \left\{ \frac{2\pi(z_2-z_1)}{L_{\text{wave}}}\sinh\left(\frac{2\pi \cdot z_2}{L_{\text{wave}}}\right) - \left[\cosh\left(\frac{2\pi \cdot z_2}{L_{\text{wave}}}\right) - \cosh\left(\frac{2\pi \cdot z_1}{L_{\text{wave}}}\right)\right] \right\} \tag{7.2.16}$$

式中，H 为波高（m）；d 为建筑物前水深（m）；L_{wave} 为波长（m）；z_1、z_2 为计算点在水底面以上的高度（m）；$P_{D\max}$ 为作用于柱体计算高度上的最大速度分力（kN）；$P_{I\max}$ 为作用于柱体计算高度上的最大惯性分力（kN）；C_D 为速度力系数，对于圆形断面取 1.2，对方形或 a（长）$/b$（宽）$\leqslant 1.5$ 的矩形断面取 2.0；γ 为水的重度（kN/m³）；D 为柱体的直径（m），当定位桩为矩形断面时，D 改用 b，b 为矩形柱体断面垂直于波向的宽度（m）；K_1、K_2、K_3、K_4 为系数，按上述公式计算，或由规范中的图表确定；C_M 为惯性力系数，对于圆形断面取 2.0，对方形或 $a/b \leqslant 1.5$ 的矩形断面取 2.2；A 为柱体的断面积（m²）；$M_{D\max}$ 为作用于柱体计算高度上的最大速度力矩（kN·m）；$M_{I\max}$ 为作用于柱体计算高度上的最大惯性力矩（kN·m）。

作用于小尺度桩（柱）整个柱体高度上的正向水平最大总波浪力 $P_{\max}$（kN）和最大总波浪力矩 $M_{\max}$（kN·m）可按下述方法确定。

（1）$P_{D\max} \leqslant 0.5P_{I\max}$ 时，正向水平最大总波浪力 $P_{\max}$（kN）按式（7.2.17）计算，对水底面的最大总波浪力矩 $M_{\max}$（kN·m）按式（7.2.18）计算，此时相位为 $\omega t = 270°$。

$$P_{\max} = P_{I\max} \tag{7.2.17}$$

$$M_{\max} = M_{I\max} \tag{7.2.18}$$

（2）$P_{D\max} > 0.5P_{I\max}$ 时，正向水平最大总波浪力 $P_{\max}$（kN）按式（7.2.19）计算，对水底面的最大总波浪力矩 $M_{\max}$（kN·m）按式（7.2.20）计算，此时相位按式（7.2.21）计算。

$$P_{\max} = P_{D\max}\left(1 + 0.25\frac{P_{I\max}^2}{P_{D\max}^2}\right) \tag{7.2.19}$$

$$M_{\max} = M_{D\max}\left(1 + 0.25\frac{M_{I\max}^2}{M_{D\max}^2}\right) \tag{7.2.20}$$

$$\sin\omega t = -0.5\frac{P_{I\max}}{P_{D\max}} \tag{7.2.21}$$

式中，$P_{I\max}$ 为作用于整个柱体高度上的最大惯性分力（kN）；$P_{D\max}$ 为作用于整个柱体高度上的最大速度分力（kN）；$M_{I\max}$ 为作用于整个柱体高度上的最大惯性力矩（kN·m）；$M_{D\max}$ 为作用于整个柱体高度上的最大速度力矩（kN·m）；ω 为波浪运动的圆频率（s⁻¹）；t 为时间（s），当波峰通过柱体中心线时 $t=0$。

7.2.3　浮桥锚碇结构

浮桥锚碇方式有定位桩、弹性锚绳、锚链、导槽或撑杆等。采用定位桩锚碇浮桥时，常用的安装定位桩方式有打入钢管桩或预应力钢筋混凝土管桩式［图 7.2.12（a）］与预制混凝土沉块锚桩式［图 7.2.12（b）］。

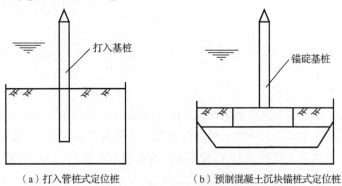

（a）打入管桩式定位桩　　　　　（b）预制混凝土沉块锚桩式定位桩

图 7.2.12　安装定位桩的方式

定位桩桩顶高程应不低于极端高水位以上 1.0m。定位桩和系泊桩桩顶应设置锥形桩帽。抱桩器应设滑块或导辊，滑块或导辊与定位桩的间隙宜取 10～30mm（图 7.2.13），水位差较大时宜适当增大。锚碇结构内力宜按空间结构计算。浮桥作用于定位桩的水平力应考虑抱桩器与桩存在间隙的影响。图 7.2.14 为抱桩器实景。

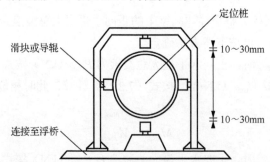

图 7.2.13　抱桩器安装示意图

图 7.2.14　抱桩器实景

叶前云等（2014）对广东沿海某游艇的锚碇方法进行了分析，该工程所在场地的地层自上而下依次为：淤泥层，层厚 2～4m；粉质黏土层，层厚 0.6～0.9m；粉砂岩。码头定位桩采用φ600mm 预制混凝土管桩（PHC 桩）加预制混凝土杯口基础的方法，杯口基础平面尺寸为 5.5m×5.5m，高度 0.8～1.5m。图 7.2.15 为定位桩剖面示意图。

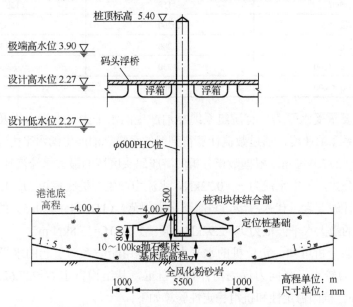

图 7.2.15　定位桩剖面示意图（叶前云等，2014）

预制混凝土管桩加杯口基础的施工方法是首先在陆上预制杯口基础待基础达到一定强度后，陆上安装预制桩，同时在定位桩安装位置的水域局部开挖清除较薄覆盖层，最后整体吊装水上定位（图 7.2.16）。

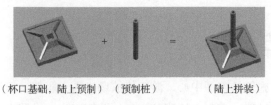

（杯口基础，陆上预制）　（预制桩）　　（陆上拼装）

图 7.2.16　定位桩分解图（叶前云等，2014）

杯口基础设计主要是参照《建筑地基基础设计规范》（GB 50007—2011）中相关定位桩插入深度、杯壁厚度及杯壁的配筋构造的规定。定位桩的插入深度可按表 7.2.4 选用，为了保证定位桩与杯口基础的可靠连接，在定位桩内空心部分设置混凝土芯柱，并配置纵向的锚固钢筋，钢筋伸入杯口基础应达到锚固长度要求。杯口基础的杯底厚度及杯壁厚度可以按表 7.2.5 选取。

表 7.2.4　矩形或工字形定位桩插入深度 h_d　　（单位：mm）

柱截面长边尺寸 a_1	插入深度 h_d
$a_1<500$	a_1～$1.2a_1$
$500\leqslant a_1<800$	a_1
$800\leqslant a_1<1000$	$0.9a_1$ 且$\geqslant 800$
$a_1\geqslant 1000$	$0.8a_1$ 且$\geqslant 1000$

表 7.2.5　基础的杯底厚度和杯壁厚度

柱断面长边尺寸 a_1/mm	杯底厚度 b_1/mm	杯壁厚度 t/mm
$a_1<500$	≥150	150～200
$500≤a_1<800$	≥200	≥200
$800≤a_1<1000$	≥200	≥300
$1000≤a_1<1500$	≥250	≥350
$1500≤a_1<2000$	≥300	≥400

定位桩主要承受水平力,有游艇系缆靠泊产生的水平力、水流力以及波浪力。根据游艇尺寸以及系靠泊速度,通过数值计算得到船舶系缆靠泊产生的水平力 P=30kN,产生的桩底弯矩 M_p=277.5kN·m。根据数模分析的游艇码头区域的最大水流流速为 0.35m/s,代入水流力计算公式,得出水流力 F_w=0.22kN,水流力产生的桩底弯矩 M_F=1.16kN·m。根据数模分析的设计波要素,代入《港口与航道水文规范》(JTS 145—2015)的波浪力计算公式,计算出桩的最大水平波浪力 F_p=2.92kN,倾覆力矩 M_p=13.8kN·m。

以上外荷载分析可知,定位桩的水平力主要是由船舶系靠引起的水平力,水流与波浪产生的水平力较小。竖向力仅为构件自身自重,其结构自重 G=237.62kN,稳定力矩 M=594.05kN·m。抗倾稳定性和抗滑稳定性验算如下:

稳定力矩/倾覆力矩=594.05/(277.5+1.16+13.8)=2.0(满足要求)

摩擦系数×竖向力/水平力=0.6×237.62/(30+0.22+2.92)=4.3(满足要求)

可知抗倾验算和抗滑验算都满足要求,对于覆盖较薄的场地采用预制桩加杯口基础是可行的。

7.3　陆上工艺系统

游艇码头陆域设施包括管理中心、游艇停放场、露天艇架、艇库、燃料补给设施、修理和维护设施、停车场等。有出入境服务需求的游艇码头还设置有口岸设施。

游艇码头的工艺系统设计应满足码头的功能要求和安全作业要求,减小环境影响,降低能耗和改善劳动条件。工艺作业环节包括游艇上下岸、储存、水平移动、修理和维护等。工艺设备应根据工艺作业环节的要求,并综合考虑安全可靠、经济合理、能耗低、污染少、维修简便等因素进行配置。

7.3.1　游艇上下岸工艺

游艇上下岸设施是指在港池与陆地之间对需陆上保管或维修的游艇进行升降、移动的设施。目前游艇码头一般采用斜坡道和垂直升降设备(游艇起重机和游艇叉车),用于游艇的上下岸作业。《游艇码头设计规范》(JTS 165—7—2014)规定游艇上下岸作业标准应符合下列规定:允许风力不大于 6 级,波高 $H_{4\%}$ 不大于 0.25m,暴雨期间停止作业。

游艇上下岸设施的位置应根据陆上保管设施和临时停泊设施的位置合理布置,以方便进行游艇的升降和移动作业。上下岸工艺主要有斜坡道方式或垂直升降方式，可根据游艇的类型、数量和水位差等因素确定。

斜坡道方式分为陆地岸坡方式和钢轨滑道方式。陆地岸坡方式一般只适用于小型游艇的上下岸，在国外游艇码头中的应用很普遍（图 7.3.1）。游艇拉曳设备一般采用绞车或汽车，如图 7.3.2 所示。

图 7.3.1　陆地岸坡实景　　　　　　　　　　图 7.3.2　陆地岸坡方式作业实景

斜坡道的规模和布置应综合考虑上下岸游艇类型、需求、地形等因素，并应符合下列规定：单线斜坡道净宽不应小于 6m，多线斜坡道净宽应满足多游艇同时使用的宽度要求；斜坡道应设置船员上下艇的配套工作栈桥或浮桥等。斜坡道的坡度宜取 12%～15%。斜坡道坡脚高程应根据游艇上下岸工艺和船型确定；坡脚处应设置拖车挡块，海港宜设在低于设计低水位以下 1.0m 处。坡顶高程宜不小于设计高水位以上 0.3m。斜坡道较长时宜在适当位置设置掉头区，斜坡道与陆域连接处应平缓过渡。

游艇垂直升降设备可分为固定式升降设备和移动式升降设备。固定式升降设备是将游艇提升机固定在专用供游艇上下岸的船坞式泊位旁边，将游艇提升到一定高度后，通过180°回转，将游艇放入移动台车上。图 7.3.3 是固定式游艇提升机实景。

图 7.3.3　固定式游艇提升机实景

移动式升降设备主要有行走式起重机，其特点为起重量一般较大，对游艇适应性较好，适用于中小型游艇的上下岸提升。行走式起重机具有行走与起升机构，可进行升降、搬运作业，在游艇基地使用较广泛。图 7.3.4 和图 7.3.5 为行走式起重机实景。

图 7.3.4　行走式起重机实景（一）　　　　　图 7.3.5　行走式起重机实景（二）

游艇叉车有正面叉车和侧面叉车，可进行升降提升作业与水平搬运和堆放作业。由于受到起重能力和最大下伸距离的限制，一般应用在潮差较小和游艇尺度较小的情况，将小型游艇搬运至陆上保管设施存放。图 7.3.6 和图 7.3.7 分别为叉车方式移动游艇和下水游艇实景。

图 7.3.6　叉车方式移动游艇实景　　　　　图 7.3.7　叉车方式下水游艇实景

7.3.2　陆上存放工艺

游艇陆上存放方式主要有露天停放场、露天艇架和艇库，其规模应根据游艇数量、使用需求、陆域面积、自然条件等综合确定。大多数游艇的利用率都不高，每次使用完后即可通过游艇上下岸设施将游艇上岸及存放于陆上，使用时再把游艇放到水里，这种陆上存放设施也称之为干式泊位。图 7.3.8 为土耳其迪迪姆游艇码头的露天停放场和艇库的布置。干式泊位只需要游艇上下岸设施和陆上存放设施，具有停泊密度高，建设、维护和停泊成本低等优点，是普及游艇运动的最经济存放模式。

露天停放场通常是指游艇露天存放的单层保管场地（图 7.3.9）。停放场的游艇应放置于车架或艇架上，并根据游艇的种类分区布置，大型游艇区域宜靠近上下岸设施布置，游艇舷艉方向宜与强风向保持一致。每个艇位的两端应设置防风拉环。游艇停放场的面层应考虑游艇保管、移动的安全和高效。游艇停放场建设费用较低，便于游艇的搬运和移动，但占地面积大，同时由于游艇停放场在室外，不利于游艇的保养。

图 7.3.8　土耳其迪迪姆游艇码头干式泊位　　　　图 7.3.9　游艇停放场实景

露天停放场的游艇停放位可根据游艇的尺寸、游艇搬运作业要求选取平行布置或斜对布置（图 7.3.10）。《游艇码头设计规范》（JTS 165—7—2014）给出的游艇停放位尺寸见表 7.3.1。

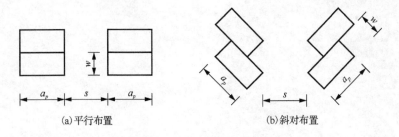

图 7.3.10　游艇停放位的布置

表 7.3.1　游艇停放位的尺寸

设计船型尺寸	停放位长度 a_p/m	停放位宽度 w/m	通道宽 s/m
L：船长 B：船宽	1.2L	1.5B	①不使用牵引车时，$s \geq a_p$ ②使用牵引车（叉车、挂车）移动游艇时，s 取值应考虑移艇车辆的转弯半径

露天多层艇架为游艇露天存放的多层保管设施，艇架层数不宜超过 5 层。与艇库相比其建设费用较低，适用于在狭窄场地大量保管小型游艇，艇架尺度应根据存放的游艇尺度确定。图 7.3.11 为敞开式艇架实景，图 7.3.12 为半敞开式艇架实景。

图 7.3.11　敞开式艇架实景

图 7.3.12　半敞开式艇架实景

艇库也称为干船仓，游艇保管均在室内进行，保养和保管状态良好，图 7.3.13 为艇库实景。艇库保管的游艇一般为小型游艇，游艇堆存方式可采用单层或多层，常见的作业机械为叉车。艇库宜采用大跨度结构，其跨度和净高应按作业机械和艇架层高确定，库门尺度应满足进出库作业的流动机械、游艇运输车辆的通行要求。

图 7.3.13　艇库实景

参 考 文 献

覃杰, 周野, 何文钦, 等, 2014. 游艇码头平面设计参数研究[J]. 水运工程, 4: 91-98.

覃杰, 郑斌, 周野, 等, 2015. 游艇加油码头设计[J]. 港工技术, 52(2): 17-19, 51.

叶前云, 林凯健, 2014. 游艇码头锚旋方法的分析[J]. 中国水运, 14(6): 297-298.

中交第四航务工程勘察设计院有限公司, 2009. 游艇码头设计技术研究[R].

中交第四航务工程勘察设计院有限公司, 重庆市交通规划勘察设计院, 2014. 游艇码头设计规范: JTS 165—7—2014[S]. 北京: 人民交通出版社.

British Marine Federation, 2013. A Code of Practice for the Design, Construction and Operation of Coastal and Inland Marinas and Yacht Harbours(TYHA 2013)[S]. London: The Yacht Harbour Association.

Ministry of Land, Infrastructure, Transport and Tourism, 2009. Technical Standards and Commentaries for Port and Harbour Facilities in Japan(OCDI 2009)[S]. Tokyo: The Overseas Coastal Area Development Institute of Japan.

Standards Australia International, 2001. Guidelines for Design of Marinas: AS 3962-2001[S]. Sydney: Standards Australia.

The American Society of Civil Engineers, 1994. Planning and Design Guidelines for Small Craft Harbors, Manual of Practice (ASCE Manuals No.50)[S]. Reston: The American Society of Civil Engineers.

Tobiasson B O, Kollmeyer R C, 1991. Marinas and small craft harbors[M]. New York: Van Nostrand Reinhold.

U.S. Department of Defense, 2005. Design: Small Craft Berthing Facilities: UFC4-152-07N[S]. USA: U.S. Department of Defense.